Bodo Böse
Erhard Flieger

Call Center –
Mittelpunkt der
Kundenkommunikation

Bodo Böse

Erhard Flieger

Call Center – Mittelpunkt der Kundenkommunikation

Planungsschritte und Entscheidungshilfen
für das erfolgreiche Zusammenwirken von
Mensch, Organisation und Technik

Unter Mitarbeit von Matthias Temme,
Dr. Martin Hartung und Carmen Saalmüller

Herausgegeben von Stephen Fedtke

Die Deutsche Bibliothek – CIP-Einheitsaufnahme

Böse, Bodo:
Call Center – Mittelpunkt der Kundenkommunikation:
Planungsschritte und Entscheidungshilfen für das erfolgreiche
Zusammenwirken von Mensch, Organisation, Technik / Bodo Böse;
Erhard Flieger. Unter Mitarb. von Matthias Temme ...
Hrsg. von Stephen Fedtke. – Braunschweig; Wiesbaden: Vieweg, 1999
  (Zielorientiertes Business computing)

http://www.vieweg.de

Die Wiedergabe von Gebrauchsnamen, Handelsnamen, Warenbezeichnungen usw. in diesem
Werk berechtigt auch ohne besondere Kennzeichnung nicht zu der Annahme, dass solche
Namen im Sinne der Warenzeichen- und Markenschutz-Gesetzgebung als frei zu betrachten
wären und daher von jedermann benutzt werden dürften.

Höchste inhaltliche und technische Qualität unserer Produkte ist unser Ziel. Bei der
Produktion und Verbreitung unserer Bücher wollen wir die Umwelt schonen: Dieses Buch ist
auf säurefreiem und chlorfrei gebleichtem Papier gedruckt. Die Einschweißfolie besteht aus
Polyäthylen und damit aus organischen Grundstoffen, die weder bei der Herstellung noch bei
der Verbrennung Schadstoffe freisetzen.

Konzeption und Layout des Umschlags: Ulrike Weigel, www.CorporateDesignGroup.de
Gedruckt auf säurefreiem Papier

ISBN-13: 978-3-322-89837-1   e-ISBN-13: 978-3-322-89836-4
DOI: 10.1007/978-3-322-89836-4

Inhaltsverzeichnis

Inhaltsverzeichnis 1

1. Vorwort 3

2. Begriffsdefinition Call Center 5

2.1. Inbound-Call Center 9
2.2. Inbound- / Outbound-Call Center 10

3. Hintergründe für den Aufbau eines Call Centers 13

3.1. Anforderungen aus der Sicht des Marktes 13
3.2. Anforderungen aus Sicht des Kunden 16
3.3. Anforderungen aus Sicht des Unternehmens 19

4. Einsatzmöglichkeiten für Call Center 24

4.1. Beispiele für unterschiedliche Einsatzbereiche 24
4.2. Grundsätzliche Überlegungen für den Einsatz von Call Centern 26
4.3. Outsourcing 29

5. Wirk- und Erfolgsfaktoren im Call Center 35

5.1. Mensch, Organisation und Technik 36
5.2. Der Faktor Mensch im Call Center 41
5.3. Call Center-Mitarbeiter und -Führungskräfte als Kostenfaktor betrachtet 43
5.4. Bedeutung der Call Center-Mitarbeiter 45
5.5. Strategie und Ziele des Unternehmens 52
5.6. Praxisbeispiel Bank 68

6. Call Center-Mitarbeiter 78

6.1. Was die Tätigkeit im Call Center von anderen unterscheidet 79
6.2. Qualifikation der Call Center-Mitarbeiter 83
6.3. Auswahl der Call Center-Mitarbeiter 88
6.4. Qualifizierungsmaßnahmen 117

7. Call Center-Organisation 129

7.1. Bedeutung von Geschäftsprozessen 129
7.2. Bedeutung der Aufbau- und Ablauforganisation 132

8. Call Center-Technik 142

8.1. ACD-Systeme 144
8.2. Weitere Call Center-Komponenten 152

9. Call Center-Benchmarking – Die Studie 162

9.1. Einleitung 162
9.2. Benchmarking 163
9.3. Die Studie 174
9.4. Zusammenfassender Ausblick 194
Anhang - Fragebogen zur Call Center Studie (Auszug) 198

10. Planung von Call Centern **205**

10.1. Vorbereitung der Call Center-Planung 205
10.2. Ziele und Strategien 208
10.3. Definition der Servicequalität 210
10.4. Messung des Kommunikationsvolumens 213
10.5. Aufgaben, Geschäftsvorfälle und -prozesse 214
10.6. Abbildung der Aufbau- und Ablauforganisation 217
10.7. Erste Personaleinsatzplanung 218
10.8. Berücksichtigung rechtlicher Aspekte 226
10.9. Wirtschaftliche Betrachtung 227

11. Kommunikationsmessung und CC-Dimensionierung **228**

11.1. Vorbereitung der Kommunikationsmessung 228
11.2. Durchführung der Messung 229
11.3. Ergebnisse aus der Kommunikationsmessung 234
11.4. Vorläufige Call Center-Dimensionierung 235

12. Call Center - Trends **238**

12.1. Vom Call Center zum Communication Center 238
12.2. Call Center-Outsourcing 245

13. Anhang **249**

Checkliste für die Call Center-Planung 249
Checkliste für die Call Center-Systemauswahl 253
Kriterien für die Servicequalität eines Call Centers 255

Literaturverzeichnis **257**

1. Vorwort

Als man uns vor mehr als zwei Jahren „zu motivieren" versuchte, unsere Kenntnisse, Erfahrungen und Überlegungen zu der Thematik *Call Center* in ein Call Center-Buch einzubringen, fragten wir uns immer wieder, warum gerade *wir* dies tun sollen.

Gab es nicht schon genug Publikationen und Statements zu diesem Thema von anerkannten Experten, denen überdies eine Autorenrolle viel besser stand als uns?

Ermutigt und angeregt durch die Resonanz vieler Zuhörer, denen wir bei Seminaren und Kongressen unsere Gedanken vorstellen durften, haben wir uns am Ende doch dafür entschieden, den Diskussionsbeiträgen anderer auch unsere eigenen Überlegungen hinzuzufügen.

Wir möchten mit unserem Buch besonders die „Einsteiger" zur Thematik *Call Center* ansprechen und sie einladen, ihre bisherigen Überlegungen und Sichtweisen an unseren Gedanken zu spiegeln und damit anzureichern.

Die „Experten" wollen wir darüber hinaus zu einer Diskussion anregen, wie ein Call Center künftig vielleicht weniger als Rationalisierungs-Instrument, sondern als Knotenpunkt und Zentrum einer dauerhaft wirksamen Kommunikation mit dem Kunden gestaltet bzw. entwickelt werden könnte.

Unabhängig davon, welcher Zielgruppe Sie sich als Leser zugehörig fühlen und in welchem Stadium sich Ihre Überlegungen zur Planung oder Optimierung eines Call Centers gerade befinden, möchten wir Ihnen mit unserem Buch vermitteln, daß Call Center höchst dynamische und komplexe Systeme darstellen.

Call Center werden – was jeder Planer und Berater als ständige Herausforderung erlebt – viel stärker von außen gesteuert, als es einem zunächst lieb ist und man es bei anderen Organisationseinheiten eines Unternehmens beobachten kann.

Letztlich wird die Taktfrequenz von den Kunden, von den Interessenten, von den Lieferanten und nicht zuletzt von der Umwelt, manchmal sogar der gerade vorherrschenden Meinung in der Gesellschaft bestimmt.

Jeder Tag im Call Center hält für den Betreiber neue Herausforderungen und einen stetigen Veränderungs- oder Anpassungsbedarf bereit.

Daher reicht es nach unserer Überzeugung eben nicht aus, sich bei der Planung und Optimierung eines Call Centers nur einzelnen Themenbereichen oder Aufgabenstellungen zu widmen.

Vielmehr ist es nach unseren Erfahrungen erforderlich, alle Erfolgs- und Mißerfolgs-Faktoren gleichzeitig in die Überlegungen mit einzubeziehen.

Die eigentliche Fragestellung für die Unternehmen dürfte nach unserer Auffassung auch nicht nur lauten „Wie kommen wir zu einem wirtschaftlichen Call Center?" sondern „Wie erreichen wir eine optimale und dauerhaft zufriedenstellende Kundenkommunikation?".

Mit diesem Buch möchten wir sowohl dem Initiator oder Planer als auch dem Betreiber eines Call Centers Anregungen und Entscheidungshilfen an die Hand geben und den Blick darauf lenken, daß bei der (am Ende von Erfolg gekrönten) Realisierung eines Call Centers die Bereiche *Mensch*, *Organisation*, *Technik* und *Kundenumfeld* „ganzheitlich" berücksichtigt werden müssen.

Wenn wir einzelne Aufgabenfelder und Projektschritte skizzieren oder beschreiben, die nach unseren Erfahrungen maßgeblich für die erfolgreiche Einführung eines Call Centers stehen, soll damit gewissermaßen ein *Leitfaden* für die Planung und Realisierung eines Call Centers deutlich werden.

Mit unseren dargelegten Standpunkten und Sichtweisen wollen wir darüber hinaus die „Experten" anregen, längst erkannte Problem- und Aufgabenstellungen einmal aus einem anderen Blickwinkel zu betrachten, Bestehendes und scheinbar *in Stein Gemeißeltes* zu hinterfragen, was dann vielleicht auch zu anderen oder sogar neuen Denkansätzen und Ideen führen könnte – jedenfalls wünschen wir uns das.

Wir hoffen - nicht zuletzt mit unserem Beitrag – auf eine Intensivierung der Diskussion über die Thematik Call Center – und wenn wir hiermit dazu anregen könnten, hätte es sich schon gelohnt, dieses Buch zu schreiben.

Die Autoren

Bodo Böse, Erhard Flieger

2. Begriffsdefinition Call Center

Der Begriff „Call Center" stammt aus Amerika und läßt sich mit Anrufabteilung oder Telefonabteilung beschreiben. Auf jeden Fall konzentrieren sich die Mitarbeiter in einem Call Center überwiegend auf den telefonischen Kundenkontakt.

Ein Call Center ist die organisatorische Zusammenfassung von Telefonarbeitsplätzen mit dem Ziel der Erhöhung des Servicegrades (z. B. durch Verbesserung der Erreichbarkeit) und der Optimierung der wirtschaftlichen Rahmenbedingungen.

In dieser kurzen Definition sprechen wir von Telefonarbeitsplätzen. Das soll aber nur heißen, daß sich die Hauptaufgabe der Call Center-Mitarbeiter auf den telefonischen Kontakt mit dem Kunden konzentriert. In weiteren Kapiteln dieses Buches wird deutlich, daß sich neben dem Telefongespräch auch andere Kommunikationswege wie Fax, E-Mail oder Internet entwickeln. Einige Unternehmen ermöglichen es ihren Kunden und Interessenten bereits heute, einen Kontakt über diese neuen Medien aufzubauen.

Diese zusätzlichen Kommunikationswege bzw. Kundenkontakte werden ebenfalls durch das Call Center bearbeitet. Damit entwickelt sich das Call Center eigentlich zum Communication Center. Das bedeutet in letzter Konsequenz, daß innerhalb des Call Centers alle Formen der Kundenkommunikation bearbeitet werden. Eine entsprechende Definition könnte also wie folgt lauten:

Ein Communication Center ist die organisatorische Zusammenfassung von multifunktionalen Arbeitsplätzen mit dem Ziel, die gesamte Kundenkommunikation mit optimalem Servicegrad und optimalen wirtschaftlichen Rahmenbedingungen abzuwickeln.

Aber bleiben wir vorerst beim Call Center, denn die oben genannte Definition, also die Zusammenfassung von Telefonarbeitsplätzen, charakterisiert nach wie vor die wesentlichen Aufgabenstellungen und damit die heutigen Einsatzbereiche von Call Centern.

Die wichtigste Komponente in einem Call Center ist das ACD-System. ACD steht dabei für **A**utomatic **C**all **D**istribution, also für automatische Anrufverteilung. Die ACD-Komponenten bilden das

Herzstück eines Call Centers. Man unterscheidet drei verschiedene Varianten:

- Stand-Alone-Systeme
  Eigenständige Komponenten mit eigenen Leitungen zum Telekommunikationsnetz, ohne Verbindung zur Telefonanlage des Unternehmens.

- Adaptierte Systeme
  Eigenständige Komponenten mit einer Verbindung zur Telefonanlage. Die Verbindung zum Telekommunikationsnetz erfolgt über das Telefonsystem und / oder über eigene Leitungen.

- Integrierte Systeme
  ACD-Komponenten sind Bestandteil einer Telefonanlage. Die Verbindung zum Telekommunikationsnetz erfolgt ausschließlich über das Telefonsystem.

Im Gegensatz zur Durchwahl (direkte Verbindung mit einem bestimmten Telefonapparat) verteilen ACD-Systeme die Telefongespräche auf eine oder mehrere Gruppen von definierten Telefonarbeitsplätzen in der Reihenfolge ihres Einganges (first in, first out).

Abb. 2.1
Schematische
Darstellung der
„Durchwahl-
Funktion".

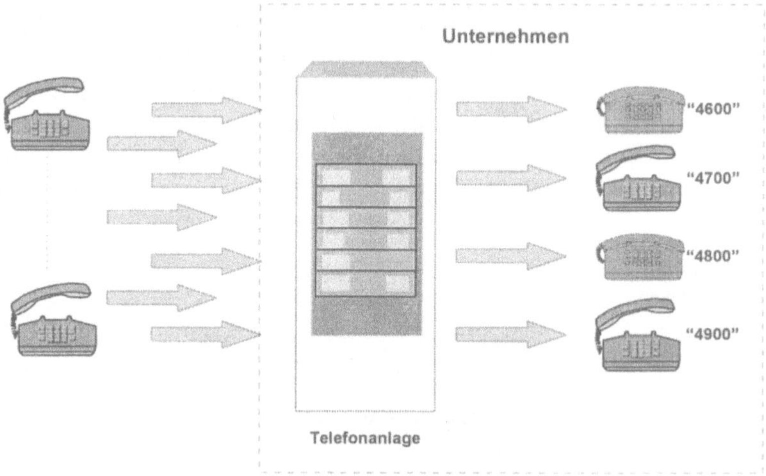

Bei der Durchwahl kann zeitgleich nur eine Verbindung zum Telefonapparat hergestellt werden. Bei ACD-Systemen können sehr viele Anrufe von relativ wenigen Mitarbeitern bearbeitet werden. Dazu benutzt man eine Warteschlange oder auch Wartefeld, d. h., alle Anrufer, die nicht auf einen freien Telefonapparat gestellt werden können, gelangen in das Wartefeld und hören bis zum Freiwerden des nächsten Telefons (beispielsweise) Musik.

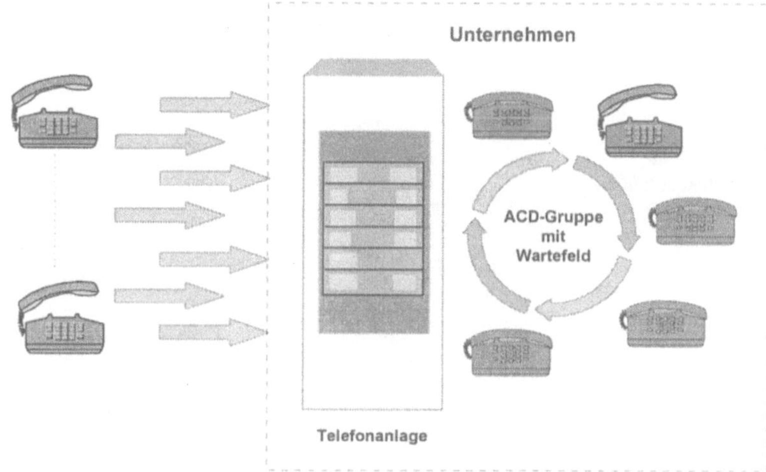

ACD-Systeme und die übrigen Komponenten eines Call Centers werden im Kapitel 8 „Call Center-Technik" ausführlich behandelt.

Wichtig erscheint an dieser Stelle der Hinweis, daß die Einführung einer Call Center-Lösung die Unternehmenskommunikation mit Interessenten, Kunden und Lieferanten grundlegend verändern kann. Bei der herkömmlichen Kommunikation kommt es zu Abteilungs- und personenbezogenen Telefonkontakten mit externen Ansprechpartnern.

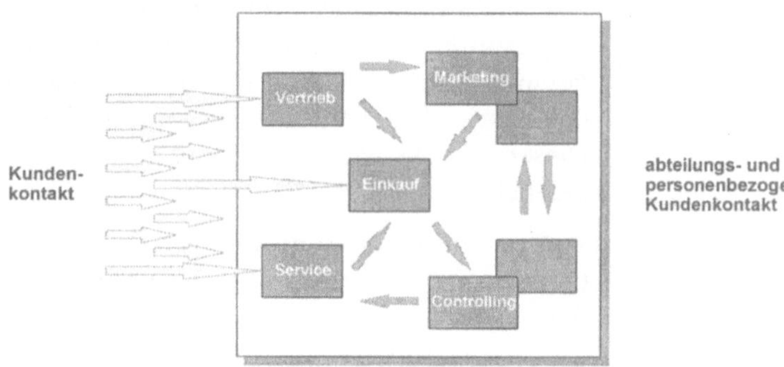

Sobald ein Unternehmen ein Call Center einführt und damit Interessenten, Kunden und Lieferanten die Möglichkeit bietet, eine zentrale Servicerufnummer bzw. einen zentralen Service-pool zu nutzen, wandelt sich die gesamte Kommunikation in sachbezogene Telefonkontakte.

Abb. 2.4
Unternehmens-
kommunikation über
ein Call Center.

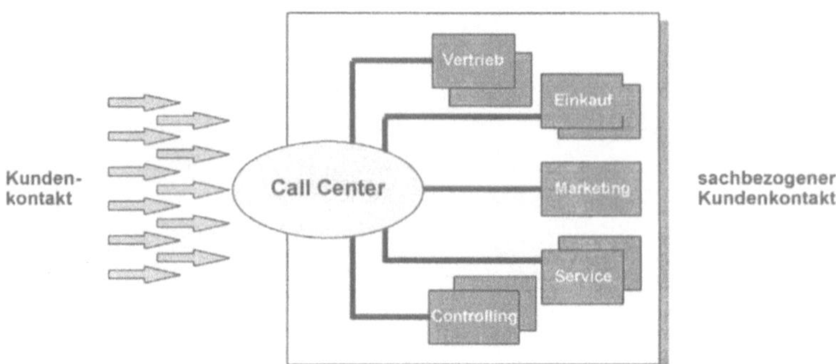

Bei entsprechend gutem Service wird damit auch die größte Zahl der Kontakte über das Call Center bearbeitet. Der Anrufer hat den Vorteil einer schnellen und direkten Erledigung seines Vorganges und die „nachgeordneten" Abteilungen des Unternehmens können sich auf ihr Tagesgeschäft konzentrieren, ohne daß ein Sachbearbeiter durch einen Anruf unterbrochen wird.

Außerdem kann das Call Center als Informationsquelle für Abteilungen wie Entwicklung, Marketing und Unternehmensleitung genutzt werden, um unmittelbar Aussagen zur Marktakzeptanz eines neuen Produktes oder einer Werbekampagne zu erhalten.

Die Einführung eines Call Centers verändert also nicht nur den Marktauftritt eines Unternehmens, sondern beeinflußt auch die gesamte Kommunikation mit externen Partnern. Damit wird das Call Center zu einer strategischen Aufgabe für das Unternehmen. Diesen Aspekt wollen wir aber erst in einem späteren Kapitel beleuchten.

Zurück zur Einordnung der verschiedenen Lösungen. Bei den Call Centern werden zwei organisatorische Lösungen unterschieden:

- Inbound-Call Center
- Inbound-/Outbound-Call Center

2.1. Inbound-Call Center

Inbound steht dabei für die eingehenden Telefongespräche. Unter Inbound-Leistungen werden also alle Aktivitäten zusammengefaßt, die eine Gruppe von Telefonarbeitsplätzen für eingehende Telefonate zur Verfügung stellt.

Abb. 2.5
Schematische
Darstellung
„Inbound".

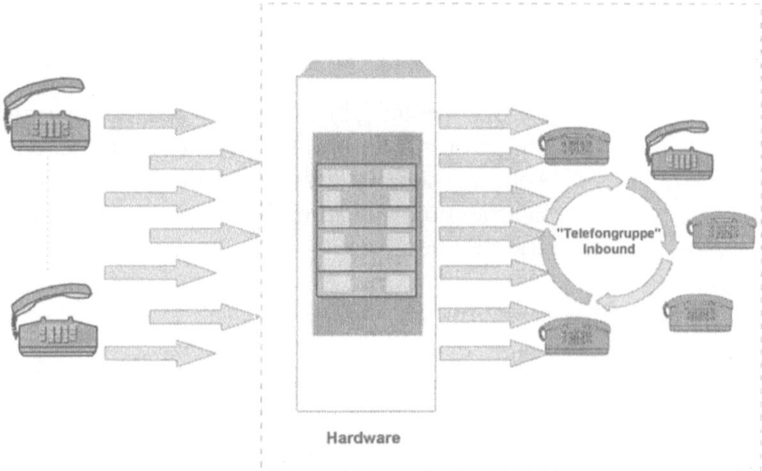

Für die Bearbeitung von Inbound-Gesprächen ist ein größerer organisatorischer Aufwand erforderlich, da beispielsweise in Richtung des Kunden einprägsame Rufnummern kommuniziert werden.

Inbound-Leistungen sind meist über einen längerfristigen Zeitraum angelegt. Eine Ausnahme hiervon stellen Direct Response-TV (DRTV) oder Direct Response Radio (DRR) dar; bei diesen Dienstleistungen erstrecken sich die Aktionen oft über einen sehr kurzen Zeitraum direkt zu einer Sendung.

Mögliche Leistungen im Inbound-Bereich lassen sich unter folgenden Oberbegriffen zusammenfassen:

- Bestellannahme
- Kundenhotline
- Infotelefon
- Help-Desk

Diese Dienstleistungen können für die Kunden eigenständig oder auch in beliebiger Kombination angeboten werden.

2.2. Inbound- / Outbound-Call Center

Outbound steht für die ausgehenden Telefongespräche. Im Bereich der Outbound-Leistungen werden also aktiv Gespräche von einer Mitarbeitergruppe an Telefonarbeitsplätzen geführt. Mit Ausnahme von Dienstleistungsanbietern wie z. B. Telemarketing-Unternehmen sind reinrassige Outbound-Aktivitäten selten zu finden. Im Call Center werden meistens Kombinationen aus In-bound- und Outbound-Leistungen durchgeführt.

Im Call Center gibt es zwei Organisationsformen für die Bearbeitung von Outbound-Gesprächen. Die schematische Darstellung Abb. 2.6 zeigt unterschiedliche Mitarbeitergruppen, welche die Bearbeitung eingehender und ausgehender Telefongespräche übernehmen.

Abb. 2.6
Schematische
Darstellung
„Inbound / Outbound
mit zwei Gruppen".

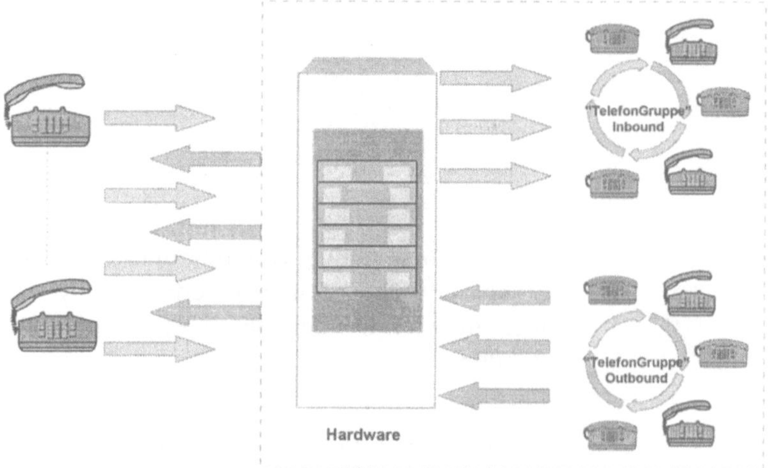

In der nächsten Darstellung, Abb. 2.7, sehen Sie die zweite Or-ganisationsform. Hier haben entsprechend qualifizierte Mitarbei-ter des Call Centers die Möglichkeit, in anrufschwachen Zeiten (wenige Inbound-Gespräche) ihren Arbeitsplatz für Outbound-Aktivitäten freizuschalten.

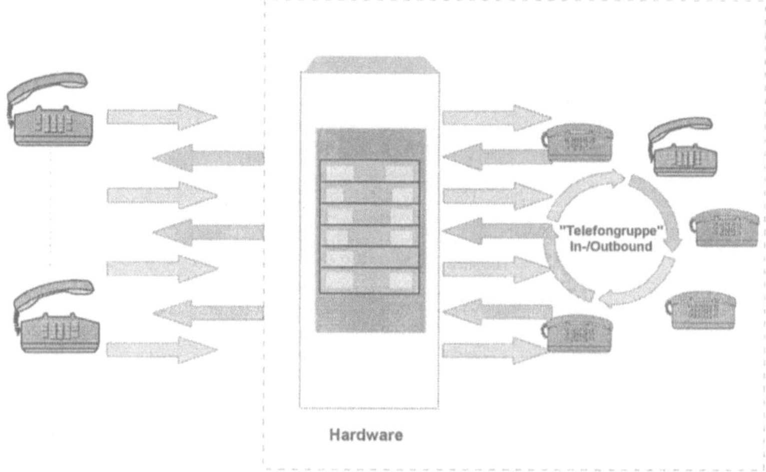

Mögliche Leistungen im Outbound-Bereich lassen sich unter folgenden Oberbegriffen zusammenfassen:

- Customer-Satisfaction-Programme

- Telesales

- Inkassomanagement

- Marktforschung

- Informationsmanagement

Ein Vorteil der Outbound-Kommunikation ist die Möglichkeit, Gesprächsinhalte in einem bestimmten Rahmen festzulegen und damit den Gesprächsverlauf in gewissen Grenzen kalkulierbar zu machen. Somit kann ein Ziel wie z. B. die Erreichung von zusätzlichem Umsatz durch Beratung oder die Konzeption von Kundenbindungsmaßnahmen besser verfolgt werden.

Bei der Nutzung solcher Chancen stehen die Call Center im deutschsprachigen Raum noch am Anfang. Viele Unternehmen arbeiten im Bereich des Inbound und nutzen zur Zeit noch nicht die vielfältigen Möglichkeiten und Wachstumspotentiale durch gezielte Outbound-Telefonie.

Der Wechsel zwischen Inbound- und Outbound-Tätigkeiten ist eine gute Möglichkeit, um für eine bessere Auslastung der vorhandenen Call Center-Mitarbeiter zu sorgen.

Wichtig ist dabei der Einsatz von entsprechend qualifizierten Mitarbeitern, denn nicht jeder Agent (Bezeichnung für den Call Center-Mitarbeiter), der im Inbound qualifiziert arbeitet, hat die kommunikativen Fähigkeiten, ein aktives Verkaufsgespräch mit dem Kunden zu führen. Diese Aspekte des Personaleinsatzes werden wir im Abschnitt 6 "Call Center-Mitarbeiter" noch näher beleuchten.

3. Hintergründe für den Aufbau eines Call Centers

Warum soll sich ein Unternehmen mit dem Aufbau eines Call Centers befassen? Ist die Investition in die Einführung und den Betrieb einer solchen Organisationseinheit überhaupt sinnvoll?

Für jeden Entscheider ergeben sich eine Reihe von grundsätzlichen Fragen.

Wir wollen nachfolgend versuchen, diese Fragen unter drei unterschiedlichen Gesichtspunkten zu beantworten.

3.1. Anforderungen aus der Sicht des Marktes

Produkte werden immer vergleichbarer, Innovationszyklen immer kürzer. Die Unternehmen haben immer größere Probleme, sich im Markt und im Wettbewerb ein Alleinstellungsmerkmal zu erarbeiten. Vor diesem Hintergrund ist der Wandel zum Dienstleistungsanbieter häufig die einzige Möglichkeit zur Erhaltung der Wettbewerbsfähigkeit.

3.1.1. Veränderte Rahmenbedingungen

Wir bewegen uns konsequent auf einen europäischen Binnenmarkt zu. Die Einführung des EURO schafft völlig neue Rahmenbedingungen. Transparente Preise, neue Märkte – alles wird sich verändern.

In der Zeit bis zur Jahrtausendwende hat jedes Unternehmen die Chance, sich auf diese tiefgreifenden Veränderungen einzustellen.

Im Rahmen einer zunehmenden Liberalisierung und Deregulierung insbesondere auf den europäischen Märkten kommt es schon jetzt zu einer Zunahme des Wettbewerbs. Monopolistische Marktstrukturen werden aufgebrochen und die Anbieter von Produkten oder Dienstleistungen erobern langsam Märkte über nationale Grenzen hinaus.

Beispiele wie der Telekommunikations- oder der Versicherungsmarkt zeigen deutlich, wie sich die Märkte bewegen und verändern. Mit dem Fall des Telekommunikationsmonopols haben sich neue Wettbewerber mit neuen Produkten und völlig neuen Dienstleistungen auf dem deutschen Markt etabliert.

Durch die Deregulierung des Aufsichtssystems für Versicherungen gibt es in diesem Markt vergleichbare Entwicklungen. Die nächsten Veränderungen werden wir durch den Aufbruch des Strommonopols erfahren. Auch hier wird sich ein völlig neuer, transparenter Markt bilden.

Ein Produkt oder ein Vorsprung in dessen Entwicklung stellt keine Möglichkeit zu einer Wettbewerbsdifferenzierung in einem solchen Markt dar. Die Unternehmen müssen hier völlig neue Wege gehen, neue Dienstleistungen schaffen und Produkte mit Dienstleistungen kombinieren um sich zu behaupten.

3.1.2.   Wandel zur Dienstleistungsgesellschaft

Der Wandel zur Dienstleistungsgesellschaft wird in der Wirtschaftsliteratur häufig beschrieben, ist aber in der Realität nur in Ansätzen verwirklicht. So zeigt eine Studie des Fraunhofer Instituts für Arbeitswirtschaft und Organisation, wie groß der Unterschied zwischen Anspruch und Wirklichkeit in deutschen Unternehmen wirklich ist.

Abb. 3.1
Kundenorientierung -
zwischen Anspruch
und Wirklichkeit
(IAO95).

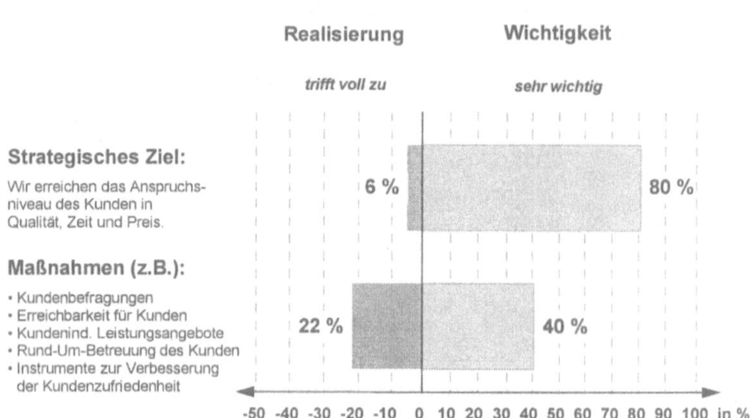

In dieser Studie des Fraunhofer Instituts wurden 384 große und mittlere Unternehmen untersucht. Die Grafik 3.1 zeigt, daß nur sechs Prozent der Unternehmen sicher sind, das Anspruchsniveau ihrer Kunden in Qualität, Zeit und Preis voll zu treffen, und das, obwohl achtzig Prozent der Unternehmen das volle Erreichen des Qualitätsniveaus des Kunden als sehr wichtig ansehen.

Alle Maßnahmen zur Kundenorientierung werden nur von vierzig Prozent der befragten Unternehmen als sehr wichtig angesehen. Entsprechend gering ist folglich auch der Realisierungsgrad mit nur 22 Prozent.

Besonders interessant ist dabei, daß das Fraunhofer Institut im Rahmen der Unternehmensbefragung auf Maßnahmen gestoßen ist, die sich zu einem großen Teil durch die Organisationseinheit „Call Center" optimal realisieren lassen. Gemäß Abb. 3.1 sind dies:

Maßnahmen:	**Lösungsansatz:**
Kundenbefragungen	Outbound-Aktionen
Erreichbarkeit für den Kunden	Inbound-Call Center
Rundum-Betreuung	24-Stunden-Servicehotline
Instrumente zur Verbesserung der Kundenzufriedenheit	Infoservice, Reklamationsmanagement

Die Trends zur Kundennähe und zu neuen Dienstleistungsangeboten sind deutlich zu erkennen und nicht mehr aufzuhalten. Diese neue Kunden- bzw. Dienstleistungsorientierung der Anbieter bringt damit auch Begriffe mit sich wie Kundenservice, Total Customer Care, Help-Desk, Servicepool, Servicehotline etc.

Hinter all diesen Begriffen steht eine Verbesserung des Kundenkontaktes und die damit einhergehende Kundenbindung.

3.1.3.   **Zunehmender Wettbewerb**

In den vorangegangenen Abschnitten ist schon deutlich geworden, wie sich die Wettbewerbssituation der Unternehmen verändern wird. Nicht nur durch die Deregulierung und Internationalisierung der Märkte entstehen neue Wettbewerber, sondern auch durch Unternehmen, die sich in „eigentlich" fremden Branchensegmenten bewegen.

Dazu gehören beispielsweise Unternehmen, die neue Produkte und Dienstleistungen zur Stabilisierung ihres eigenen Marktpotentials nutzen oder nach dem Prinzip „Alles aus einer Hand" handeln. So bieten Versandhäuser Finanzdienstleistungen an, Kaffeeröster verkaufen Badetücher, Küchengeräte und Schmuck.

Es kommt aber noch ein wesentlicher Punkt hinzu: es entsteht weiterer Wettbewerb über die elektronischen Medien, speziell das Internet. In diesem Bereich werden sich neue Wettbewerber entwickeln, denn der Marktplatz „Internet" ermöglicht jedem Unternehmen ohne großen Aufwand einen internationalen Marktauftritt. So bekommt ein regional orientiertes, mittelständisches Unternehmen Konkurrenz durch einen kleinen Direktversender mit einem guten Internetauftritt, perfekter Dienstleistung und Logistik. Die Auswirkungen dieser neuen Wettbewerbssituation werden in dem Buch „Abschied vom Verkaufen" ausführlich beschrieben.

Betrachtet man die rasante Entwicklung im Bereich Internet, so ist abzusehen, wie schnell sich in diesem Medium neue Wettbewerber formieren.

Abb. 3.2
Wachstum der
Internetanbieter im
deutschsprachigen
Bereich.

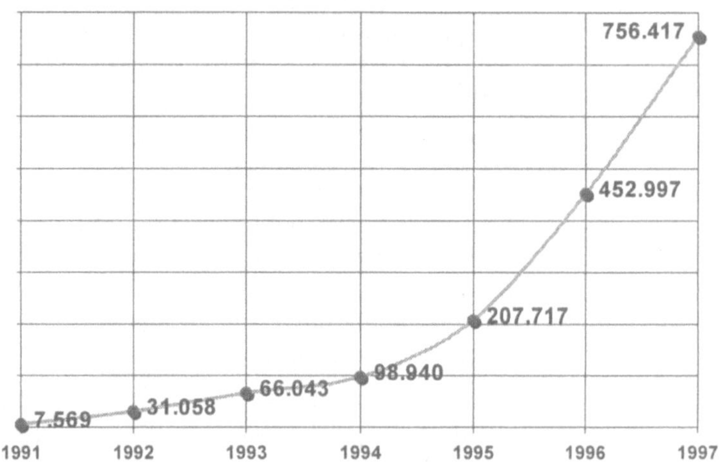

Quelle: Deutsches Network Information Center, www.nic.de

Das bedeutet auch, daß die Unternehmen über einen völlig neuen Marktauftritt nachdenken müssen, um sich dieser Herausforderung zu stellen.

3.2.   Anforderungen aus Sicht des Kunden

Märkte bieten eine globale Sicht auf die Veränderungen. Märkte werden aber durch Kunden und Interessenten geschaffen und gestaltet. Deshalb sollten alle Unternehmen sehr feinfühlig auf die Bedürfnisse ihrer Kunden und Interessenten reagieren.

3.2.1.   Zunehmende Kundenanforderungen

Die neuen Werbe- und Vertriebskanäle wie z. B. das Internet bieten den Unternehmen eine Reihe neuer Möglichkeiten, ihr Kundenpotential besser zu erreichen und völlig neue Interessentengruppen zu gewinnen. Auf der anderen Seite ändern sich durch diese Gegebenheiten natürlich auch die Erwartungen des Kunden:

- Die Leistungen werden nicht mehr nur regional begrenzt nachgefragt

- Hohe Qualität im Kundenservice wird erwartet

- Die Werbung wird mit den tatsächlichen Erfahrungen verglichen und Konsequenzen gezogen

- Der Informationsstand der Kunden ist höher, ihre Loyalität nimmt ab

- Kunden erwarten individuelle Lösungen in kürzester Zeit

3.2.2. Veränderung des Serviceanspruches

Diese geänderte Erwartungshaltung bringt auch eine neue, sehr kritische Sicht auf den Kundenservice eines Unternehmens mit sich. Für die Kunden ist ein exzellenter Kundenservice ein auch monetär bewertbares Entscheidungskriterium. Im Umkehrschluß hat ein schlechter Kundenservice für ein Unternehmen erhebliche Konsequenzen. Die nachfolgende Grafik zeigt, welche Reaktionen ein unzureichender Service beim Kunden auslöst:

Abb. 3.3
Konsequenzen eines
unzureichenden
Kundenservices.

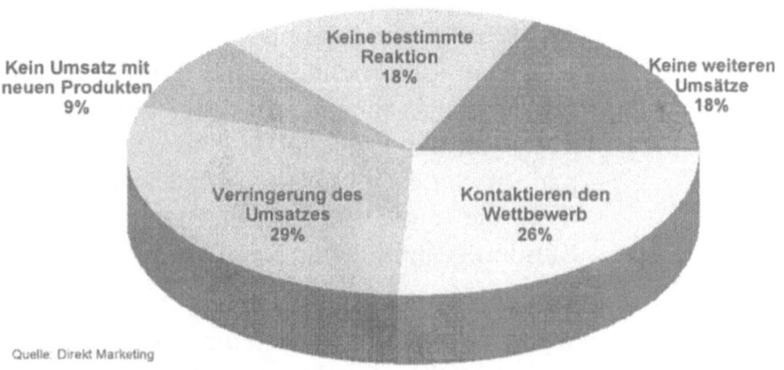

3.2.3. Defizite im Telefonkontakt

In den letzten Jahren ist die Akzeptanz des Telefons deutlich gestiegen, das heißt der Kunde bevorzugt eine schnelle und direkte Kommunikation mit seinem Lieferanten. Die Chance für die Unternehmen besteht darin, diesem Wunsch nach sofortiger telefonischer Kontaktaufnahme gerecht zu werden. In diesem Bereich gibt es auch Möglichkeiten für weitere Wachstumspotentiale und zur Wettbewerbsdifferenzierung der Unternehmen.

Die optimale Bearbeitung eines telefonischen Kundenkontaktes ist eine Aufgabenstellung, an der noch hart gearbeitet werden muß, wie die Abbildung 3.4 zeigt:

Abb. 3.4
Defizite im
telefonischen
Kundenkontakt.

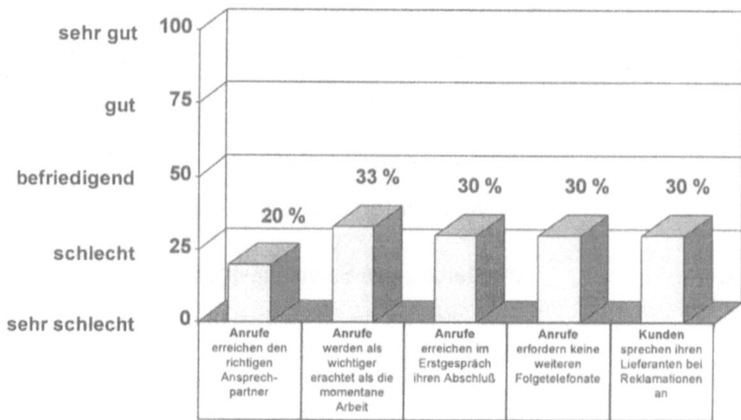

Das Diagramm wurde aus Ergebnissen einer Forschungsarbeit zur Servicequalität aus dem Buch „Servicequalität am Telefon" zusammengefaßt.

Die schlechten Ergebnisse aus dieser Umfrage zeigen deutlich, daß die Unternehmen in ihren herkömmlichen Organisationsstrukturen nicht optimal auf einen telefonischen Kontakt mit ihren Kunden eingerichtet sind. Dabei scheitert es gar nicht einmal an der Bereitschaft der Mitarbeiter, sondern häufig verhindern die organisatorischen Rahmenbedingungen eine für den Kunden befriedigende Bearbeitung seines Telefonanrufes.

Beispiel 1:
Wenn ein Mitarbeiter in einer Bestellannahme keine Informationen über die aktuellen Lagerbestände hat, kann er den Anrufer nicht richtig über die Lieferzeiten des gewünschten Produktes informieren. Die Folge ist ein aufwendiger Prozeß, an dessen Ende der Kunde, erst durch ein weiteres Telefonat oder einen Brief über die endgültige Lieferzeit des Produktes informiert werden kann.

Beispiel 2:
Hat ein Mitarbeiter einer Versicherung nicht die Möglichkeit, alle Kundendaten und Versicherungsunterlagen einzusehen, kann er keine Auskunft zu allen Fragen des Anrufers geben. In diesem Fall bekommt der Kunde nur unvollständige Informationen oder

wird zur Beantwortung seiner Fragen mehrmals zu verschiedenen Ansprechpartnern im Unternehmen weitergeleitet.

Abb. 3.5
Auswirkungen
mehrfachen
Weiterverbindens
eines Kunden.

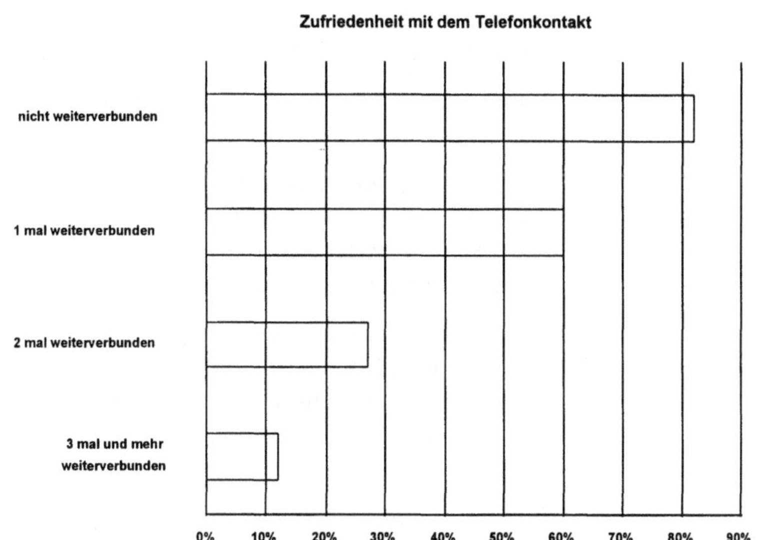

Organisation und vor allen Dingen die Prozesse sind nicht auf telefonische Kontakte ausgerichtet und den Mitarbeitern fehlt die Schulung für den richtigen Umgang mit Kundenanrufen.

Ein Call Center kann die Defizite im Telefonkontakt langfristig nur dann lösen, wenn bei der Planung und dem Aufbau des Call Centers an die richtige Personalauswahl und Personalqualifizierung sowie die Betrachtung und ggf. Veränderung der relevanten Geschäftsprozesse gedacht wird.

Ein Unternehmen, das die Defizite in seiner Kommunikation mit den Kunden erkennt (z. B. durch eine Kundenbefragung), löst seine Probleme nicht allein durch die Auswahl der richtigen Call Center-Technik.

3.3. Anforderungen aus Sicht des Unternehmens

Die vorangegangenen Kapitel zeigen die Herausforderungen für die Unternehmen, die durch den Markt und die Kunden entstehen, deutlich auf. Es gibt darüber hinaus aber auch noch Faktoren, die sich unmittelbar aus den eigenen Aktivitäten des Unternehmens ergeben.

3.3.1.   **Kundenpotentiale und -bindung**

Die Unternehmen müssen sich auf engere Märkte und Veränderungen im Kundenverhalten einstellen. Es bedarf anderer Wege, um sich Kundenpotentiale zu erschließen und zu sichern.

Dabei ist die Erschließung neuer, ggf. internationaler Märkte über eine Außendienstorganisation langwierig und kostspielig.

Häufig sind aber auch Veränderungen in bestehenden Vertriebsorganisationen erforderlich, da die Kosten pro persönlichem Kundenbesuch ständig steigen. Dieser Kostendruck bedingt eine andere Vertriebsstruktur.

Viele Unternehmen machen den größten Teil ihres Umsatzes mit wenigen Kunden. Diese sogenannten „A-Kunden" benötigen eine besondere Betreuung, z. B. durch intensivere Außendienstbetreuung. Aber auch die übrigen Kunden, das B- und C-Potential, muß betreut und gepflegt werden.

Darüber hinaus sollen kostengünstig neue Kunden gewonnen werden.

Aber nicht nur die Kundengewinnung, sondern auch die Kundenbindung ist ein wichtiger Aspekt, denn verschiedene Untersuchungen zeigen, daß es 5-7 mal soviel kostet, einen neuen Kunden zu gewinnen, als einen bestehenden Kunden an das Unternehmen zu binden. Durch diese ökonomischen Vorteile wird Kundenbindung zu einer zentralen strategischen unternehmerischen Aufgabe. Dabei sollte die Kundenbindungsstrategie zwei unterschiedliche Ansatzpunkte haben:

Kundenbindungsstrategie		
	Aktueller Kundenstamm	
Zufriedenheitszustand des Kunden	Zufriedene Kunden	Unzufriedene Kunden
Strategische Ziele	Stärkung der Kundenbeziehung	Stabilisierung gefährdeter Beziehungen
Managementebene	Zufriedenheitsmanagement	Beschwerdemanagement

Eine Möglichkeit alle diese Aufgabenstellungen zu lösen, ist die Nutzung von In- und Outbound-Aktivitäten über ein Call Center.

3.3.2.   Kundenprofile und -informationssysteme

Um Kundenbeziehungen optimal zu gestalten, brauchen Unternehmen möglichst umfangreiche Informationen über den Kunden, sein Kaufverhalten, sein Umfeld, seine sonstigen Geschäftsbeziehungen und seine finanzielle Situation.

Deshalb sind die Unternehmen bemüht, aussagekräftige Datenbanksysteme aufzubauen, die entsprechende Kundenprofile abbilden. Je umfangreicher die Informationen zu den einzelnen Kundenprofilen sind, desto besser kann die Kundenpflege und die gezielte Vermarktung von Produkten und Dienstleistungen erfolgen.

Für einen Versandhändler ist im Prinzip jede Information über das häusliche Umfeld seiner Kunden wichtig. Wenn es zum Beispiel möglich ist, alle Gartenbesitzer aus der Kundendatenbank zu filtern, kann eine Outbound-Verkaufsaktion für Gartengeräte bei dieser Zielgruppe sehr effizient durchgeführt werden.

Neben den Datenbanken für die Kundenprofile gewinnen die Kundeninformationssysteme ebenfalls eine große Bedeutung. Hier werden Informationen gespeichert, die eine sehr schnelle Bearbeitung des Kundenvorganges erlauben. Wissensdatenbanken geben Auskunft über die am häufigsten gestellten Fragen der Kunden. Problemlösungen werden dem Mitarbeiter bereits nach dem Eintippen eines Schlagwortes über den Computerbildschirm angeboten.

In den Systemen werden auch alle Aktivitäten gespeichert, die zu einem Kunden gehören, die sogenannte Kundenhistorie. Damit hat der Mitarbeiter Zugriff auf alle Vorgänge, die in der Vergangenheit für den Kunden bearbeitet wurden.

Die Erstellung und Pflege solcher Datenbanken ist aufwendig und kostspielig. Deshalb können solche vielschichtigen Kundendaten auch am besten im Rahmen einer Call Center-Lösung genutzt werden.

3.3.3.   Beschwerdemanagement

Das Beschwerde- oder auch Reklamationsmanagement (obwohl die Reklamation nur eine Teilmenge der Beschwerde ist, werden diese Begriffe in der Praxis häufig nicht differenziert) stellt heutzutage eine wesentliche unternehmerische Herausforderung dar. Das kundenorientierte Bearbeiten von Beschwerden wird sich zu einem entscheidenden Merkmal der Wettbewerbsdifferenzierung entwicklen. Viele Unternehmen sind nach wie vor überzeugt,

Beschwerdemanagement sei für sie kein Thema, weil vergleichsweise nur wenige Beschwerden im Unternehmen eingehen. Übersehen wird dabei die Zahl der Kunden, die sich sofort an einen anderen Lieferanten wenden.

Ein Kunde, der sich beschwert, ist noch ein Kunde und für das Unternehmen besteht die Chance:

- zur Wiederherstellung der Kundenzufriedenheit,

- zur Minimierung der negativen Auswirkungen von Kundenunzufriedenheit auf das Unternehmen,

- zur Nutzung der in den Beschwerden enthaltenen Hinweise auf betriebliche Schwächen und Marktchancen.

Als Fazit können wir feststellen, daß eine ganze Reihe von externen und internen Anforderungen und Faktoren für den Einsatz eines Call Centers sprechen können. Die Unternehmen haben die Möglichkeiten, welche die Einführung eines Call Centers für die Kundengewinnung und -betreuung mit sich bringt, klar erkannt. Dies bestätigt auch eine Umfrage der Fachgruppe Tele-MedienServices im Deutschen Direktmarketing Verband (DDV).

„Mehr als 30 Prozent der 5.000 umsatzstärksten Unternehmen in Deutschland setzen ein Call Center zur Kundenbindung und Neukundengewinnung ein. Jedes fünfte Unternehmen plant bis Ende 1998 die Einrichtung eines Call Centers oder die Zusammenarbeit mit einem externen Dienstleister." In der Umfrage wurden auch die häufigsten Ziele abgefragt, welche die Unternehmen mit dem Einsatz eines Call Centers erreichen wollen:

Abb. 3.6
Häufigste Ziele
beim Einsatz eines
Call Centers.

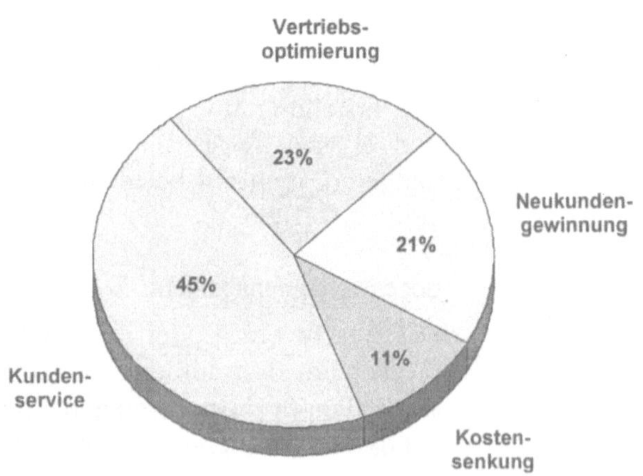

Literaturempfehlungen

„Kundenorientierung - zwischen Anspruch und Wirklichkeit" – (Studie), Fraunhofer Institut, 1995

„Abschied vom Verkaufen" – Edgar K. Geffroy, Campus Verlag

„Servicequalität am Telefon" – (Forschungsarbeit), Armin Töpfer u. Günther Greff, Luchterhand-Verlag, 1995, ISBN 3-472-02145-4

4. Einsatzmöglichkeiten für Call Center

4.1. Beispiele für unterschiedliche Einsatzbereiche

Bevor wir einige grundsätzliche Überlegungen zum Einsatz von Call Center-Lösungen anstellen, möchten wir an einigen Beispielen die unterschiedlichen Möglichkeiten zur Nutzung von Call Centern darstellen.

4.1.1. Bestellannahme

Im Rahmen dieser Call Center-Anwendung werden Bestellungen des Anrufers entgegengenommen und in der Regel in einem EDV-System erfaßt. Je nach technischen Möglichkeiten und Qualifikation der Mitarbeiter können weitere Zusatzleistungen ausgeführt werden, wie:

- Aussagen zur Liefersituation der Ware (Lagerware oder Zulieferung),

- „Cross-Selling" (statt Videocassetten mit 180 Minuten Spieldauer, Cassetten mit 240 Minuten Spieldauer, da diese zur Zeit im Sonderangebot sind),

- „Up-Selling" (zum bestellten Videorecorder zusätzlicher Verkauf von 10 Videocassetten).

Neben Warenbestellungen können im Call Center auch Reservierungen für Mietwagen, Tickets, Hotelzimmer etc. vorgenommen werden.

Grundsätzlich gilt: je mehr Informationen über den Anrufer bekannt sind (Kundendatenbank), desto besser können weitere Waren und Dienstleistungen angeboten werden.

Call Center für die Bestellannahme findet man zum Beispiel in den Branchensegmenten:

- Versandhandel bzw. katalogbezogene Bestellungen

- Anzeigenannahme

- Ticketservice, Buchungsbüros

- Autovermietungen

- DRTV (**D**irect **R**esponse **TV**, Direktbestellung nach einem Werbespot im Fernsehen)

- DRR (**D**irect **R**esponse **R**adio, direkte Reaktion nach einem Werbespot im Radio)

4.1.2.   Kundenhotline, Servicetelefon

Hier werden alle Aktivitäten rund um die Kundenbetreuung zusammengefaßt. Die Dienstleistungen dieser Call Center-Anwendung sind auf einen längeren Zeitraum angelegt und bedingen einen guten, kundenspezifischen Ausbildungsstand der Mitarbeiter.

Dienstleistungen, die über eine Kundenhotline angeboten werden, können sein:

- Adress- oder Telefonnummern-Änderung des Kunden (Stammdatenänderung)

- Bearbeitung von Vorgängen (Rechnungsklärung, Leistungsänderungen)

- Anforderung von Informationen, anschließender Versand von Angeboten, Broschüren etc.

- Entgegennahme von Reklamationen oder Anregungen

- Abfrage von Meinungsbildern (Televotum)

Call Center für den Kundenservice findet man beispielsweise in den Bereichen:

- Telefonbanking

- Versicherungsgesellschaften

- Industrieunternehmen

- Marketinggesellschaften, -agenturen

4.1.3.   Infotelefon

Im Vergleich zur Kundenhotline wird in einem Infotelefon-Call Center nur ein begrenztes Servicespektrum angeboten. Häufig werden solche Call Center-Leistungen auch nur für einen kurzen Zeitraum (Aktions-Call Center) zur Verfügung gestellt. Mögliche Anwendungsbeispiele sind:

- Markteinführung neuer Produkte

- Informationen zu bestimmten Ereignissen (z. B. Chemieunfälle, BSE, Bürgertelefon)

- Veranstaltungs-Hotline (Expo, Messen, Ausstellungen, Konzerte)

- Produktumstellungen, Tarifänderungen

- Aktieneinführung, Börsengang

Call Center-Lösungen für das Infotelefon finden sich in allen Bereichen der Wirtschaft und der öffentlichen Verwaltung.

4.1.4.   **Help-Desk**

Im Help-Desk-Call Center befassen sich die Mitarbeiter mit der Bereitstellung von Hilfsleistungen und Beratung für den Anrufer, z. B. zur Lösung technischer Probleme, bei der Anwendung von komplexen Produkten oder bei Schwierigkeiten mit Softwareprogrammen.

Diese Call Center sind meistens in Industrie- und Dienstleistungsbereichen zu finden:

- Technischer Benutzerservice (Datenverarbeitung und PCs)

- Supporthotline (Software, Konsumgüter)

Diese Beispiele zeigen, daß es vielfältige Einsatzmöglichkeiten für ein Call Center gibt. Häufig sind in den Unternehmen auch Mischformen der aufgezeigten Call Center-Lösungen zu finden, also z. B. ein Call Center für die Bestellannahme und den Help-Desk.

Bevor man aber mit der Einführung einer Call Center-Lösung im eigenen Unternehmen beginnt, sollten zwei grundsätzliche Fragen beantwortet werden:

- Sind die Voraussetzungen für ein Call Center überhaupt gegeben?

- Welche Organisationsform soll gewählt werden?

Zu diesen Fragen wollen wir in den nachfolgenden Abschnitten Stellung beziehen.

4.2.   Grundsätzliche Überlegungen für den Einsatz von Call Centern

Bevor eine Entscheidung über den Einsatz einer Call Center-Lösung getroffen werden kann, müssen einige Fragen eindeutig beantwortet werden.

Die Abb. 4.1 zeigt einen entsprechenden Fragenkatalog für die Entscheidungsfindung. Wenn die meisten dieser Fragen mit „ja" beantwortet werden, sind die Voraussetzungen für den Einsatz eines Call Centers gegeben. Beantworten Sie diese Fragen größtenteils mit „nein", müßte ernsthaft geprüft werden, ob Ihre Aufgabenstellung durch eine andere organisatorische bzw. technische Lösung erfüllt werden kann.

| **Fragenkatalog** | | |
| **Entscheidungskriterien für ein Call Center** | | |
	Ja	Nein
Ist ein hohes Aufkommen von eingehenden Telefonaten ist vorhanden bzw. zu erwarten?	☐	☐
Besteht die Forderung nach einer hohen Erreichbarkeit des Unternehmens, der Abteilung?	☐	☐
Sind die Anrufe Zweck- bzw. vorgangsbezogen?	☐	☐
Handelt es sich <u>nicht</u> um personenbezogene Gespräche?	☐	☐
Ist eine enge Kunden-Mitarbeiter-Beziehung <u>nicht</u> vorhanden?	☐	☐
Besteht <u>keine</u> Forderung nach exklusiver Betreuung?	☐	☐
Soll eine hohe Servicequalität sichergestellt werden?	☐	☐
Soll dieser Service wirtschaftlich optimal angeboten werden?	☐	☐

Ist die Entscheidung für den Betrieb eines Call Centers gefallen und sind die strategischen Ziele definiert, die Dienstleistungen formuliert, dann stellt sich in einem weiteren Schritt die Frage nach der Organisationsform des Call Centers. „Make or buy", das heißt, es muß geklärt werden ob Ihr Unternehmen das Call Center selbst betreiben oder die Dienstleistung durch einen externen Dienstleister zur Verfügung gestellt werden soll. Für den Call Center-Betrieb lassen sich folgende Organisationsformen unterscheiden:

- Abteilung in der Linienorganisation des Unternehmens
- Eigenständiges Profitcenter
- Ausgegliederter Unternehmensteil

- Genutzte Fremdleistung (Agentur etc.)

- Mischformen

Erinnern wir uns noch einmal an die Definition für ein Call Center:

> Ein Call Center ist die organisatorische Zusammenfassung von Telefonarbeitsplätzen mit dem Ziel der Erhöhung des Servicegrades (z.B. durch Verbesserung der Erreichbarkeit) und der Optimierung der wirtschaftlichen Rahmenbedingungen.

Die in der Definition erwähnten wirtschaftlichen Bedingungen sind ein wesentlicher Punkt für die Fragestellung „Make or buy", denn wenn wir uns einmal die Verteilung der Investitions- und Betriebskosten für ein Call Center in Abb. 4.2 ansehen, dann wird auch in dieser komprimierten Darstellung deutlich, daß sehr hohe Kosten entstehen können:

Abb. 4.2
Zusammensetzung
der Call Center-
Kosten.

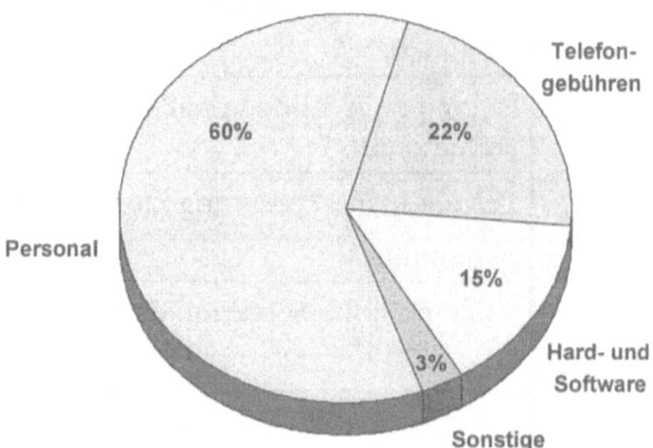

Kommt dann noch hinzu, daß betriebliche Rahmenbedingungen, die Möglichkeiten der Personalbeschaffung oder die Einhaltung von Qualitätsstandards den geplanten Betrieb des Call Centers erschweren, dann sollte eine eingekaufte Dienstleistung bevorzugt werden.

Bei der Neuplanung einer Call Center-Lösung kann die befristete Zusammenarbeit mit einem externen Dienstleister ebenfalls eine gute Möglichkeit zur Sammlung von Erfahrungen für den späteren Betrieb sein. Es können Fragen beantwortet werden wie:

- Welche Anrufzeiten werden genutzt?

- Wie reagiert mein Kunde auf das neue Dienstleistungsangebot?

- Wie häufig werden bestimmte Aufgabenstellungen durchgeführt?

- Welche technischen und personellen Ressourcen sind erforderlich?

- Welche organisatorischen Prozesse werden ausgelöst?

- Welche Dienstleistungen werden vom Kunden abgefragt?

- etc.

Egal, ob Sie sich für eine zeitlich befristete, eine temporäre oder eine dauerhafte Auslagerung Ihrer Dienstleistungen entscheiden; beim Outsourcing von Call Center-Leistungen sind wichtige Punkte zu beachten.

4.3. Outsourcing

Der Begriff „Outsourcing" beschreibt die teilweise oder vollständige Auslagerung bestimmter Organisationseinheiten oder Aktivitäten.

In vielen Unternehmen zeigt sich, daß für die Realisierung eines Call Centers der Einsatz eigener Ressourcen vermieden oder minimiert werden soll. Dabei können folgende Ursachen eine Rolle spielen:

- Umgehung innerbetrieblicher Einschränkungen (Tarifverträge, Mitbestimmungspflichten, Arbeitszeitmodelle, vorhandene Mitarbeiterstrukturen etc.)

- Erhöhung der Flexibilität (keine Personalbindung, Realisierungsgeschwindigkeit, große Anrufschwankungen etc.)

- Qualitätsanforderungen (Professionalität eines Dienstleisters, schnelle Umsetzung von neuen Ideen etc.)

- Kosten (Vorteile bei den laufenden Kosten, Vermeidung von Investitionen in Infrastruktur, Wandlung fixer in variable Kosten etc.)

- Bessere Auslastung (kein ausreichendes Anrufvolumen für den Betrieb einer eigenen Call Center-Organisation vorhanden)

4.3.1. Möglichkeiten des Call Center-Outsourcing

Das Outsourcing von Call Center-Dienstleistungen bedeutet, daß ein definierter Anteil des Gesprächsaufkommens für einen festgelegten Planungszeitraum zu einem Dienstleister ausgelagert wird.

Bei der Auslagerung können neben den Inbound-Gesprächen auch Outbound-Aktivitäten zum Dienstleister verlagert werden. Grundsätzlich lassen sich folgende Outsourcing-Ansätze unterscheiden:

- Aktionen
- First-Level-Konzepte
- Lastabhängiges Outsourcing
- Zeitabhängiges Outsourcing
- Back-up-Lösungen
- Komplettauslagerung

Aktionen

Beim Outsourcing von Aktionen ist die Zusammenarbeit mit dem Dienstleister kurzfristig oder als Projektgeschäft angelegt. Diese Form des Outsourcing bietet sich an, wenn für Werbemaßnahmen, Marktforschung oder Sonderaktionen erhebliche Ressourcen benötigt werden oder für das Unternehmen oder die Mitarbeiter untypische Aufgabenstellungen zu erledigen sind.

First-Level-Konzepte

In der Praxis zeigt sich, daß ein großer Teil von eingehenden Kundenanrufen, zwischen 60 und 90 %, durch einfache Vorgänge bearbeitet werden kann. Beim First-Level-Konzept (First Level = Erste Kontaktebene) übernimmt der Dienstleister die Bearbeitung von Erstkontakten und Routinevorgängen im Call Center. Für die übrigen Aufgabenstellungen leistet der Dienstleister eine Vorqualifizierung und stellt die Anrufer entweder direkt an Mitarbeiter des Unternehmens weiter oder veranlaßt einen späteren Rückruf.

Lastabhängiges Outsourcing

Beim lastabhängigen Outsourcing betreibt das Unternehmen ein eigenes Call Center. Sobald Lastspitzen auftreten, also ein Anrufaufkommen, das durch eigene Ressourcen nicht bearbeitet werden kann, werden diese Anrufe zu einem Dienstleister weitergeleitet.

Zeitabhängiges Outsourcing

Auch beim zeitabhängigen Outsourcing betreibt das Unternehmen ein eigenes Call Center. In diesem Fall werden die Anrufe zu bestimmten Zeiten zu einem Dienstleister weitergeleitet. So kann das Unternehmen seinen Kunden beispielsweise einen 24-Stundenservice anbieten, ohne eigenes Personal einzusetzen.

Back-up-Lösungen

Diese Form des Outsourcing dient zur Sicherung einer hohen Verfügbarkeit der Call Center-Dienstleistung. Der externe Dienstleister wird auf die zu erwartende Aufgabenstellung genauestens vorbereitet und seine Mitarbeiter entsprechend geschult.

Die Dienstleistung wird jedoch nur in Notsituationen (Ausfall des eigenen Call Centers, längerfristige Netzstörungen) genutzt. Um lange „Anlaufzeiten" zu vermeiden, muß bei einer solchen Outsourcing-Lösung die Übernahme des Call Center-Betriebes durch den Dienstleister genauestens geregelt werden.

Komplettauslagerung

Bei der Komplettauslagerung betreibt das Unternehmen kein eigenes Call Center. Sämtliche Call Center-Dienstleistungen werden durch den externen Dienstleister zur Verfügung gestellt. Im eigenen Unternehmen muß lediglich eine „Koordinationsstelle" vorgesehen werden, welche die Abstimmungen mit dem Dienstleister vornimmt.

4.3.2. **Entscheidungskriterien**

Sofern alle grundsätzlichen Überlegungen angestellt, alle Fragen zu den Rahmenbedingungen beantwortet und die Entscheidungen für den Betrieb eines Call Centers getroffen sind, muß dann noch über die Betriebsform nachgedacht werden.

Dabei sind im wesentlichen die folgenden Betriebsformen zu unterscheiden:

- Betrieb eines eigenen Call Centers
- Ausgliederung eines eigenen Unternehmens (Tochtergesellschaft)
- Teilweise Auslagerung von Call Center-Aktivitäten (siehe auch Kapitel 4.3)
- Vollständige Auslagerung von Call Center-Aktivitäten
- Betreiberlösungen

Der nachfolgende Entscheidungsbaum zeigt einen möglichen Weg zur Entscheidungsfindung in dieser Frage:

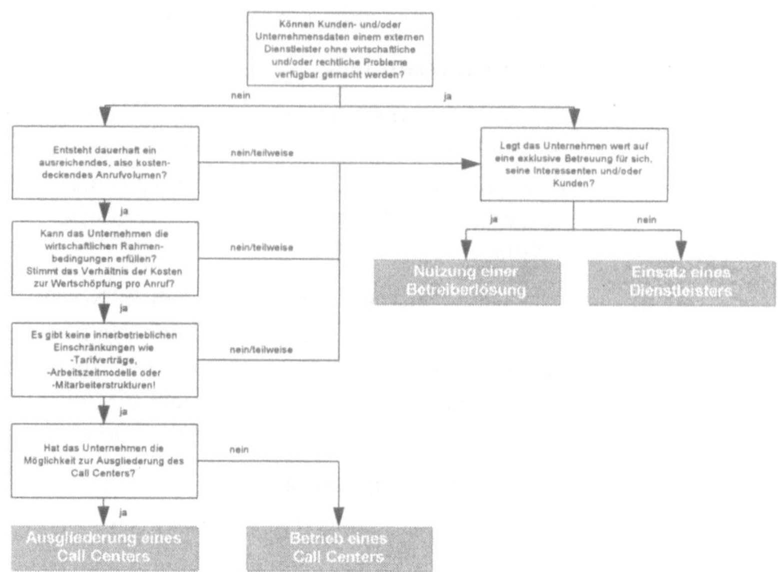

Abb. 4.3
Entscheidungsbaum für die Call Center-Betriebsform.

Call Center-Dienstleistungen, also Outsourcing, werden unter anderem von Telemarketingfirmen, Netzbetreibern, Lieferanten von Kommunikationslösungen und Spezialanbietern zur Verfügung gestellt. Die Betreiberlösung ist eine Variante des Outsourcing, die eine ausschließliche Betreuung des Unternehmens sicherstellt, quasi ein ausgegliedertes Call Center mit externen Ressourcen.

4.3.3.   Auswahl des Dienstleisters

Hat man sich für das Outsourcing der Call Center-Lösung entschlossen, muß noch der richtige Dienstleister für die Zusammenarbeit gefunden werden. Wenn eine langfristige Partnerschaft mit dem Dienstleister angestrebt wird, also das Outsourcing nicht nur für kurzfristige Aktionen vorgesehen ist, sollte eine gründliche Auswahl des Anbieters vorgenommen werden.

Dabei kann ein Pflichtenheft und eine Entscheidungsmatrix sehr hilfreich sein. Das Pflichtenheft beschreibt die Kriterien und Rahmenbedingungen der Zusammenarbeit zwischen Unternehmen und Dienstleister. Es dient einem Anbieter zur Angebotserstellung. Auf Basis des Pflichtenheftes kann das Unternehmen eine Entscheidungsmatrix erstellen, welche die Vergleichbarkeit der Angebote und damit die richtige Auswahl des Dienstleisters ermöglicht.

Folgende Kriterien sollten im Pflichtenheft bzw. der Entscheidungsmatrix berücksichtigt werden:

1. Allgemeine Punkte:

- Standort des Dienstleisters (Nähe zum eigenen Unternehmen)
- Technische Ausstattung (Call Center, EDV, Software, Telekommunikation)
- Verfügbarkeit von einprägsamen Service-Rufnummern (0130, 0180 etc.)
- Sonstige Dienstleistungen (z. B. Bearbeitung und Versand von Briefen, Prospekten etc.)
- Vertragsarten und -gestaltung
- Kündigungsfristen und -bedingungen

2. Qualität der Dienstleistung:

- Verfügbarkeit von Reporting und MIS-Statistiken
- Sicherung der abgesprochenen Serviceziele
- Sicherheit der Kunden- und/oder Unternehmensdaten
- Formen des Datenaustausches, der Datenübertragung
- Erfolgskontrolle
- Qualitätssicherung

3. Kosten der Dienstleistung:

- Vorgespräche, Angebotserstellung (üblicherweise entstehen hier keine Kosten)
- Erstellung der Projektkonzeption
- Anwendungsspezifische Programmierung der EDV
- Projektspezifische Schulung der Mitarbeiter (Produkte, Dienstleistungen, Verhalten)
- Kosten für Testläufe und Analysen
- Durchführungskosten
- Kosten der Konzeptionsanpassung
- Abforderung von außergewöhnlichen Aktivitäten (Lastspitzen, Aktionen etc.)
- Sonstige Besonderheiten
- Abrechnungsmodalitäten

4. Personaleinsatz:

- Basisqualifikation der Mitarbeiter
- Branchenkenntnisse
- Struktur der Mitarbeiter (Vollzeit, Teilzeit, Hilfskräfte)
- Personalauswahl und -qualifizierung (allgemein)
- Kapazitäten, Verfügbarkeit zu bestimmten Servicezeiten
- Entlohnungssystem, Prämienregelungen

5. Referenzen des Dienstleisters:

- Für wen hat der Dienstleister schon gearbeitet?
- Für welche Branchen war er tätig?
- Für welche Unternehmen arbeitet der Dienstleister im Moment?

6. Test der Hotline:

- Eigene Testanrufe durchführen
- Erreichbarkeit des Dienstleisters
- Freundlichkeit der Mitarbeiter
- Kompetenz bei der Anrufbearbeitung

Hat man auf Basis dieser Stichpunktliste Angebote von zwei bis drei Anbietern, ist eine Entscheidungsfindung sicherlich möglich.

Wirk- und Erfolgsfaktoren im Call Center

Call Center werden im allgemeinen als Teil einer Gesamtorganisation verstanden. Ähnlich anderen Organisationseinheiten in einem System wird man daher auch einem Call Center spezifische Aufgaben zuordnen und dafür Zielvorstellungen entwikkeln. Diese Aufgaben und Ziele sind Teil-Aufgaben und Teil-Ziele und werden von der übergeordneten Unternehmensstrategie und den Unternehmenszielen abgeleitet.

Ob ein Call Center *erfolgreich* arbeitet ist daran zu messen, mit welcher Zielgenauigkeit und Effizienz die übertragenen Aufgaben durchgeführt werden und welcher Beitrag zum Unternehmenserfolg eingebracht wird.

Dabei ist es zunächst von untergeordneter Bedeutung, ob ein Call Center tatsächlich (als Teilbereich) in die Organisation integriert ist oder ob es sich dabei lediglich um eine *funktionale Integration* handelt (siehe hierzu auch Kapitel 4.1 und 7).

Betrachtet man (wie in Kapitel 3, Abbildung 3.6 dargestellt) die unterschiedlichen Ziele und Erwartungen, die ein Unternehmen an das Call Center richtet ...

- Vertriebsoptimierung
- Neukundengewinnung
- Kostensenkung
- Kundenservice

... wird deutlich, daß in einem Call Center neben *quantitativen* Zielen auch *qualitative* Ziele angestrebt werden.

Während sich quantitative Größen (wie Umsatz, Kostenminimierung, neu gewonnene Kunden usw.) noch relativ leicht messen und überprüfen lassen, sind qualitative Größen (wie Kundenzufriedenheit, Weiterempfehlungsbereitschaft usw.) manchmal nur schwer eindeutig zu definieren und nachfolgend zu überprüfen.

Besonders dann, wenn gleichzeitig zwei Ziele anstrebt werden, die (auf den ersten Blick) eher als unverträglich erscheinen (z. B. Kundenzufriedenheit und Kostenminimierung bei der Vermarktung), wird deutlich, welche enormen Anforderungen auf einem Call Center lasten können.

Ob ein Call Center **mit Erfolg** arbeiten kann, ist wesentlich davon abhängig, ob die angestrebten Ziele realistisch sind. Ebenso wichtig ist, daß der Erfolg an meßbaren Größen festgemacht werden kann – was bei qualitativen Zielen (wie Kundenzufriedenheit, erlebte Wertschätzung usw.) nicht ganz leicht ist.

5.1.   Mensch, Organisation und Technik

Neben den übergeordneten Zielen und Maßstäben zur Überprüfung von Effizienz, Erfolg usw. gilt es bei der Planung und Optimierung eines Call Center mindestens drei Faktoren gleichzeitig (und zunächst als gleichgewichtig) zu betrachten:

Abb. 5.1
Mensch,
Organisation und
Technik.

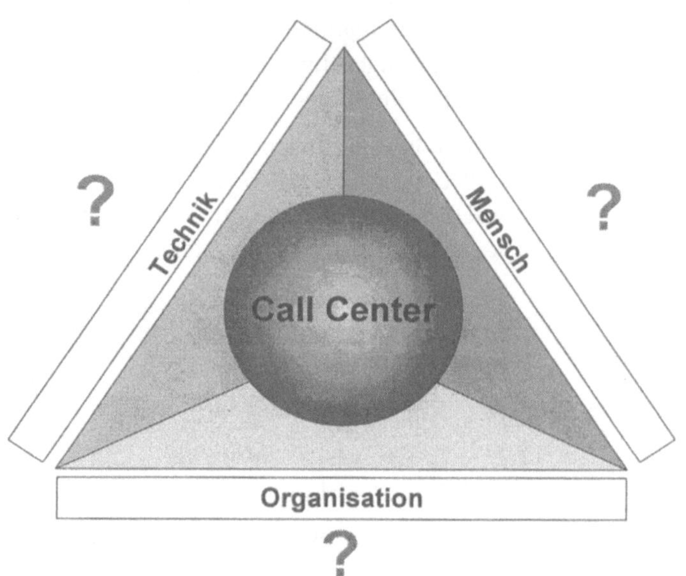

Diese (Wirk-) Faktoren sind eng miteinander verzahnt. Sie sind ähnlich Knotenpunkten in einem Netzwerk untereinander verbunden und zusätzlich auch noch mit den übergeordneten Aufgaben und Zielen des Unternehmens vernetzt.

Bereits auf dieser hohen *Abstraktionsebene* wird (vielleicht) deutlich, von welcher Komplexität ein Call Center gekennzeichnet ist.

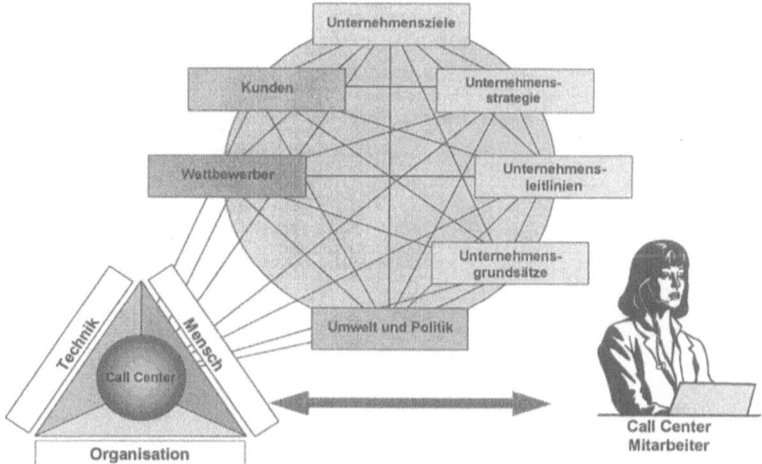

Abb. 5.2
Vernetzung der
Wirkfaktoren in
einem Call Center.

Bei der Suche nach (möglichst) einfachen und wirkungsvollen
Lösungen empfinden wir *komplexe Systeme* allerdings als geradezu hinderlich und neigen oft dazu, vielfältig wirkende, komplexe
und sich beinahe chaotisch verhaltende Einflußfaktoren in unserer Betrachtungsweise in weniger komplex wirkende umzudeu-
ten, damit wir wenigstens noch daran glauben können, sie zu
beherrschen.

Wirkfaktoren, die gleichzeitig und zu allem Unglück auch noch
unterschiedlich stark auf mehrere Teilsysteme wirken, sind uns
eher suspekt.

Wenn uns dann noch bewußt wird, daß wir komplexe Systeme
in Wahrheit gar nicht vollständig beherrschen können, sondern
sie nur mehr oder weniger erfolgreich beeinflussen können,
empfinden wir dies nicht selten als zu kompliziert (siehe hierzu:
Dieter Dörner, Die Logik des Mißlingens - Strategisches Denken
in komplexen Situationen).

Ausgehend von diesem Gedanken ist es dann nicht mehr verwunderlich, daß in der zu beobachtenden Praxis der Call Center-
Planung die einzelnen Wirkfaktoren mehr oder weniger isoliert
voneinander betrachtet werden – mit der Gefahr, daß die Auswirkungen einzelner Faktoren auf das Gesamtsystem nicht gebührend berücksichtigt werden und eher an den Symptomen
„geschraubt" wird, statt an den Ursachen oder Problemen anzu-
setzen.

Bei der Planung und Optimierung eines Call Center empfehlen
wir, sich z. B. eingehend mit den Modellen und Methoden des

„Vernetzten Denkens" zu beschäftigen, ein Werkzeug, das ursprünglich Frédéric Vester entwickelt hat und das von Gilbert J. B. Probst und Peter Gomez später weiterentwickelt wurde.

Kern dieser Methode ist es, alle nur denkbaren Einflußfaktoren danach zu untersuchen, wie und in welcher Intensität sie auf andere Faktoren einwirken.

Abb. 5.3
Matrix der
Beeinflussung.

Beeinflußt … \ Was …	Wirkfaktor 1 …	Wirkfaktor 2 …	Wirkfaktor 3 …	Wirkfaktor 4 …	Wirkfaktor 5 …	Wirkfaktor 6 …	Wirkfaktor 7 …	Wirkfaktor x …	Summen:
Wirkfaktor 1 …		0	1	0	2	1	2	3	9
Wirkfaktor 2 …	1		2	1	2	3	0	2	11
Wirkfaktor 3 …	0	2		3	1	2	3	0	11
Wirkfaktor 4 …	2	1	2		0	1	0	2	8
Wirkfaktor 5 …	3	1	2	3		2	1	2	14
Wirkfaktor 6 …	0	2	1	2	3		3	1	12
Wirkfaktor 7 …	1	0	2	1	2	3		2	11
Wirkfaktor x …	0	1	0	2	1	2	3		9
Summen:	7	7	10	12	11	14	12	12	

Bewertung 0 bedeutet: keine Wirkung
Bewertung 1 bedeutet: geringe Wirkung
Bewertung 2 bedeutet: starke Wirkung
Bewertung 3 bedeutet: sehr starke Wirkung

Grobgliederung einer solchen „Beeinflussungsmatrix" könnte sein:

- Kunden
- Wettbewerb und Umwelt
- Unternehmensziele
- Unternehmensleitlinien und -grundsätze
- Call Center-Ziele
- Technik im Call Center
- Organisation im Call Center
- Call Center-Mitarbeiter und -Führungskräfte

Als Ergebnis erhält man dann eine „Landkarte" der *kritischen, aktiven, passiven* und *trägen* Wirkfaktoren. Hieraus ergeben sich auch die lenkbaren und nicht (oder weniger) lenkbaren Größen.

Abb. 5.4
Landkarte der
Einflußnahme und
Beeinflussung.

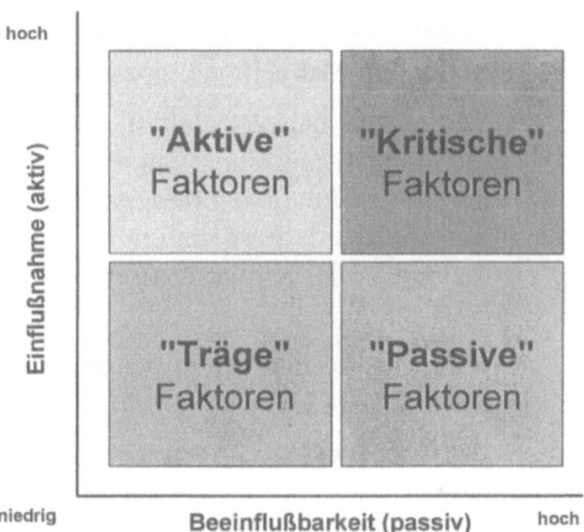

Kritische Faktoren sind dadurch gekennzeichnet, daß ...

- sie einen sehr starken Einfluß **auf** andere ausüben,

- sie **von** anderen Faktoren und Stellgrößen stark beeinflußt werden,

- ein „Drehen an dieser Stellschraube" massiv und vielfältig auf das gesamte System wirkt,

- diese Faktoren mit äußerster Vorsicht behandelt werden müssen.

Beispiele für *kritische* Faktoren in einem Call Center könnten sein: Personal-Menge, -Fluktuation und -Motivation.

Aktive Faktoren sind dadurch gekennzeichnet, daß ...

- sie stark **auf** andere Faktoren wirken,

- sie weniger oder nur gering **von** anderen Faktoren beeinflußt werden,

- ein „Drehen an dieser Stellschraube" sich zwar kräftig auswirken kann, aber nicht so vielfältig und komplex auswirkt wie bei den *kritischen* Faktoren.

Beispiele für *aktive* Faktoren in einem Call Center könnten sein: Versenden von Jahresrechnungen, Starten von Verkaufs-Aktionen.

Im Bereich der *aktiven* Faktoren findet man oft auch die eigentlichen Ursachen für ein Problem. Ist die alleinige Ursache für ein (mögliches) Problem identifiziert, ist es meist relativ leicht, die treffenden Maßnahmen einzuleiten.

Wenn zum Beispiel klar ist, daß nach dem Versand der Jahresrechnungen mit einem deutlich höheren Anrufvolumen zu rechnen ist, könnten mindestens zwei Lösungsansätze greifen: Der Versand der Jahresrechnungen wird über mehrere Wochen verteilt und/oder es wird zusätzliches Call Center-Personal eingesetzt.

Ähnliches könnte gelten bei der Planung von besonderen Aktionen im Call Center.

Passive (reaktive) Faktoren sind dadurch gekennzeichnet, daß ...

- sie weniger stark oder kaum **auf** andere Faktoren wirken,
- sie aber selbst **von** anderen Faktoren und Stellgrößen stark beeinflußt werden.

Beispiele für eindeutig *passive* Faktoren in einem Call Center konnten wir zunächst nicht entdecken.

Oft findet man im Bereich der passiven Faktoren die „Indikatoren" für das Funktionieren eines Systems. Ein Beispiel dafür könnte sein: Kundenzufriedenheit oder Wohlbefinden der Call Center-Mitarbeiter.

Träge Faktoren sind dadurch gekennzeichnet, daß ...

- sie weniger stark oder kaum **auf** andere Faktoren wirken,
- sie selbst wenig oder kaum **von** anderen Faktoren beeinflußt werden,
- sie sich als relativ „robust" erweisen und es wenig Möglichkeiten gibt, diese Faktoren unmittelbar zu verändern und es kaum möglich ist, diese Stellschrauben tatsächlich zu bewegen.

Beispiele für *träge* Faktoren in einem Call Center könnten sein: gesetzliche Bestimmungen und Vorschriften, Belastung des Call Center durch „Spaßanrufe", Fehlverbindungen oder sogenannte „Sofortaufleger".

Der Vorteil dieser Methode ist, daß man bei der Suche nach geeigneten Lösungen sehr deutlich erkennt, an welchen Stellschrauben wie gedreht werden kann – und mit welcher Wirkung.

Außerdem wird mit dieser Methode transparent, welche Faktoren eher *Symptome* sind, deren Ursachen und Auslöser eher in einem anderen Bereich zu suchen sind (z. B. anhaltende „Demotivation" bei einem Teil der Mitarbeiter).

Wenn Sie sich mit der Planung eines relativ kleinen Call Center beschäftigen, könnte Ihnen vielleicht diese Herangehensweise zu kompliziert und der damit verbundene Aufwand zu hoch erscheinen.

Wenn dies so ist, empfehlen wir Ihnen, sich an der Grafik (Abbildung 5.1 Mensch, Organisation und Technik) zu orientieren.

Unabhängig davon, ob man sich nun dem Call Center aus der Perspektive *Organisation, Technik* oder *Mensch* nähert, werden die Zusammenhänge dann besonders deutlich, wenn man die Perspektive immer wieder wechselt, und zwar insbesondere dann, wenn man bereits den Eindruck hat, daß z.B. alle Faktoren aus dem Blickwinkel *Organisation* berücksichtigt wurden.

Aus der Perspektive *Mensch* werden dann mit hoher Wahrscheinlichkeit weitere Aspekte bewußt, die noch zusätzlich berücksichtigt werden müßten.

5.2.   Der Faktor Mensch im Call Center

Während uns bei der Planung eines Call Centers die notwendigen Überlegungen zur *Technik* (ebenso wie zur *Organisation*) noch leicht gelingen, tun wir uns bei der Einschätzung des Faktors *Mensch* wesentlich schwerer.

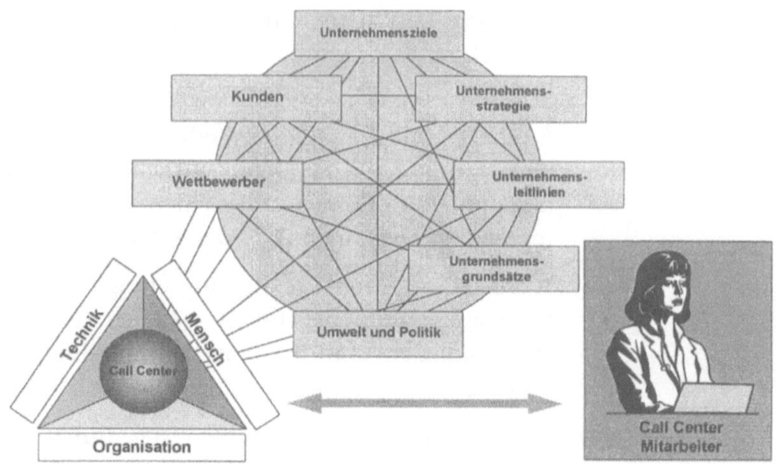

Dies mag damit zu tun haben, daß *Technik* und *Organisation* Resultate menschlicher Überlegungen sind und unserem Denken viel eher entsprechen als so hochkomplexe „Subsysteme der Natur" wie der Mensch.

Anthropologen, Mediziner, Psychologen und Soziologen haben immer wieder versucht, Erklärungen dafür zu finden, wie dieses „Subsystem Mensch" funktioniert. Und jede wissenschaftliche Richtung kam dabei zu ihren eigenen Ergebnissen - zu übereinstimmenden und sich widersprechenden Erklärungsmodellen.

Wen wundert es dann, wenn man sich bei der Einbeziehung des Faktors *Mensch* im Call Center schwer tut?

Aber es hilft nichts, Call Center-Mitarbeiter und -Führungskräfte haben einen erheblichen Anteil am Erfolg oder Mißerfolg eines Call Centers.

Wir wollen daher in den nachfolgenden Kapiteln untersuchen und aufzeigen:

- Welchen Einfluß hat die Tätigkeit der Call Center-Mitarbeiter auf das gesamte Unternehmen und den langfristigen Unternehmenserfolg.

- Welche Überlegungen müssen angestellt werden, wenn das „Subsystem" *Mensch* organisch in einem Gesamtsystem, einem *Call Center* oder *Communication Center,* wirken soll.

- Was ist – bezogen auf den Faktor *Mensch* – zu berücksichtigen, wenn dauerhafter Erfolg die Maxime im Call Center ist.

- Welche Faktoren im „Subsystem" Mensch können **wie** beeinflußt werden. Welche sind eher als *passiv* einzustufen, also *Symptomen* gleichzusetzen, die von anderen Faktoren beeinflußt werden.

- Welchen **Wert** und welche **Bedeutung** haben die Menschen in einem Call Center.

- Was unterscheidet ein Call Center möglicherweise von anderen organisatorischen Teilbereichen eines Unternehmens.

5.3. Call Center-Mitarbeiter und -Führungskräfte als Kostenfaktor betrachtet

Mitarbeiter und Führungskräfte **sind** der größte Kostenfaktor in einem Call Center - das ist (zunächst einmal) eine Tatsache.

Zur Erinnerung ...

Abb. 5.6
Kostenverteilung
im Call Center.

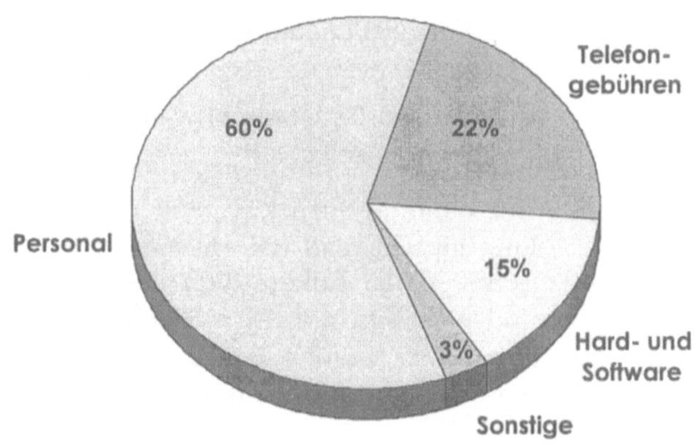

Selbst dann, wenn man die Call Center-Mitarbeiter ausschließlich als *leider nicht ganz zu vermeidenden* Kostenfaktor betrachten würde, käme man kaum daran vorbei, diesen „Produktionsfaktor" etwas genauer unter die Lupe zu nehmen.

Es genügt wahrscheinlich aber auch nicht, nur das nachzusprechen, was in der Abwendung vom tayloristischen Denken formuliert und proklamiert wurde: *der Mensch ist* (oder sei) *der wichtigste Produktionsfaktor.*

Den Menschen überhaupt als „Produktionsfaktor" zu bezeichnen, zeigte (genau genommen) noch eine verräterisch geringe Distanz zum Taylorismus auf, der die Menschen eher als störende Größe im Produktionsprozeß verstand. Möglicherweise wird dies auch heute gelegentlich noch so gesehen.

Wenn man in die Atmosphäre des ein oder anderen Call Centers eintaucht und dessen Arbeits-Organisation, die Arbeitsplätze selbst, die Arbeitsumgebung, die hektische Betriebsamkeit, das Stimmengewirr, die fremdbestimmte Taktfrequenz usw. auf sich wirken läßt, könnte dieser Verdacht hin und wieder aufkommen. Schnell drängen sich auch Bilder auf von Fließbandarbeit und Fabrikhallen des vorigen Jahrhunderts - mit unaufhörlich sich bewegenden Transmissions-Riemen.

Spöttische Zeitgenossen haben Call Center auch schon mit *Legebatterien* und *Galeeren* verglichen.

Beschreibt diese – schon zynische Sichtweise – die Wirklichkeit in den heutigen Call Centern tatsächlich?

Zwei wesentliche Fragen werden uns daher (mit Blick auf die Mitarbeiter eines Call Center) beschäftigen:

- Welche Bedeutung haben die Mitarbeiter aus Sicht des Kunden?

- Welche Bedeutung, welchen Wert mißt ihnen das Unternehmen selbst zu?

Nur dann, wenn diese beiden Fragen ernsthaft in der Feststellung gipfeln, daß die Mitarbeiter und Führungskräfte eines Call Center einen hohen *Wert*, den höchsten überhaupt, darstellen und nicht nur als ein möglichst zu minimierender Kostenfaktor angesehen werden, lohnt es sich darüber nachzudenken, wie diese *Werte* erschlossen werden können.

Wenn wir in Verbindung mit Menschen von *Werten* sprechen, ist uns bewußt, daß diese Werte gelegentlich nur unter dem Vergrößerungsglas zu erkennen, eher mit einer Goldwaage zu messen sind. „Softfaktoren" werden sie gelegentlich genannt – viel weniger faßbar und millimetergenau zu spezifizieren als „Hardfacts", wie sie z. B. Telekommunikationsanlagen, ACD-Systeme und Sprachcomputer darstellen.

Menschliche Werte entziehen sich überdies nur zu leicht einer objektiven Bewertung, Beurteilung und Gewichtung. Sie sind nicht nach Bits und Bytes, nicht nach Länge, Breite, Höhe, Tiefe, Gewicht usw. eindeutig zu quantifizieren.

Gelegentlich verhalten sich menschliche Werte eher wie winzige Teilchen, Bruchteile eines Atoms, deren Existenz nur durch kurzzeitiges Aufleuchten in einem ebenso hochkomplizierten Reflexions-Medium nachgewiesen werden kann.

Dennoch, auch für den Nachweis spezieller menschlicher Werte, wie sie etwa in der Beziehung Kunde – Unternehmen in einem Call Center notwendig sind, gibt es Anhaltspunkte und geeignete Reflexionsflächen.

Wir wollen in den nachfolgenden Kapiteln darauf noch genauer eingehen.

5.4. Bedeutung der Call Center-Mitarbeiter

Die Bedeutung einer bestimmten Tätigkeit wird meist erst dann so richtig bewußt, wenn diese Tätigkeit einmal (aus welchen Gründen auch immer) über einen größeren Zeitraum verweigert wird.

Denken wir z. B. nur einmal an eine Situation, in der die Straßenreinigung oder die Müllabfuhr über einen größeren Zeitraum ihre Dienstleistung einstellen ... oder daran, wenn z. B. Fluglotsen streiken und nicht mehr sichergestellt werden kann, ob oder wann wir unser Urlaubsziel erreichen ...

Nicht auszudenken wäre auch ein Szenario, in dem alle Call Center-Mitarbeiter streiken.

- Notrufe könnten nicht mehr abgesetzt,
- Auskünfte nicht mehr erfragt,
- Bestellungen nicht mehr entgegengenommen werden,
- usw.

Es könnte vielleicht ganz hilfreich sein, sich einmal bewußt zu erinnern ...

- wie die für uns so selbstverständlich gewordenen Dienstleitungen entstanden sind,
- wie sich diese Dienstleistungen im Lauf der Jahre entwickelt haben und
- welches Ausmaß sie heute angenommen haben.

Hierbei können wir uns zunächst auf handfeste Fakten berufen.

Darüber hinaus wollen wir aber auch Überlegungen anstellen, die über eine rein monetäre Betrachtung hinausgehen.

5.4.1.   Entwicklung der Call Center-Dienstleistungen

Neben der Telekom mit ihrer „Telefonauskunft", der (Bundes-) Bahn mit ihrer „Reiseauskunft", großen Touristikunternehmen und den auflagenstarken Illustrierten-Verlagen mit ihren „Annahmestellen für Anzeigen" gehören die großen Versandhäuser (wie Neckermann, OTTO, Quelle usw.) zu den Unternehmen in Deutschland, die auf eine mehr als zwanzigjährige *Call Center*-Erfahrung zurückblicken können.

Auch wenn die „Telefonische Auftragsannahme" bei den Versandhäusern vielleicht vor 20 Jahren noch nicht als *Call Center* bezeichnet wurde – Begriffe wie *inbound* und *outbound*, *ACD*, *CTI* usw. wurden damals (wenn überhaupt) nur in Fachkreisen verwendet – und die vielen, fremd klingenden Begriffe (wie Agent, Call usw.), die dem Amerikanischen entlehnt sind, noch nicht in die Sprache der Experten eingedrungen waren, handelte es sich (genau genommen) bereits um Call Center im heutigen Sinn.

Die großen deutschen Versandhäuser gehören ganz sicher zu den Call Center-Pionieren in der Bundesrepublik Deutschland.

5.4.2.   Bedeutung der Call Center-Mitarbeiter gemessen am Umsatz

Wenn man sich dann bewußt macht, daß 1997 bei Versandhäusern in Deutschland (nach Angaben des Informationsdienstes für Versandhausberater) Waren im Gesamtwert von 40,2 Milliarden DM bestellt wurden, und dies zu einem ganz erheblichen Anteil über die Call Center (man schätzt über 90 %), kann man erahnen, welche Bedeutung den Mitarbeitern im Call Center zugemessen werden müßte.

Zum Vergleich: Der gesamte Jahresumsatz von KARSTADT wird für das Jahr 1997 mit 13,5 Milliarden DM angegeben.

5.4.3.   Bedeutung der Call Center-Mitarbeiter als Mittler zwischen dem Kunden und dem Unternehmen

Die Call Center-Mitarbeiter stehen dabei an der Nahtstelle zwischen dem Unternehmen einerseits und dem Kunden oder Interessenten andererseits.

Abb. 5.7
Call Center-
Mitarbeiter als
Nahtstelle zwischen
Unternehmen und
Kunden.

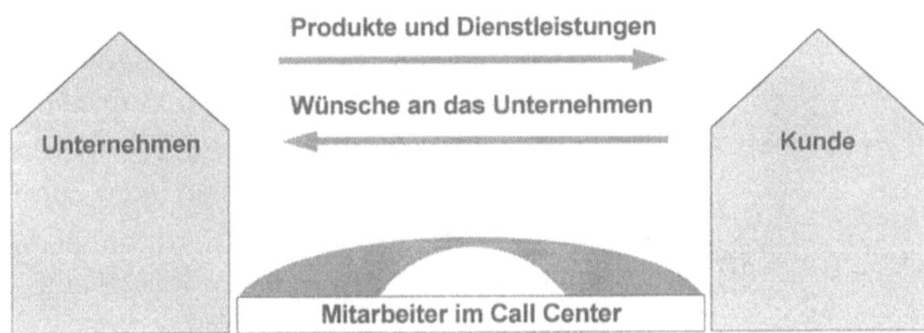

In ihrer „Brückenfunktion" verbinden die Call Center-Mitarbeiter die Welt des Kunden mit der des Unternehmens.

Über diesen Weg werden die Produkte und Dienstleistungen transportiert, die das Unternehmen anzubieten hat, aber auch, welchen Wert der Markt und die Kunden den Produkten und Dienstleistungen zumessen. Vielleicht auch, was sie von dem Unternehmen und seinen Produkten und Dienstleistungen denken und welche Wünsche, welche Bedürfnisse bisher damit noch nicht erfüllt oder befriedigt werden konnten. Möglicherweise auch, warum der Kunde sich gerade nach einem anderen Anbieter umschaut.

Call Center-Mitarbeiter transportieren *Werte* des Unternehmens zum Kunden und erhalten dafür *Gegenwerte* für das Unternehmen.

Für ein Versandhaus könnte dies z. B. konkret bedeuten:

- Die Call Center-Mitarbeiter nehmen Aufträge entgegen, beraten den Kunden, informieren über die Verfügbarkeit der Artikel und über die Lieferzeit.

- Sie bieten Alternativen an für gerade nicht verfügbare Produkte. Vielleicht bieten sie auch an, mögliche Alternativen zu prüfen und das Ergebnis dieser Initiative aktiv an den Kunden zurückzumelden.

- Sie bieten aktiv zusätzliche Artikel an, die vielleicht gerade besonders günstig sind oder die Bestellung des Kunden sinnvoll ergänzen könnten.

- Sie beraten den Kunden zur „Kompatibilität" von bestellten Waren, was z.B. bei einer Bestellung von Bekleidungsstücken bis zu einer individuellen Farbberatung oder praktischen Hinweisen zur Pflege gehen könnte. Oder bei der Bestellung einer (Ersatz-) Tintenpatrone für einen Drucker mit der Überprüfung der tatsächlichen Verträglichkeit mit dem vorhandenen Drucker enden könnte.

- Sie informieren über günstige (Mengen-) Rabattstaffeln z. B. in Verbindung mit bestimmten Verpackungseinheiten.

- Sie geben verbindliche Zusagen für den Zeitpunkt der Anlieferung oder vereinbaren einen fixen Zustelltermin.

- Sie nehmen Änderungen der Kundendaten entgegen und bearbeiten sie in direktem Zugriff auf die entsprechende Datenbank.

- Sie registrieren Wünsche der Kunden, die über das derzeitige aktuelle Angebot des Unternehmens hinaus gehen und verdichten diese Informationen für den internen Gebrauch.

- Sie koordinieren notwendige Serviceleistungen und sorgen dafür, daß die Funktion eines technischen Gerätes wiederhergestellt wird. Oder sie veranlassen, daß der technische Kundendienst bis zur endgültigen Ausführung der Reparatur (etwa eines Tiefkühlgerätes) ein Ersatzgerät zur Verfügung stellt.

- Sie nehmen Anfragen zu Rechnungen an, überprüfen diese auf Übereinstimmung mit dem Auftrag bzw. der Lieferung und veranlassen ggf. eine Korrektur.

- Sie bearbeiten Reklamationen des Kunden und sorgen für die Wiederherstellung der Kundenzufriedenheit. Hierbei handeln sie in einem definierten „Handlungsspielraum" eigenverantwortlich – d. h., unter balancierter Wahrung der Unternehmens- und der Kundeninteressen.

- Sie bearbeiten schriftlich eingegangene Bestellungen (z. B. per Telefax oder E-Mail) und nehmen mit dem Kunden Kontakt auf, um ihn z. B. über den Stand der Bestellung zu informieren oder um notwendige Klärungen, Ergänzungen vorzunehmen.

- Sie informieren, wenn zulässig oder vom Kunden ausdrücklich erwünscht, über besondere Angebote. Vielleicht sogar unter Berücksichtigung individueller Vorstellungen und Wünsche des Kunden.

- Mindestens dann, wenn es „ausdrücklicher" Wunsch des Kunden ist und der Call Center-Mitarbeiter z. B. anhand von eingepflegten Kundenprofilen den typischen Bedarf eines (Stamm-) Kunden erkennen kann (z. B. bei Büromaterialien), fragt er den aktuellen Bedarf des Kunden in regelmäßigen Abständen aktiv ab.

Zusammenfassend bemerkt: Der Call Center-Mitarbeiter kann Dreh- und Angelpunkt der Kommunikation von und zum Kunden sein.

Vergleicht man den Call Center-Mitarbeiter mit einem Verkäufer im Außendienst, sind seine Aufgaben sogar oft als wesentlich vielfältiger zu bewerten. Nur fehlt ihm heute noch – im Vergleich zum Außendienst-Mitarbeiter – der unmittelbare Kontakt „von Angesicht zu Angesicht" mit dem Kunden.

5.4.4. Call Center-Mitarbeiter als Stimme des Unternehmens

Auch wenn im Call Center die technischen Voraussetzungen für eine „visuell unterstützte" Kommunikation bereits heute zur Verfügung stehen und diese Möglichkeiten tatsächlich auch immer häufiger zur Anwendung kommen, dürfte auch in einigen Jahren die rein *sprachliche* Kommunikation noch absoluten Vorrang haben vor einer *visuellen **und** sprachlichen* Kommunikation mit den Kunden.

Und dies sicher nicht nur aus Kostengründen!

Die menschliche Stimme, aufmerksame Ohren, dazwischen ein kluger Kopf mit Geist und Verstand, beseelt mit einer lebensbejahenden und soliden sozialen Grundeinstellung bleiben zunächst Ausgangspunkt unserer weiteren Überlegungen zum Call Center-Mitarbeiter.

Solange die Sprachkommunikation im Call Center noch dominiert, muß der Call Center-Mitarbeiter nicht sympathisch aussehen, sondern über das Medium Telefon sympathisch wirken.

5.4.5. Wie sich der Kunde ein Bild macht

Sympathie und Vertrauen sind wichtige Faktoren bei der Gestaltung und Sicherung von dauerhaft wirksamen Lieferanten-Kunden-Beziehungen.

Wie aber entsteht Sympathie zwischen Menschen? Wie machen wir uns (über das Telefon) ein Bild von unserem Gesprächspartner auf der anderen Seite der Leitung?

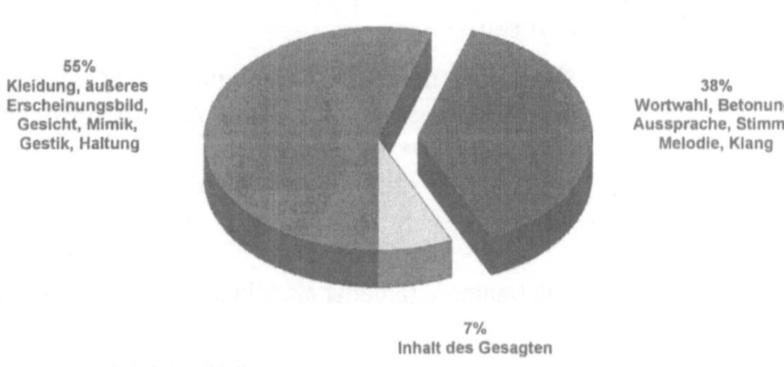

Der amerikanische Wissenschaftler Mehrabian kam nach eingehenden Untersuchungen unter anderem zu der Erkenntnis, daß wir uns in der (ersten) Begegnung mit einem Menschen wesentlich von dessen „Erscheinungsbild" leiten lassen. Fehlt uns allerdings dieser optische Eindruck, werden wir andere Sinne aktivieren und mit ihrer Hilfe versuchen, uns ein Bild von diesem Menschen zu machen.

Diese Erkenntnis ist eigentlich nicht besonders neu und aufregend. Es gibt in unserer Gesellschaft viele Menschen, die von Geburt an nicht über die Möglichkeit verfügen, visuelle Wahrnehmungen unmittelbar aufzunehmen – „nicht sehende" Menschen, „Blinde", wie wir umgangssprachlich sagen.

Auch sie machen sich anhand des „akustischen Eindrucks" ein Bild von einem Menschen. Wenn in der Situation möglich, würden sie ihr Bild verfeinern und anreichern durch Zuhilfenahme anderer Sinne, z.B. durch Tasten, Fühlen, Riechen.

Dabei sind diese „anderen Sinne" (auch das ist uns nicht ganz unbekannt) bei „nicht sehenden" Menschen oft viel feinfühliger und ausgeprägter entwickelt als bei denen, die darüber hinaus auch noch optische, visuelle Informationen und Wahrnehmungen unmittelbar aufnehmen können.

Was hat das nun aber mit einem Call Center zu tun?

Menschen in einem Call Center begegnen wir als Anrufer oder Angerufene (jedenfalls in der Regel) über das Medium Telefon. Für unsere Eindrücke und Wahrnehmungen steht uns ein einziger Sinn – das Hören – zur Verfügung.

Abb. 5.9
Wie wir uns ein
Bild von einem Call
Center-Mitarbeiter
machen ...

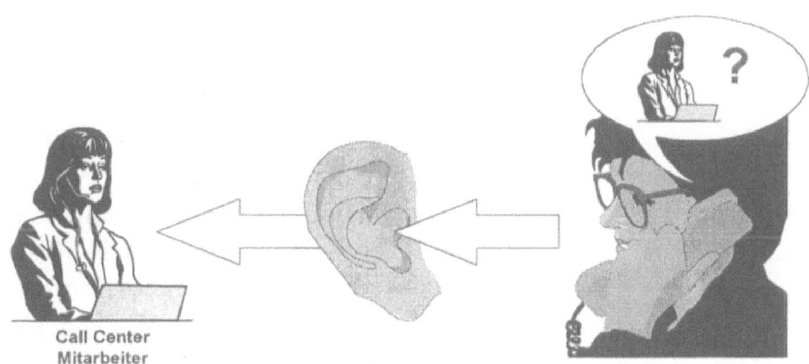

Ähnlich einem „nicht sehenden" Menschen machen wir uns (ob wir wollen oder nicht) ein Bild von unserem Gegenüber. Ob es ein Bild ist, das uns gefällt oder uns wenigstens nicht abstößt, hängt wesentlich davon ab, welche „Stimmung" dieses Bild enthält und hinterläßt. Vielleicht bleibt es ein flüchtiger Eindruck und ohne positive „Haltepunkte". Vielleicht ja aber doch ein Bild, das uns angesprochen hat?!

Was aber, wenn es ein flüchtiger Eindruck bleibt und kein positiver „Haltepunkt" zum (vorläufigen) Verweilen bei diesem Unternehmen einlädt? Der viel beschworene und häufig (über-) strapazierte Begriff „Kundenbindung" verkäme zur Farce.

Was, wenn sich bei Ihnen als Anrufer der Eindruck verfestigt, dieser Mensch könnte genausogut eine Maschine sein, geist- und seelenlos, darauf abgerichtet, Sie schnellstmöglich wieder loszuwerden? Denn die nächsten Anrufe stehen schon in der Warteschlange.

5.4.6.   Fazit

Halten wir bis hierhin fest:

- Wenn beim deutschen Versandhandel im Jahr 1997 insgesamt für 40,2 Milliarden DM Waren geordert wurden, haben Call Center-Mitarbeiter daran einen entscheidenden Anteil.

- Die Leistungen eines Call Center-Mitarbeiters sind oft vielfältiger zu bewerten als die eines Außendienstmitarbeiters.

- Der Call Center-Mitarbeiter ist für den Kunden oft die einzige erlebbare menschliche Verbindung zwischen seiner Welt und der des Lieferanten.

- Der Call Center-Mitarbeiter wird zum Knotenpunkt der Kommunikation mit dem Kunden. Er transportiert Werte und Gegenwerte.

- Bei seinen vielfältigen Kontakten mit dem Kunden ist er (beinahe ausschließlich) reduziert auf seine sprachlichen Ausdrucksmittel.

- Mit seiner Stimme, seiner Wortwahl, seinem Ausdruck, seinem gesamten Sprech- und Sprachverhalten wirkt er unmittelbar auf die Kunden des Unternehmens.

- Hiermit transportiert er nicht nur seine fachliche Kompetenz, sondern vermittelt auch die Wertschätzung gegenüber dem Kunden.

- Das Bild, das sich dabei der Kunde macht, prägt sich bei ihm als Erscheinungsbild des gesamten Unternehmens ein.

- Ob sich der Kunde wertgeschätzt fühlt und ermutigt, die Verbindung zum Unternehmen aufrechtzuerhalten oder gar zu intensivieren, wird sich an diesem „Fenster des Unternehmens" entscheiden.

- Die Call Center-Mitarbeiter geben einem Unternehmen Gesicht und Image. Wünschenswert wäre es, wenn hierbei kein schlechteres Bild geprägt wird als in den Image-Broschüren des Unternehmens gezeichnet!

Und auch das wäre noch zu bedenken: Der Wirkungsbereich eines Call Center-Mitarbeiters ist in aller Regel wesentlich größer als der eines Außendienstmitarbeiters.

5.5.   Strategie und Ziele des Unternehmens

Mit den unterschiedlichen Beweggründen und Hintergründen für die Einrichtung eines Call Center haben wir uns schon in Kapitel drei befaßt. Zu Beginn des Kapitels 5 haben wir darüber hinaus aufzuzeigen versucht, wie die (Gesamt-) Strategie und die übergeordneten Ziele des Unternehmens den Erfolg eines Call Centers beeinflussen.

Abb. 5.10
Wirkfaktoren
im Call Center.

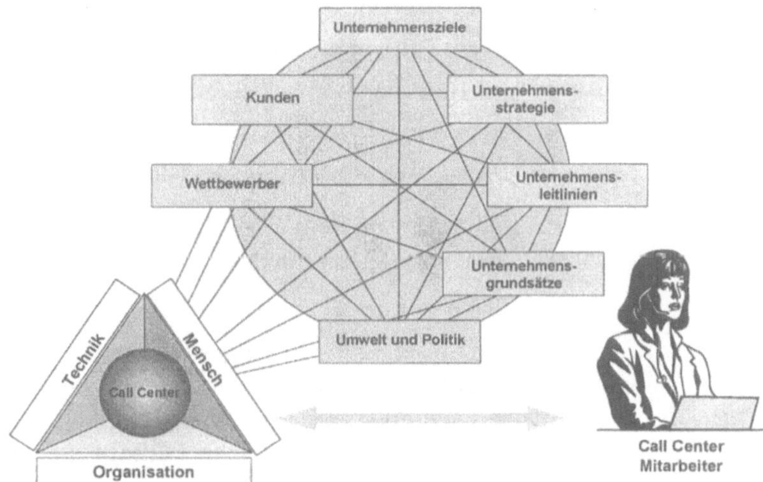

Ein Call Center kann nach unserer Erfahrung nur dann erfolgreich sein,

- wenn seine Ziele und Aufgaben übereinstimmen mit der Gesamt-Strategie und den Zielen des gesamten Unternehmens,

- wenn Gesamt-Strategie und Unternehmensziele im Einklang miteinander stehen,

- wenn an der Nahtstelle zum Kunden die Bedürfnisse des Kunden tatsächlich berücksichtigt werden,

- wenn Effizienz nicht nur als *billiger* verstanden wird,

- wenn es nicht eine größere Distanz zum Kunden schafft, sondern eine wirklich erlebbare Kundennähe,

um hier nur die wichtigsten Aspekte zu benennen.

Oft ist ein Call Center nur eine unzureichende Lösung für ein Problem in der Unternehmensentwicklung, nur eine „halblebige" Teil-Lösung für viel tiefer zu ergründende Situationen und Problemstellungen. Mögliche Folge ist, daß die tatsächlichen Problemursachen in Wahrheit nicht an der Wurzel gepackt werden und mit dem Call Center lediglich eine Symptom-Behandlung vorgenommen wird.

5.5.1.   **Wie Call Center entstehen**

Aufgrund ganz unterschiedlicher Ausgangs-Situationen ...

- im Unternehmen selbst (z.B. zu hohe Vertriebskosten),

- notwendige Differenzierung zum Wettbewerb,

- veränderte Rahmenbedingungen in größeren Märkten,

- höheres Anspruchsniveau des Kunden,

- zu lange (Kommunikations-) Wege zum Kunden,

- usw.

werden Überlegungen angestellt, wie die identifizierten Probleme gelöst und ausgeräumt werden können oder wie man sich vorausschauend auf eine wahrscheinlich eintretende Situation einstellen, sich für die Folgen bedrohlicher Auswirkungen optimal „rüsten" könnte.

Abb. 5.11
Etappen auf dem
Weg zur Lösung
Call Center.

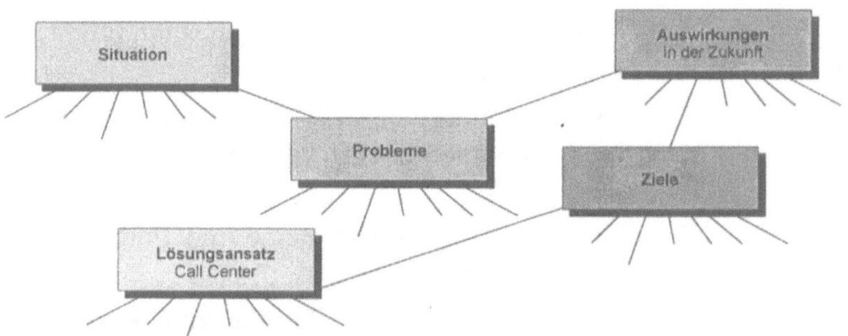

Wir sprechen hier also zunächst von der Notwendigkeit, eine bereits bestehende, nicht zufriedenstellende Situation zu bereinigen, eine tatsächliche Notsituation abzuwenden oder einer künftigen mit geeigneten Maßnahmen und Lösungen (präventiv) zu begegnen.

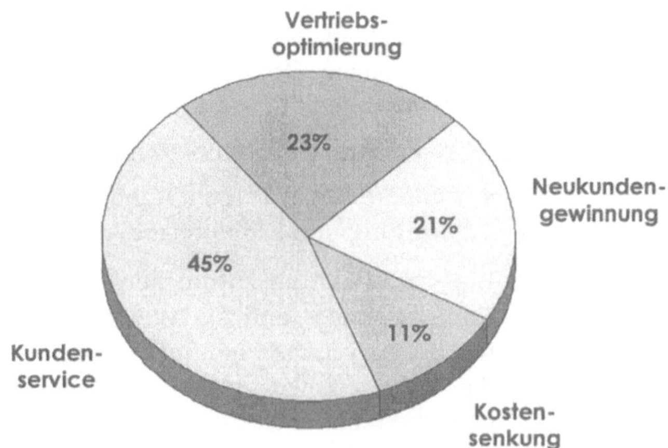

Abb. 5.12
Ziele beim Einsatz
eines Call Center.

Bei den in Abbildung 5.12 (und 3.6 dargestellten) *„Ziele beim Einsatz eines Call Center"* wird deutlich, daß 11 % das Ziel verfolgen, Kosten zu senken.

Hinterfragt man allerdings darüber hinaus auch die anderen genannten Gründe wie: *Vertriebsoptimierung, Neukundengewinnung* und *Kundenservice*, ist festzustellen, daß zu einem weit größeren Prozentsatz in Wirklichkeit doch eher Überlegungen zur Kostenreduzierung Pate standen.

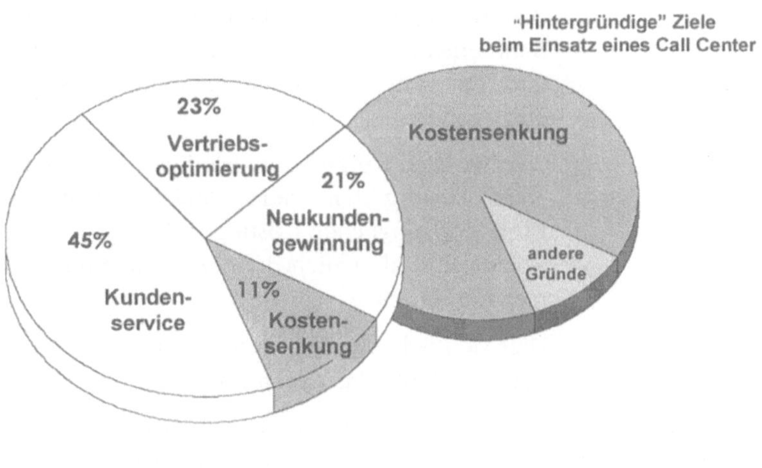

Abb. 5.13
Vordergründige und
hintergründige Ziele
beim Einsatz eines
Call Center.

Das darf eigentlich nicht überraschen! Wenn aber in der Außendarstellung *aus einer Not eine Tugend gemacht wird*, führt dies in der Folge nicht selten zu ganz erheblichen Zielkonflikten. Zum Beispiel dann, wenn die Mitarbeiter im Call Center eine in sich unverträgliche Doppelstrategie und sich widersprechende, gegenläufige Ziele umsetzen und realisieren sollen:

- einerseits die Kosten zu reduzieren und ...

- andererseits die den Kunden versprochene bessere Dienstleistung und Kundennähe lebendig werden zu lassen.

Um es direkt auszusprechen: Die vollmundig angepriesenen Kundenservice- und Dienstleistungs-Initiativen sind nach unseren Beobachtungen mitunter „Mogelpackungen". Sie verschleiern die wahren Beweggründe und wecken beim Kunden Hoffnungen, die nicht eingelöst werden. Sie geben darüber hinaus Ziele vor, die nicht wirklich erreicht werden können.

Der Call Center-Mitarbeiter verkommt dann (nicht selten) zur „Abladestelle" für bereits vorprogrammierte Konflikte zwischen dem Unternehmen und den Kunden – statt zur Nahtstelle. Der Kunde wird dies früher oder später erkennen und seine eigenen Schlüsse daraus ziehen. Und er wird dabei kaum unterscheiden zwischen dem Bemühen eines einzelnen Call Center-Mitarbeiters und einer gegensätzlichen Haltung des Unternehmens, die er viel stärker wahrnimmt.

Dem gegenüber stehen Überlegungen, sich tatsächlich am Kunden orientieren zu wollen, ihn in den Mittelpunkt aller unternehmensinternen Überlegungen, Ziele und Strategien zu stellen und mit ihm eine tragfähige, auf Dauer angelegte Beziehung einzugehen.

Der Weg von einer unbefriedigenden Situation zu einer möglichen Lösung hat viele Verästelungen und Verzweigungen. **Eine** der möglichen Lösungen könnte ein Call Center sein. Call Center sind aber nicht immer die alleinige – und auch nicht immer *die ultimative Lösung*.

Dies deutlich zu machen, ist auch unser Anliegen in dem Praxisbeispiel Bank, das wir in Kapitel 5.6 beschreiben.

Wenn die angestrebte Lösung passen soll und wirklich darauf abzielt, eine auf Dauer angelegte und funktionierende Beziehung Kunde – Lieferant zu ermöglichen, muß sie (idealerweise) auch die Interessen beider berücksichtigen und befriedigen. Das ist für uns auch die Quintessenz aus dem „Praxisbeispiel Bank".

Wir nennen diese Haltung und Beziehung *Partnerschaft*.

5.5.2.   ### Partnerschaft mit dem Kunden als übergeordnetes Ziel

Nicht nur in Verbindung mit einem Call Center wird immer wieder die Frage aufgeworfen, was ein Kunde *wert* ist. Dabei werden z.B. die Kosten für die Neukundengewinnung den Kosten für die Kundenpflege gegenübergestellt. Vielleicht untersucht man auch den „Lebenswert" (Customer Lifetime Value) eines Kunden. Oder man ergründet (wie z. B. bei einer Bank) das gesamte Vermögenspotential des Kunden.

Zusammengefaßt könnte man sagen, der Wert eines Kunden wird zunächst eher an seiner *Ergiebigkeit* gemessen.

Dies ist eine gefährliche Betrachtungsweise, wenn sie nicht durch andere Überlegungen angereichert wird!

Das Verhältnis Kunde – Lieferant (oder Dienstleister) ist immer auch eine Beziehung zwischen Menschen. Und es geht in einer solchen Beziehung um die beiderseitigen Ziele, Wünsche und Vorstellungen, die (idealerweise) miteinander in Einklang zu bringen sind.

Unternehmen, die ihre Kunden nur als willige Abnehmer ihrer Produkte und Leistungen betrachten, dürften künftig von anderen - wahrhaft kundenorientierten - Unternehmen immer mehr verdrängt oder zum Umdenken gezwungen werden.

Dies wird zum Beispiel heute bereits dort deutlich, wo sich bisherige „Monopolisten" einem Wettbewerb stellen müssen. Wenn dabei allerdings die neuen Wettbewerber nur billiger – und nicht besser, nicht wahrhaft kundenorientierter – sind, reicht dies nach unserer Überzeugung nicht, die neu gewonnenen Kunden auch dauerhaft zu halten.

Eine *Partnerschaft* mit dem Kunden ist – so verstanden – nicht „Kuschelkurs", sondern **Voraussetzung** für eine anhaltende und tragfähige Beziehung.

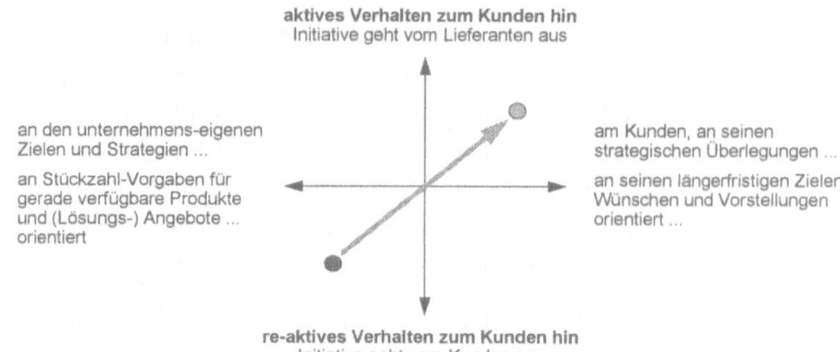

Abb. 5.14
Strategie Partner-
schaft mit dem
Kunden.

Partnerschaft mit dem Kunden könnte z. B. auch bedeuten, daß offene, von beiderseitigem Vertrauen geprägte Gespräche mit dem Kunden gesucht werden – nicht per Meinungsumfrage, sondern direkt!

So könnte man gemeinsam nach Möglichkeiten und Wegen suchen, die beide Seiten zufriedenstellen – weil sie die Zielvorstellungen beider Partner berücksichtigen.

Was hält ein Unternehmen eigentlich davon ab, etwa in einem Workshop (mit repräsentativ ausgewählten) Kunden eine kritische, vielleicht sogar bedrohliche Entwicklung offen anzusprechen und gemeinsam nach adäquaten, kunden-konformen Lösungen zu suchen – z. B. **bevor** ein Call Center konkret geplant oder eingerichtet wird?

Manchmal könnte wirklich der Verdacht aufkommen, es liegt an dem tief empfundenen Argwohn gegenüber dem König Kunde, daß wir eher geneigt sind, uns im stillen Kämmerlein Strategien und Maßnahmen auszudenken, wie dieser entrückte König am besten zu handhaben ist.

Was ist nun aber der Unterschied zwischen einer Partnerschaft mit dem Kunden und der Behandlung des Kunden als König?

5.5.3.   Der Kunde als Partner - oder als König?

Losgelöst von allen Wortspielereien und dem Ruf nach einem Ersatz für angestaubte Begriffe gilt es zu werben für eine über-dachte, zeit- und kultur-gemäße, der Situation angemessene Grundhaltung, die gleichzeitig als Modell einer ehrlichen und tragfähigen Beziehung taugt.

Eine *Partnerschaft* ist im Gegensatz zu einer Diener-König-Haltung auf ein Gleichgewicht beider angelegt.

Abb. 5.15
Gleichgewicht der
Beziehungen.

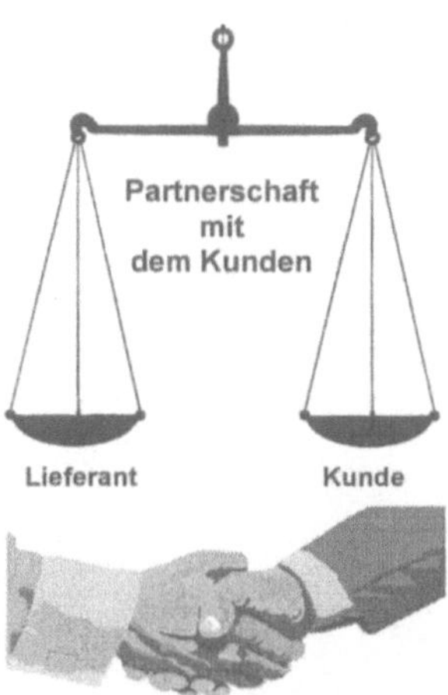

Eine (wenigstens für uns Deutsche völlig unrealistische) Diener-König-Haltung beschwört dagegen geradezu die Konflikte mit dem Kunden herauf.

In der **T**ransaktions**a**nalyse (TA), einem Erklärungsmodell zum Kommunikationsverhalten, das auf Thomas A. Harris und Eric Berne zurückgeht, würde man das Verhältnis *König – Diener* (und das, was daraus entsteht) als „Über-Kreuz-Transaktion" bezeichnen – dem gefährlichsten Muster in der menschlichen Kommunikation. Zur Vertiefung dieses Erklärungsmodells empfehlen wir das Buch: *Ich bin o.k. - Du bist o.k.*

Aber es gibt noch eine weitere Erklärung dafür, warum es derart wichtig ist, daß das *Gleichgewicht* in der Beziehung und in der daraus entstehenden Kommunikation zwischen Menschen eine so herausragende Bedeutung hat.

5.5.4.

Gleichgewicht in der Beziehung zum Kunden

Vereinfacht ausgedrückt, streben erwachsene Menschen in allen Beziehungen ein Gleichgewicht an. Das Gewicht, das wir dabei auf die (Beziehungs-) Waage bringen, ist keine absolute, auch keine ständig gleichbleibende und keine objektive Größe. Es schwankt je nach Ereignis z. B. dem Verlauf eines Gespräches mit dem Menschen „auf der anderen Seite".

Wenn uns dann z. B. eine für uns unangenehme Frage gestellt wird oder wir etwas nicht wissen, von dem wir meinen, es wissen zu sollen, sinkt nach unserem *subjektiven* Eindruck unser Gewicht, unser Wert. Wir fühlen uns etwas „mickriger".

Abb. 5.16
Subjektiv
empfundenes
Ungleichgewicht.

Und (nur) aus unserer **eigenen** Perspektive gerät damit das Gleichgewicht ins Wanken. Um dieses scheinbar gestörte Gleichgewicht wieder herzustellen, „plustern" wir uns innerlich auf – meist ohne uns dessen in diesem Moment wirklich bewußt zu sein.

Manchmal verwenden wir auch noch eine gefährlichere „Handlungs-Alternative": wir werten den anderen ab. Als Folge davon erlebt uns der andere nun als „schwergewichtiger". Und damit beginnt das Spiel des „Aufplusterns" auf der anderen Seite. Das „Schaukelspiel" der ungleichen Beziehung wird fortgesetzt.

Wie wirkt sich eine **un**gleich gewichtete, nicht in Balance befindliche Beziehung z. B. im Gespräch zwischen zwei Menschen aus?

Dafür zwei Beispiele:

5.5.5.   Beispiele für ungleichgewichtige Beziehungen

Beispiel Nr. 1

Stellen Sie sich bitte einmal vor, Sie rufen in einem Call Center an, um eine Flugreise zu buchen. Sagen wir von Frankfurt nach Wien und zurück. Der Preis in der Business-Class liegt bei 1.505 DM, nehmen wir weiter an.

Eine mäßig gelaunte Telefonstimme kommt Ihnen entgegen mit: *Reiseagentur Fliegen und Reisen, Aschaffenburg, mein Name ist Maria Maier. Guten Tag, wie kann ich Ihnen **helfen**?*

Gehen wir einmal davon aus, daß Sie die gesamte Begrüßungsformel nicht als stereotype, an-dressierte Floskel bewerten, sondern an diese Gesprächseröffnung ernsthaft anknüpfen wollen. Wie schätzen Sie Ihren eigenen Wert auf der (Beziehungs-) Waage ein? Fühlen Sie sich wirklich als Auftraggeber, der einen Wert anzubieten hat – als Gegenwert zur Dienstleistung?

Beispiel Nr. 2:

Stellen Sie sich bitte vor, Sie kommen von einem langeren Auslandsaufenthalt zurück, steigen in Ihren Wagen, schalten das Funktelefon ein, das Sie (aus welchen Gründen auch immer) in den letzten drei Wochen nicht benutzt haben.

Das Display erzählt Ihnen, daß Sie Ihre Rufe zu Ihrer Mail-Box umgeleitet haben. Sie sind sich (im Gegensatz zu Ihrem Telefon) sicher, daß Sie keine Umleitung zur Mail-Box aktiviert haben, denn Sie haben sie weder eingerichtet noch ist Ihnen (so nehmen wir weiter an) die dazu erforderliche Bedienungsprozedur geläufig.

Die Bedienungsanleitung ist auch nicht zur Hand und Sie haben keine Ahnung, wie Sie Ihr Telefon wieder zum „Normalbetrieb" bewegen können.

Die Hotline des Service-Anbieters, fällt Ihnen ein, könnte weiterhelfen. Sie rufen an, schildern Ihr Dilemma.

Ihnen wird (nach langem Zuhören) gesagt: *Da haben Sie eine Umleitung aktiviert, die **müssen** Sie jetzt einfach deaktivieren* (=sie Depp). **Sie** fragen zurück: ***Wie? Und ich habe diese Umleitung ja auch gar nicht aktiviert!***

Das hätten Sie vielleicht nicht sagen sollen. Sie haben damit den Hobby-Staatsanwalt herausgefordert. Jetzt geht es nur noch um die Schuldfrage.

Sie suchen am besten die Bedienungsanleitung, finden dort hoffentlich auch die richtige Prozedur und hoffen auf glückliche Fügungen, nie mehr die Dienste der Hotline bemühen zu müssen. Etwas sarkastisch bemerkt: Auch an „heißen Drähten" kann man sich gelegentlich verbrennen.

Fazit aus den geschilderten Beispielen:

Die beiden von uns hier skizzierten Gesprächs-Szenarien erscheinen auf den ersten Blick möglicherweise relativ harmlos. Unter der „Kommunikations-Lupe" betrachtet zeigen sie allerdings eine **un**gleich gewichtete Beziehung zwischen dem Mitarbeiter und dem Kunden auf:

- in der ersten Szene wird dem Anrufer erst einmal pauschal „Hilfsbedürftigkeit" unterstellt ...

- in der zweiten Szene wird dem Anrufer aufgetragen, was er tun muß.

Beiden Szenen gemeinsam ist eine Haltung, die auf der „Beziehungs-Waage" so aussehen würde:

Abb. 5.17
Position des
Kunden im
Beratungsgespräch.

Beide Situations-Szenarien können dabei losgelöst sein von den Zielen und „Wert-Haltungen", die das Unternehmen zum Kunden hin übertragen möchte. Was aber, wenn diese Haltungen Abbilder der jeweiligen Unternehmenskultur sind? Was aber, wenn die Mitarbeiter im Call Center z. B. im Umgang mit anderen Bereichen und den Führungskräften des eigenen Unternehmens fortlaufend dieselben Erfahrungen machen?

Wie kann man aber ungleich gewichtete, nicht in *Balance* befindliche Beziehungen verhindern oder vermeiden?

| **5.5.6.** | **Voraussetzungen für gleichgewichtige Beziehungen** |

Zunächst einmal dadurch, daß in der Ausgangssituation Gleichgewicht hergestellt ist.

Das Bild eines Königs und seiner Dienerschaft ist dafür nach unserer Überzeugung wirklich nicht mehr geeignet – denn diese Beziehung ist schon von ihrer Anlage her **unausgewogen**!

In dem 1998 erschienen Buch: *Der Mythos vom König Kunde* zeigen die beiden Autoren diesen Aspekt (auf sehr eingängige und stellenweise höchst amüsante Weise) aus der Perspektive der Sozialpsychologie auf – mit denselben Schlußfolgerungen.

Alleine den König vom Sockel zu stürzen würde allerdings ebensowenig nutzen wie den Rambo-Verkäufer in *Berater* umzubenennen; ebensowenig wie die Umbenennung von *Schalterhalle* in *Kundenzentrum* – oder ähnliche Umdeutungen und Schönfärbereien. Für „balancierte" Beziehungen braucht es Menschen, die wertgeschätzt werden und die andere wertschätzen.

Abb. 5.18
Wertschätzung.

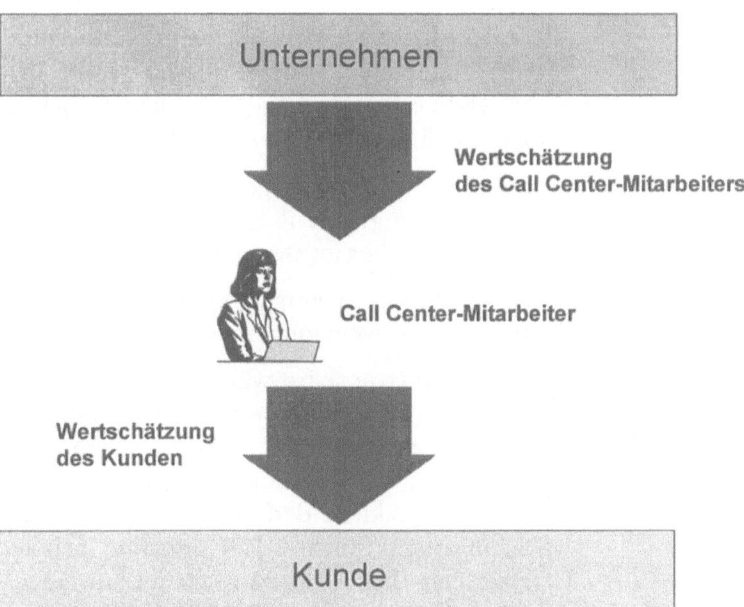

Eine (Lebens-) Haltung, die gekennzeichnet ist von einem JA zu sich selbst, einem JA zum Unternehmen und einem JA zum Kunden. Die in Kapitel 5.5.3 bereits erwähnten Väter des TA-Modells Harris und Berne haben diese Einstellung so formuliert: *Ich bin o.k. – Du bist o.k.*

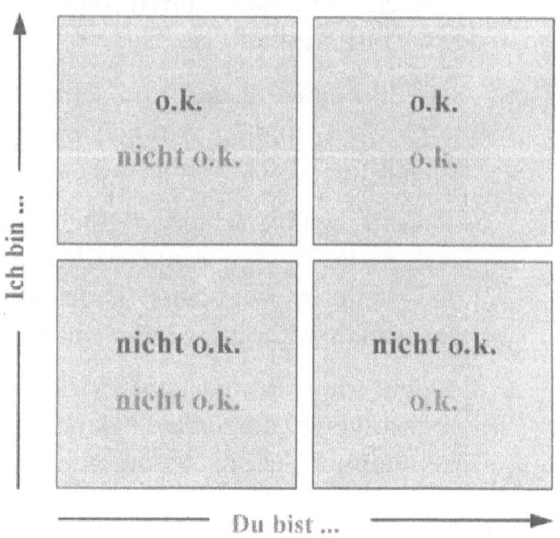

Thomas A. Harris & Eric Berne, "Transaktionsanalyse"

Gleichgewicht in der Beziehung zwischen dem Kunden und dem Lieferanten, *gelebte Partnerschaft* in der von uns beschriebenen Art und Weise bedeutet auch, daß sich Anrufer in einem Call Center *nicht alles erlauben können* bzw. *dürfen.*

Hiermit ist keinesfalls gemeint, daß der Kunde nicht auch mal seiner begründeten Enttäuschung oder seinem Ärger Luft machen darf – eher im Gegenteil.

Wie sonst sollten Verstimmungen, Störungen in der Beziehung, qualitative Abweichungen erkannt und ausgeglichen werden?

Aber wenn (wie selbst während einer Coaching-Phase erlebt) ein aufgebrachter Anrufer einer Mitarbeiterin androht, „wenn ich jetzt könnte, würde ich Sie aufschlitzen", taugt er wirklich nicht als *Partner.* Und die notwendigerweise daraus abzuleitende fürsorgliche Reaktion darf nicht beim Call Center-Leiter aufhören. Die in einem solchen Fall dringend gebotenen Konsequenzen gegenüber dem Kunden müssen dann auch – *ohne Wenn und Aber* – von der Geschäftsleitung mitgetragen und ausgestanden werden.

Die (persönliche) Würde einer Mitarbeiterin, eines Mitarbeiters darf auch nicht in einem Call Center zur Disposition stehen!

Zusammenfassung:

- Aus unterschiedlichen Gründen, aus unbefriedigenden Situationen und bedrohlichen Problemstellungen – und aus anderen Überlegungen und Vorstellungen, die auf den Kunden und in die gemeinsame Zukunft gerichtet sind – entstehen Call Center.

- Wenn die Einrichtung eines Call Centers allerdings beinahe ausschließlich auf (Prozeß-) Optimierungs- und Kosten-Reduzierungs-Überlegungen aufbaut, ist tendenziell mit erheblichen Zielkonflikten zu rechnen. Besonders dann, wenn die eigentlichen Ziele (z. B. Kostenreduzierung) „verdeckt" bleiben und völlig andere Ziele (z. B. Kundenorientierung) der Öffentlichkeit präsentiert werden.

- Wie z. B. an dem Beispiel Bank (in Kapitel 5.6) aufgezeigt, genügt es meist nicht, nur die Symptome zu behandeln. Vielmehr dürfte es dauerhaft „zielfördernder" sein, zuerst den Ursachen auf den Grund zu gehen und *an den Wurzeln des Übels Hand anzulegen.*

- Call Center sind oft die kürzeste, wirkungsvollste und effektivste Plattform für die Kommunikation mit dem Kunden. Größte Umsicht ist allerdings dann geboten, wenn Call Center für einen *Rückzug vom Kunden,* für *ein Aufgeben des unmittelbaren Kontaktes* mit dem Kunden stehen. Dies besonders dort, wo Vertrauen aufgebaut und kontinuierlich gepflegt werden muß, nämlich dort, wo sich personale Verbindungen und Bindungen als Erfolgsfaktor erwiesen haben.

- Call Center sind Service- und Dienstleistungs-Zentren. Im praktischen Umgang mit den Mitarbeitern der Call Center erlebt der Kunde, welchen Wert man ihm beimißt. Er wird dabei kaum unterscheiden, ob die ihm entgegengebrachte Wertschätzung nur die persönliche Haltung des einzelnen Mitarbeiters widerspiegelt. Vielmehr wird er das erlebte Verhalten des einzelnen Mitarbeiters auf das gesamte Unternehmen projizieren.

- Wertschätzung dem anderen gegenüber entspringt der Persönlichkeit des Call Center-Mitarbeiters. Sie wird darüber hinaus aber auch gespeist von der Wertschätzung, die der Mitarbeiter im Unternehmen selbst erfährt und erlebt.

- Kunden und Call Center-Mitarbeiter sind *gleichwertig.* Nach unserer festen Überzeugung können nur in gleichgewichtigen Beziehungen, von uns als *Partnerschaft* beschrieben, „ausbalancierte" Beziehungen hergestellt, vertieft und dauerhaft gepflegt werden.

- Wenn Dienstleistende allgemein, und in unserer besonderen Betrachtung die Call Center-Mitarbeiter, begreifen könnten, daß sie *Partner* des Kunden sind, müßte man sich vielleicht künftig nicht mehr mit unserem Bundespräsidenten Roman Herzog darüber wundern: „...*wenn wir mit Freude Maschinen bedienen, aber jedes Lächeln gefriert, wenn es sich um die Bedienung von Menschen handelt*" (zitiert nach *Die Zukunft der Dienstleistung*).

- Den Call Center-Mitarbeiter als *Partner* des Kunden sehen, ihm den gleichen *Wert* zuerkennen wie dem Kunden, sind Voraussetzungen, die zu schaffen sind und auch tatsächlich geschaffen werden können. Hierzu ist weder die Politik in die Verantwortung zu ziehen noch die Gesellschaft im allgemeinen. Jedem Unternehmen ist dieser Handlungsspielraum gegeben.

Einschränkend muß allerdings festgestellt werden, daß nicht jeder Mensch (ob Kunde oder Call Center-Mitarbeiter) dazu die erforderliche Grundhaltung und Einstellung mitbringt.

5.5.7. Worauf die Fähigkeit basiert, gleichgewichtige Beziehungen aufzubauen

Im wesentlichen finden wir die Ursachen dafür in der jeweiligen Lebensgeschichte, den persönlichen (relativ stabilen) Prägungen eines Menschen, wie sie im Lauf seiner „Sozialisierung" angelegt wurden. Hinzu kommen dann noch die persönlichen (Lebens-) Erfahrungen, die der Einzelne in allen nur denkbaren Situationen in der Begegnung mit Menschen gemacht hat – und die ebenfalls geprägt sind von den schon vorhandenen, persönlichen Mustern.

Paul Watzlawick spricht in diesem Zusammenhang von der (selbst) *erfundenen Wirklichkeit*. Vielleicht noch eingängiger werden diese Zusammenhänge von ihm in dem Buch *Anleitung zum Unglücklichsein* dargestellt.

Wenn wir (in Kapitel 5.5.4) davon gesprochen haben, daß jeder erwachsene Mensch nach einem Gleichgewicht in der Beziehung zu einem Gesprächspartner strebt und nun auch noch den Zusammenhang hergestellt haben zu den (Grund-) Haltungen und Einstellungen, wird vielleicht deutlich, warum es dem einen leichter und einem anderen schwerer fällt – es beinahe unmöglich ist – eine auf Gleichgewicht angelegte Beziehung herzustellen.

Denken wir nur einmal an ...

- die Rambo-artig daherkommenden,

- die eher schüchternen, die häufig verunsicherten,

- die ständig provozierenden,

- die sich hinter Ironie oder gar Zynismus versteckenden,

- die zum Alleinunterhalter neigenden Menschen ... usw.

Sie bringen (gewissermaßen) ein Un-Gleichgewicht **mit**.

Je nachdem, ob sie das Selbstbewußtsein einer Maus oder eines Elefanten haben, bringen sie in der Ausgangssituation z. B. in einer neuen menschlichen Begegnung entweder mehr oder weniger Gewicht auf die (von uns mehrfach skizzierte) Beziehungs-Waage als ihnen angemessen ist.

Bei näherem und genauerem Hinsehen entpuppt sich dann allerdings oft das äußere Bild eines Elefanten als das innere Bild einer Maus. Fremdbild und Selbstbild laufen dabei diametral auseinander.

Leider ist dieser Widerspruch zwischen Selbstbild und Fremdbild nur schwer auszugleichen, was auch in einem (zugegeben alten) Witz zum Ausdruck kommt: *Herr Doktor, ich habe jetzt nach 20 Sitzungen zwar eingesehen, daß ich keine Maus bin – aber sind Sie sicher, daß unsere Katze das inzwischen auch begriffen hat?*

Für das Call Center und seine Mitarbeiter und Führungskräfte bedeutet dies:

- es gilt Menschen für diese Aufgabe **zu gewinnen**, die ein möglichst realistisches Selbstbild von sich selbst haben,

- die über ein gesundes Selbstbewußtsein verfügen – und nicht nur so auftreten,

- deren (Lebens-) Einstellung, deren Grundhaltung gekennzeichnet ist durch ein ehrliches „Ich bin o.k. - Du bist o.k."

Dann dürfte es auch nicht mehr so schwer sein, etwas zu entzünden, was der amerikanische Manager Herman Cain in dem Buch *Die Zukunft der Dienstleistung* so beschrieb: *Sie lernten, die Kunden zum Lächeln zu bringen und sich so zu verhalten, daß sich die Kunden wohlfühlten.*

Nicht ganz dasselbe ist es allerdings, den Call Center-Mitarbeitern (auf welche Weise auch immer) ein Lächeln an-trainieren zu wollen. Ein leuchtendes, beherztes Lächeln der Mitarbeiter – auch über Telefonleitungen noch ansteckend – ist eher ein Widerschein der inneren Befindlichkeit und bezieht seine Energie aus der Persönlichkeit. Andressiert wird es dagegen – zur Grimasse verzerrt.

Worauf es bei der Personalauswahl ankommt, was mitgebracht werden sollte – und was noch (in Qualifizierungsmaßnahmen) anzureichern ist, werden wir unter *Personalauswahl* detaillierter beschreiben.

5.6.   Praxisbeispiel Bank

In Kapitel 5.5.1 haben wir dargestellt, daß der Weg von einer *unbefriedigenden* Situation in einem Unternehmen zu einer zufriedenstellenden Lösung viele Verzweigungen hat und das Call Center dabei nur als **ein** möglicher Lösungsansatz gesehen werden kann.

Auch aus der Welt der Banken und ihrer Kunden sind Call Center mit ihrem 24 Stunden-Service heute nicht mehr wegzudenken, denn sie erfreuen sich – unabhängig von der Altersstruktur der Kunden – einer stetig steigenden Beliebtheit. Waren es am Anfang noch die besonders verlockenden Angebote der *Telefonbank*, die den Kunden von der Filiale vor Ort zum Call Center umleiteten, so ist es heute vielleicht auch der exzellente Service und die Beratungskompetenz der Call Center-Mitarbeiter.

Wo ist also das Problem, mag man sich fragen.

Die Tücke liegt nach unserer Überzeugung in den ursprünglichen Motiven der Bank, die man auch als *Auslöser* für die Einrichtung von Call Centern bezeichnen könnte. Um diese Zusammehänge zu verstehen, ist *ein Blick zurück* – auf die Problemstellung vor ca. 6 bis 8 Jahren – notwendig.

Dabei werden wir uns an den Etappen orientieren, die wir in Abbildung 5.11 (Kapitel 5.5.1) skizziert haben:

- wir beleuchten die damalige **Situation**,
- skizzieren die **Problem**stellung,
- untersuchen die **möglichen Ursachen**,
- malen uns die **Auswirkungen** aus, wenn das Problem, die Ursachen nicht (oder nicht richtig) angepackt werden,
- kommen zu den **Lösung**sansätzen des Kunden.

Abb. 5.20
Von der Situation zu
Lösungsansätzen.

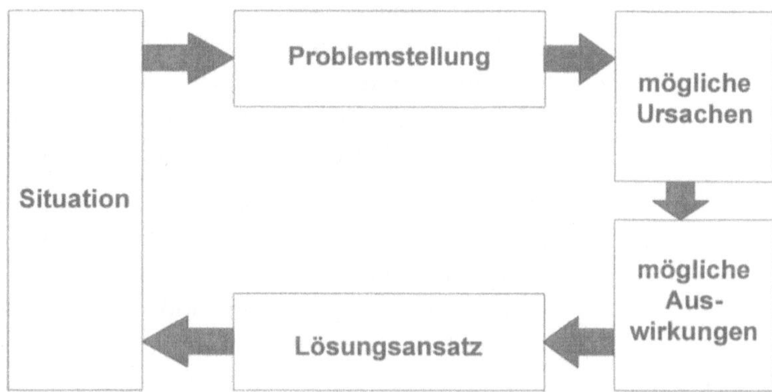

In den frühen 90er Jahren zeigte eine Schweizer Studie auf, was den Controllern großer Banken in Deutschland auch nicht gänzlich unbekannt war: Je „kleiner" der Kunde ist, um so mehr geht die Schere auf zwischen Ertrag und (Beratungs-) Aufwand pro Kunde. Und das Ungleichgewicht steigt von Jahr zu Jahr, obwohl durch die Einführung von Geldausgabe-Automaten und Konto-auszugs-Druckern bereits die Standard-Bedürfnisse und häufigsten Anliegen der Kunden in den Selbstbedienungsbereich verlagert werden konnten. Schon im Zusammenhang mit dieser Automatisierung konnte erheblich Personal eingespart werden. Minimierte Personalkosten waren die erwünschte Folge.

Abb. 5.21
Ungleichgewicht
Ertrag und
Beratungsaufwand.

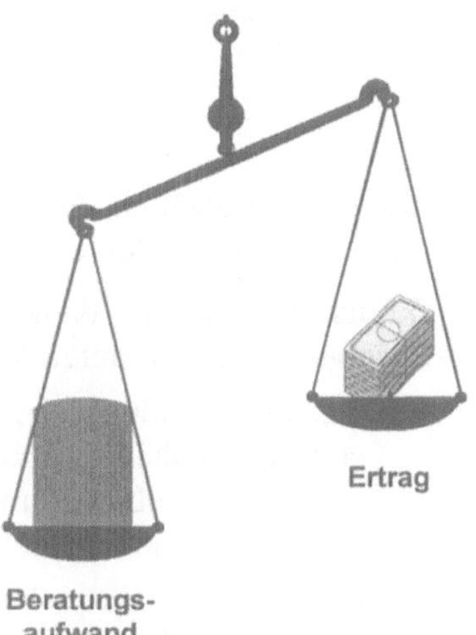

Aber der Ertrag reichte (schon wieder) nicht mehr, die Beratungskosten waren zu hoch. Man sprach bereits von den großen deutschen Banken als der „Stahlindustrie der Zukunft".

In einer spezifizierteren Analyse der Kundenstruktur fiel auf, daß das Verhältnis Vertriebs- bzw. Beratungsaufwand zu Ertrag zwar bei den „kleinen" Kunden (für die Bank) als „ungünstig" zu bezeichnen war, dem gegenüber aber dieses Verhältnis bei den „gehobeneren" Kunden sich ganz anders darstellte.

Auf Basis einer „Portfolioanalyse", die auf der einen Seite die eigenen Möglichkeiten und Stärken und auf der anderen Seite die Zielgruppen beleuchtete, wurden Strategien entwickelt, die besten Quellen neu zu fassen und mit den besten Ressourcen auszuschöpfen.

Abb. 5.22
Ergiebigkeit der
Quellen und
einzusetzende
Ressourcen.

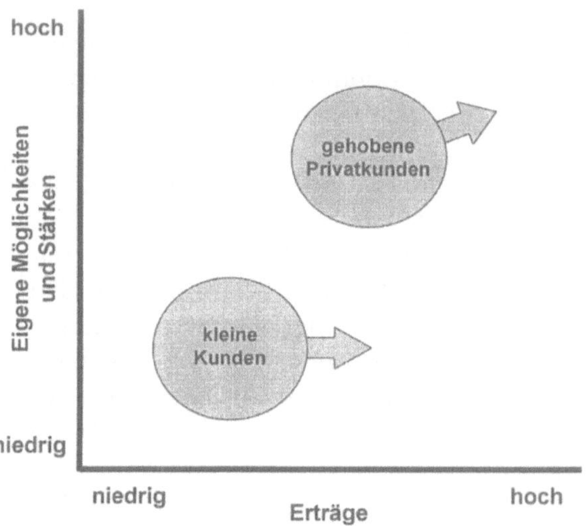

Aus den unrentablen Quellen galt es zu schöpfen, was noch zu schöpfen war – jedoch ohne größeren Aufwand zu betreiben.

Zurück zu „unserer" Bank und ihren daraus abgeleiteten Zielen, Strategien und konkreten Maßnahmen:

- „Kleine" Kunden (nennen wir sie „einfache Privatkunden") galt es zu halten und ihnen ein (relativ kleines, für den Berater überschaubares und wenig beratungsintensives) Sortiment von „Standardprodukten" anzubieten.

- Den Bestand an „gehobenen Privatkunden" galt es auszubauen und den Kunden umfassend und individuell in allen Geldangelegenheiten zu beraten – mit „maßgeschneiderten Lösungen". Um dies mit Erfolg tun zu können, nahm man sich vor, die finanzielle Situation der „gehobenen Privatkunden" systematisch zu erfassen, um nicht nur die Ziele und längerfristigen Überlegungen des Kunden kennenzulernen, sondern auch dessen gesamten finanziellen Hintergrund. Dies auch, um zu erkennen, wo sonst noch Vermögenswerte gestreut waren, beispielsweise in Versicherungen, Immobilien und etwa zu erwartenden Erbschaften.

- Um den weiteren „Rückzug aus der Fläche" (durch die Schließung von „unrentablen" Filialen) abzufedern, eröffnete man den interessierten Kunden die Möglichkeit zum „Telefon-Banking". Zusätzliche monetäre Anreize (z.B. durch höhere Guthabenzinsen auf dem neuen „Girokonto" der Telefonbank) sollten dem Telefon-Banking weiteren Schub verleihen.

- Später schaffte man dann auch noch andere „Anlaufpunkte" (dem Konzept heutiger Post-Shops nicht unähnlich), die zwar wenig Beratung boten, aber zur „Grundversorgung" ausreichend Möglichkeiten bereitstellten.

Über diese Überlegungen und Maßnahmen hinaus wurden die Kundenberater der Bank darauf trainiert, der Strategie folgend, mit ihren Kunden umzugehen:

- Die Betreuer der „einfachen Privatkunden" darauf, mit wenig Beratungsaufwand die wenigen Standardprodukte an den Mann (und an die Frau) zu bringen.

- Die Betreuer der „gehobeneren Privatkunden" darauf, den gesamten finanziellen Hintergrund des Kunden auszuleuchten und ihn „individuell" zu beraten.

Diese Überlegungen, von einer relativ kleinen Projektgruppe in der Zentrale der Bank entwickelt und auf den Weg gebracht, kann man wahrscheinlich nicht einmal als „falsch" bewerten. Übersehen oder falsch eingeschätzt hatte man allerdings nicht nur die Bedeutung und Wirkung der angestammten Machtzentren in der Bank, sondern auch, mit welcher destruktiven Energie, mit welchem Argwohn jeder Neuerung in einer solchen Organisation begegnet werden kann.

Nur so ist es zu verstehen, daß mit einer fast zerstörerischen Kreativität die praktische Umsetzung dieser Überlegungen eher torpediert wurde, statt sie mit geeigneten Mitteln zu flankieren.

- So war kaum einer der regionalen Fürsten, kaum eine „nachrangige" Führungskraft selbst in der Lage, das gesamte Konzept, von der Ausgangsüberlegung angefangen bis zur Strategie, schlüssig nachzuvollziehen oder gar mit eigenen Worten darzustellen.

- Aus einer mißverstandenen Betrachtung der „einfachen Privatkunden" wurden Kunden aktiv aus der Bank hinauskomplimentiert. Wer nur ein Sparkonto mit geringer Einlage hatte, wurde kurzerhand zu einer anderen Bank gejagt, ungeachtet einer massiven Gefährdung des „Deckungsbeitrages" aus dem Basisgeschäft und verheerenden Image-Einbußen im Markt.

- Eine (Produktverkaufs-) Aktion jagte die andere – nicht nur für das Klientel der „einfachen Privatkunden", sondern auch für das der „gehobeneren Privatkunden". Ade, ihr „individuellen" und „maßgeschneiderten" Lösungen!

Ja, und auch die Berater für die „anspruchsvolleren Kunden" erwiesen sich als „resistenter" gegenüber der „neuen Strategie", die von ihnen erwartete, aktiv auf ihre Kunden zuzugehen – statt darauf zu warten, daß der Kunde selbst aktiv wird und ins Regal der angebotenen Produkte greift.

Wir werden auf diesen Aspekt in Verbindung mit der qualitativen Personalauswahl noch einmal zurückkommen.

Monate vergingen, in denen Tausende von Kunden der Bank den Rücken zuwandten. Pro Quartal verlor sie den Kunden-Bestand von mehreren Filialen. Analysen zur Kundenzufriedenheit zeigten dramatische Ergebnisse – wenn man sie genauer bewertete.

Abb. 5.23
Ergebnisse der
Analyse zur Kunden-
zufriedenheit.

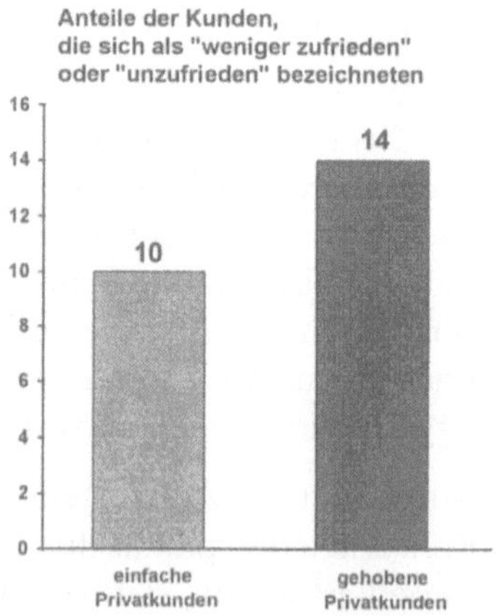

Auch in der Vorstandsetage wurde deutlich, daß 10 bis 14 % unzufriedene Kunden in der Realität bedeuten, daß jeder dieser unzufriedenen Kunden 10 bis 15 mal über seine Unzufriedenheit mit dieser Bank berichtet, sie also noch „multipliziert".

Dagegen sprechen zufriedene Kunden höchstens 2 bis 4 mal eine direkte oder indirekte Weiterempfehlung aus – davon gab es im übrigen auch nur 6 %. In diesem Zusammenhang war aufschlußreich, daß auf direktes Befragen der Mitarbeiter (Kundenberater) nur verschwindend wenige „ihre Bank einem Freund weiterempfohlen hätten".

Abb. 5.24
Multiplikation der
Zufriedenheit und
Unzufriedenheit.

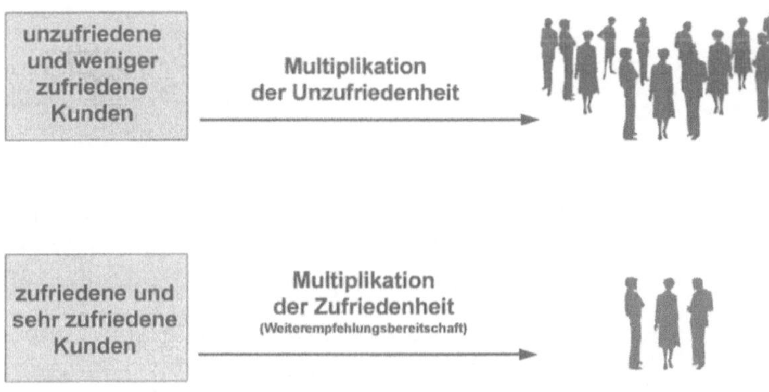

In einem Brief an seine Mitarbeiter appellierte der Vorstand: *„Lassen Sie uns gemeinsam eine Freundlichkeits-Offensive gegenüber unseren Kunden starten."*

Wollte man die Bank und ihre obersten Repräsentanten tatsächlich beim Wort nehmen und ihre Worte auf die Goldwaage legen, müßte man fragen, warum *Offensive* (Kriegsstrategie)?

Warum nicht *Initiative* (den Anfang machen)?

Einige Jahre danach ...

Die katastrophalen Prophezeiungen der Schweizer Studie sind aus verschiedenen Gründen (unter anderem dank boomender Aktienmärkte) nicht in Erfüllung gegangen.

Noch immer basiert die Klassifizierung „einfacher" und „gehobener Privatkunde" im wesentlichen **nicht** auf einer Analyse der tatsächlichen finanziellen Situation des Kunden, sondern auf dem, was die Bank von ihm (aufgrund seines Engagements bei ihr selbst) weiß.

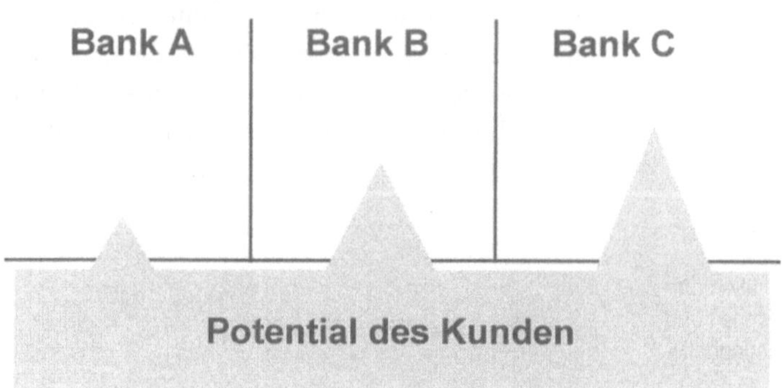

Man könnte dieses Verhalten mit dem eines Goldsuchers vergleichen, der nur wahrnimmt, worüber er gerade stolpert – aber offensichtlich wenig motiviert ist, ein paar Millimeter zu graben.

Für „verborgene Schätze" gab es oft unübersehbare Hinweise. Etwa, wenn die vorliegenden *Freistellungsaufträge für Zinserträge* (im Jargon der Bank: „ZASt", für **Z**ins-**A**bschlag-**St**euer) lediglich einen Bruchteil des maximal möglichen Freibetrages auswiesen.

Geblieben ist auch die Ahnung, daß mindestens 30 % der als „einfache Privatkunden" klassifizierten Kunden in Wahrheit dem für die Bank attraktiveren Segment der „gehobenen Privatkunden" zuzuordnen wären. Kunden, die meist mehrere Bankverbindungen halten, deren Vorstellungen von einer Beratung in finanziellen Angelegenheiten etwas anspruchsvoller sind und bei denen z. B. die neueste Offerte *Bausparvertrag* wirklich nicht mehr zieht.

Noch intensiver ist die Angst der Bank(en) und ihrer „Sachverwalter" geworden, die Risiken richtig einschätzen zu können – verschanzt hinter bürokratischen Hindernissen und künstlichen Wällen. Dabei wollte man eigentlich die Tresen abbauen und aus Schalterhallen *Kundenzentren* zimmern.

Da man die Ziele und strategischen Überlegungen des Kunden zur eigenen Geldanlage immer noch nicht so genau kennt, wird er in regelmäßigen Abständen per Mailing-Aktion auf „attraktive Produkte" aufmerksam gemacht. Kaum zu unterscheiden von wöchentlichen Sonderangeboten der Supermärkte.

Aus der Erkenntnis, daß 80 % der Kunden, die zu einer anderen Bank wechselten, zu den sogenannten „Ein- und Zwei-Produkt-Nutzern" gehörten, wurden nur geringe Anstrengungen unternommen, die unmittelbar auslösenden oder vielleicht schon längst schwelenden Gründe für den Wechsel zu erfahren. Ganz zu schweigen von Initiativen, die geeignet gewesen wären, eine tragfähigere (Ver-) Bindung mit denen herzustellen, die ebenfalls zu dieser Kundengruppe zählen – aber **noch** nicht abgewandert sind.

Der ursprüngliche Ansatz, über Telefon-Banking mit dem Kunden – zwar auf Distanz, aber immer noch „von Mensch zu Mensch" – einen *personalen* Kontakt aufrechtzuerhalten, wird sich künftig unter anderem durch den Einsatz intelligenter Sprachdialogsysteme (IVR = **I**nteraktive **V**oice **R**esponse) noch erheblich verändern.

Möglicherweise ist das nicht nur kostengünstiger, sondern auch effizienter. Und schließlich ist es unter Umständen sogar dem Kunden angenehmer, seinen Kontostand „elektronisch" zu erfragen und auf diesem Weg das Ergebnis seiner Anfrage übermittelt zu bekommen.

Was hat dieses „Praxisbeispiel Bank" nun aber mit einem Call Center zu tun?

Mit diesem von uns noch relativ grob und unvollständig skizzierten Szenario einer Bank wollten wir deutlich machen:

- Die Banken (hier stellvertretend für ähnliche „Problemstellungen") mußten sich mit einer Situation auseinandersetzen, in der die Beratungskosten zunehmend in ein Ungleichgewicht mit den Produkt-Erlösen und -Erträgen gerieten.

- Der Ansatz, die Vertriebs- bzw. Beratungskosten, mit welchen Maßnahmen auch immer, zu minimieren, greift hier zu kurz und behandelt eher die *Symptome* – statt den möglichen *Ursachen* auf den Grund zu gehen.

- Eine zielgruppenspezifische, die unterschiedlichen Potentiale berücksichtigende Vertriebsstrategie kann nur befürwortet werden. Allerdings ist dafür eine tiefer gehende Potentialanalyse unbedingte Voraussetzung.

- Beratung in Geldangelegenheiten ist (wie vielleicht noch das Verhältnis Arzt – Patient) Vertrauenssache. Vertrauen aber entwickelt sich in personalen Beziehungen – nicht anonym.

- Wenn dauerhafte (Ver-) Bindungen zwischen einem Unternehmen und seinen Kunden gedeihen sollen, braucht es auch tragfähige menschliche Beziehungen.

- Wo diese in den Hintergrund treten oder nicht mehr gepflegt werden, entscheidet der Kunde nach anderen Kriterien wie der Attraktivität des Angebotes, seiner eigenen Bequemlichkeit oder des gebotenen Komforts, der Meinung von „Sachverständigen", einer Beurteilung durch „neutrale" Redakteure von Magazinen usw.

- Das Angebot der Bank verkommt damit zu einem austauschbaren und in jeder Weise vergleichbaren Warenangebot eines Supermarktes. Alleinstellungs- und Differenzierungs-Merkmale, auch als U.S.P bezeichnet (U.S.P. = **u**nique **s**elling **p**roposition), sind, wenn überhaupt noch, nur für kurze Zeit darstellbar.

- Der größte Unterscheidungs- und Wirkfaktor eines Unternehmens – die Menschen, die dem Unternehmen Gesicht und Stimme verleihen - tritt durch den Rückzug aus der Fläche, der räumlichen Entfernung zum Kunden in den Hintergrund und wird dabei kraftlos.

Um sinnvolle und maßvolle Neuerungen in eine Organisation „einzupflanzen", braucht es Mitwirkung und Mitgestaltung durch die *Beteiligten* und *Betroffenen* – und eine schlüssige Kommunikations-Strategie nach außen **und** nach innen.

Call Center, die dem (Bank-) Kunden einen **zusätzlichen** Service bieten, sind allemal zu begrüßen. Ob sie allerdings als Ersatz für die bisherige persönliche Betreuung taugen, bezweifeln wir sehr!

Literaturempfehlungen

Reiner Czichos, „Creatives Account-Management",
ISBN 3-497-01384-6

Dieter Dörner, „Die Logik des Mißlingens - Strategisches Denken in komplexen Situationen", Rowohlt Verlag

Thomas A. Harris, „Ich bin o.k. - Du bist o.k.", rororo Taschenbuch 6916

Alexander Haubrock und Sonja Öhlschlegel-Haubrock,
„Der Mythos vom König Kunde", ISBN 3-931085-17-1

Klaus Mangold (Hrsg.), „Die Zukunft der Dienstleistung",
ISBN 3-409-19318-9

Gilbert J.B. Probst u. Peter Gomez, „Vernetztes Denken",
Gabler-Verlag, 2. Auflage 1991, ISBN 3-409-23357-1

„Die erfundene Wirklichkeit", Paul Watzlawick, Serie Piper,
ISBN 3-492-00673-6

Paul Watzlawick, „Anleitung zum Unglücklichsein", Piper Verlag

Call Center-Mitarbeiter

Call Center-Mitarbeiter und -Führungskräfte sind wesentlich am Erfolg eines Call Centers beteiligt. Das wird nach unserem Eindruck heute nicht mehr ernsthaft bezweifelt.

Andererseits darf im Umkehrschluß daraus nicht abgeleitet werden, daß die Call Center-Mitarbeiter und Führungskräfte allein für den Mißerfolg eines Call Center verantwortlich zu machen sind.

Call Center sind – das haben wir in Kapitel 5 aufzuzeigen versucht – komplexe Teilsysteme eines (Gesamt-) Systems, in dem viele Faktoren unterschiedlich stark aufeinander wirken.

Abb. 6.1
Vernetzung.

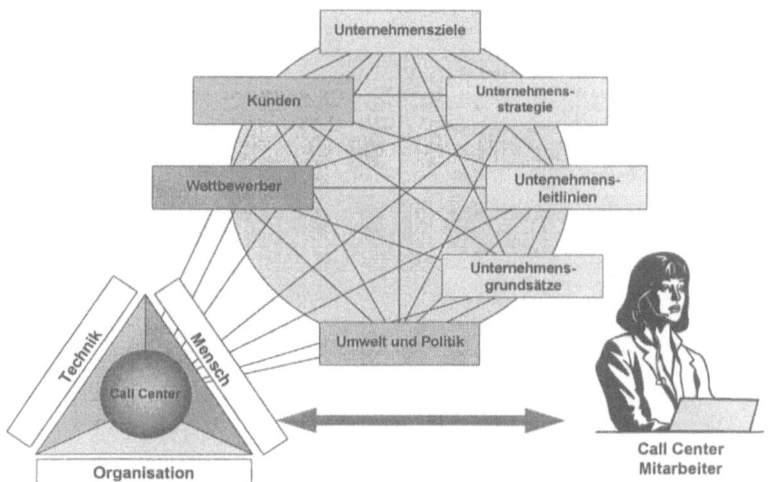

Die beste technische Ausstattung (allein) nutzt herzlich wenig, wenn die Mitarbeiter und Führungskräfte für die Aufgaben im Call Center völlig ungeeignet sind. Ebensowenig nutzt es, wenn die Mitarbeiter und Führungskräfte im Call Center alle dafür nur denkbaren und geeigneten Fähigkeiten und Fertigkeiten einbringen, aber die Strategie des Unternehmens ins Leere greift oder das aktuelle Angebot an den Bedürfnissen des Marktes vorbeigeht.

In unseren weiteren Überlegungen gehen wir davon aus, daß die (in Kapitel 5.1 angesprochenen) Wirkfaktoren tatsächlich angemessen berücksichtigt werden. Besonders bedeutsam erscheint uns dabei,

- daß die Unternehmensziele (insgesamt) nicht im Widerspruch zu den Teilzielen im Call Center stehen,

- daß die Bedeutung des Call Center-Mitarbeiters *als Mittler zwischen dem Unternehmen und dem Kunden* (relativ) hoch eingeschätzt wird,

- daß nicht andere Wirkfaktoren im Call Center den Bemühungen der Mitarbeiter entgegenwirken, sie aufheben oder sich sogar stärker und kontraproduktiv auswirken.

6.1. Was die Tätigkeit im Call Center von anderen unterscheidet

Call Center-Mitarbeiter wirken in besonderer Weise öffentlich.

Im Unterschied etwa zu einem Verkäufer im Außendienst ist der Aktionsradius eines Call Center-Mitarbeiters meist wesentlich größer und oft sogar unbegrenzt. Außendienstmitarbeiter sind dagegen meist nur für ein begrenztes Kunden- oder Marktsegment verantwortlich. Ihr Einflußbereich ist dadurch (im wahrsten Sinne des Wortes) eingeschränkt.

Im Gegensatz zu einem **nicht** begrenzten Aktionsradius lassen sich in begrenzten Kunden- und Marktsegmenten oft deutlicher bestimmte Entwicklungen beobachten – sowohl positive als auch negative. Und im Fall einer negativen Beeinflussung wirken die Grenzen des Einflußbereiches eines Außendienstmitarbeiters ähnlich Brandschneißen, die entweder das Übergreifen gefährlicher „Flächenbrände" verhindern oder wenigstens erschweren können.

Wenn wir hier so betont von der *größeren öffentlichen Wirkung* des Call Center-Mitarbeiters sprechen, geht es uns genau um diesen (nicht unerheblichen) Unterschied gegenüber dem Außendienst. Und diesen Unterschied gilt es im Auge zu behalten, wenn man an die Auswahl, Qualifizierung und Qualitätskontrolle der Call Center-Mitarbeiter denkt, da es Prinzip eines Call Centers ist, daß der einzelne Mitarbeiter mit allen Kunden Kontakt haben kann. Häufig ist die (telefonische) Besuchsfrequenz deutlich höher als bei einem Außendienstmitarbeiter.

Die Kontakte mit den Kunden ähneln dabei eher *flüchtigen Begegnungen*, denn nur selten ist es bei einem Call Center vorgesehen, daß ein bestimmter Mitarbeiter von einem bestimmten

Kunden gezielt angesprochen werden kann und dieser Kunde auch dauerhaft von diesem Mitarbeiter betreut wird.

Insbesondere dann, wenn die Kontakte vom und zum Kunden beinahe ausschließlich über das Call Center hergestellt werden und der Call Center-Mitarbeiter als einzige menschliche Verbindung zwischen dem Unternehmen und dem Kunden erlebt wird, ist die Qualität dieser *flüchtigen* Verbindung von eminenter Bedeutung.

Wenn man sich dann auch noch bewußt macht, daß der Call Center-Mitarbeiter bei diesen Begegnungen mit dem Kunden auf seine Stimme, seine Ausdrucksweise, auf seine Sprache reduziert ist, wird deutlich, welche Bedeutung diesem „Ausdrucksmittel" beigemessen werden muß. Wir haben diesen Aspekt bereits in Kapitel 5.4 und 5.5 aus anderen Perspektiven beleuchtet.

Call Center-Mitarbeiter müssen mehr mitbringen als PC-Kenntnisse, Sachverstand und die Freude am Telefonieren.

Um *Stimmigkeit* im Dialog und in der Beziehung zum Kunden herzustellen, müssen Call Center-Mitarbeiter **ausgestattet** sein:

- mit einer dafür geeigneten Stimme,

- einem der Aufgabe angemessenen und adäquaten (sprachlichen) Ausdrucksvermögen

- und einer wertschätzenden Grundhaltung gegenüber sich selbst und anderen.

Darauf aufbauend können Call Center-Mitarbeiter durch geeignete Qualifizierungsmaßnahmen **gefördert** werden in der Entwicklung der erforderlichen kommunikativen Kompetenz.

Abhängig von den qualitativen Anforderungen des Arbeitsplatzes im Call Center könnte man das angestrebte Entwicklungsziel für einen Call Center-Mitarbeiter so definieren:

Der Call Center-Mitarbeiter, ein *Experte* für menschliche Kommunikation und Beziehungsgestaltung.

Dieses Entwicklungsziel scheint zunächst sehr anspruchsvoll – ist aber (nach unserer Auffassung) bezogen auf die Bedeutung und die Auswirkung der Tätigkeit eher als Standard anzustreben.

Abb. 6.2
Basis-
Kompetenzen
und
Entwicklung
des Call Center-
Mitarbeiters.

Neben der besonderen öffentlichen Wirkung eines Call Center-Mitarbeiters, der eher flüchtigen Begegnung mit dem Kunden, der Reduzierung seines Ausdrucks auf Sprache und Stimme und der (meist) höheren „Besuchsfrequenz" unterscheidet sich seine Tätigkeit von der eines vergleichbaren Mitarbeiters in der Organisation auch durch den viel höheren *Wiederholungs-Charakter* der Arbeitsinhalte.

Wir haben diesen Aspekt in Kapitel 5.3 bereits angedeutet - dort aus der Perspektive „Kostenfaktor" und „Arbeitsbedingungen".

Bei Berücksichtigung des hohen *Wiederholungs-Charakters* gilt es wenigstens vier wesentliche Aspekte zu berücksichtigen:

Die persönlichen Antriebskräfte (die individuellen Motive) eines Menschen entscheiden darüber, welche Wiederhol-Frequenz ertragen werden kann. Diese persönlichen Motive sind bei einem Erwachsenen relativ stabil angelegt – und durch äußere Einwirkungen nicht mehr wesentlich zu verändern.

Je einfacher die zu behandelnden Anliegen der Kunden sind, um so höher ist die zu beobachtende Wiederhol-Frequenz. (Charakteristiken: relativ kurze Gesprächszeiten, nahezu identische Anliegen der Anrufer)

Je anspruchsvoller und beratungs-intensiver die zu behandelnden Anliegen der Kunden sind, um so geringer ist die zu beobachtende Wiederhol-Frequenz.

Je nach der zu erwartenden Wiederhol-Frequenz und dem Schwierigkeitsgrad in der Bearbeitung gilt es, die Organisation des Call Centers auf die idealtypischen Mitarbeiter auszurichten (etwa durch einen wechselnden Einsatz des Mitarbeiters im Back-office und im Front-office).

Wir werden auf diese Überlegung noch einmal in Kapitel 6.3.2 zurückkommen.

Zusammenfassung der bisherigen Überlegungen:

Die erforderlichen fachlichen und methodischen Fähigkeiten und Fertigkeiten (Skills) eines Call Center-Mitarbeiters sind (zunächst) vergleichbar mit denen anderer Mitarbeiter in der Organisation.

Zusätzlich erforderlich sind jedoch ganz spezielle Fähigkeiten (und Fertigkeiten), die den besonderen Anforderungen einer Tätigkeit im Call Center entsprechen müssen.

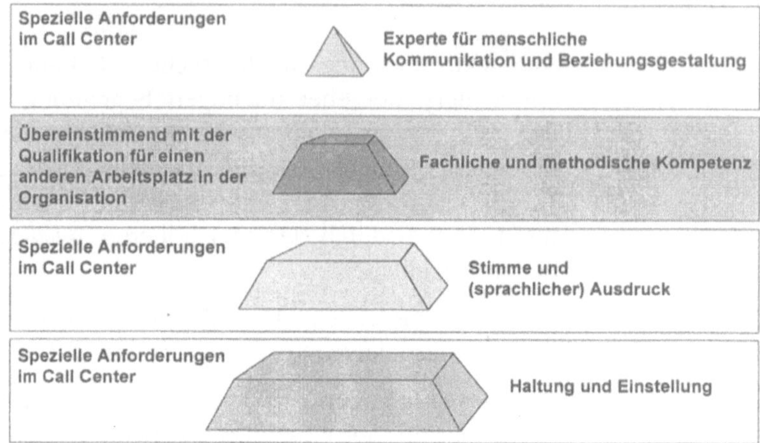

Abb. 6.3 Spezielle Anforderungen an den Call Center-Mitarbeiter.

Diesen Anforderungen wird man mit den derzeit öffentlich angestellten Überlegungen nach einem „einheitlichen Berufsbild" für Call Center-Mitarbeiter nach unseren Beobachtungen noch nicht gerecht.

Zum einen wird bei der Diskussion zum „einheitlichen Berufsbild" zu häufig übersehen, daß die fachliche Qualifikation eines Call Center-Mitarbeiters (in der Regel) der eines „normalen" Facharbeiters mindestens ebenbürtig zu sein hat.

Und zum anderen werden dabei die erforderlichen Persönlichkeitsmerkmale eines Call Center-Mitarbeiters zum Teil völlig außer Acht gelassen; so z. B. die Stimme, das persönliche Sprachverhalten, die Einstellung zur Dienstleistung, um nur einige zu nennen.

Darüber hinaus unterscheiden sich die arbeitsplatz-spezifischen Anforderungen in den verschiedenen Call Centern derart voneinander, daß es wirklich an der Realität vorbeigeht, wenn (wie oft in der Diskussion zu beobachten ist) lediglich zwischen Inbound- und Outbound-Tätigkeit unterschieden wird.

Wir werden auf diesen Aspekt in Kapitel 6.3. „Arbeitsplatzspezifische Qualifikation" noch näher eingehen.

6.2. Qualifikation der Call Center-Mitarbeiter

Mit unseren Überlegungen in Kapitel 6.1 und 6.2 haben wir uns bereits dem Thema *Qualifikation* genähert und schon wesentliche qualitative „Kenngrößen" eines Call Center-Mitarbeiters hervorgehoben.

Bevor wir uns mit der Qualifikation der Call Center-Mitarbeiter eingehender beschäftigen, wollen wir aber zunächst versuchen, den Begriff *Qualifikation* etwas deutlicher von anderen Begriffen abzugrenzen, die bei der Personalauswahl und der Qualifizierung von Bedeutung sind.

6.2.1. Qualifikation

Mit *Qualifikation* ist (allgemein) die Befähigung und Eignung eines Menschen **bezogen auf eine bestimmte Aufgabe oder ein allgemein gültiges Berufsbild** gemeint.

Die Feststellung *„sie oder er ist qualifiziert für"* meint daher zunächst, was dieser Mensch mitbringt, gilt für eine definierte Tätigkeit oder für ein Tätigkeitsfeld als *angemessen* und *passend*. Um festzustellen, ob jemand die erforderliche Qualifikation hat, überprüft man diese unter Anwendung von bestimmten Maßstäben – sowohl allgemein gültigen als auch ganz speziellen.

Allgemein gültige Maßstäbe liefern die definierten Berufsbilder von sogenannten Ausbildungsberufen. Am Ende einer solchen Ausbildung steht dabei eine Prüfung und (gewissermaßen) ein „amtlicher" Nachweis für die Qualifikation. Mit einem solchen Nachweis läßt sich dann die *formale* Qualifikation feststellen.

Da nicht jeder Beruf und nicht jede Funktion in einem Unternehmen auch „amtlich" beschrieben ist, wird der Begriff *Qualifikation* auch dann verwendet, wenn die (prinzipielle) Eignung für eine bestimmte Tätigkeit oder Funktion auf andere Weise erworben wurde oder man von bereits festgestellten Fähigkeiten ausgeht, die ein „Hineinwachsen" in eine bestimmte Funktion (z. B. Mitarbeiterführung) wahrscheinlich machen.

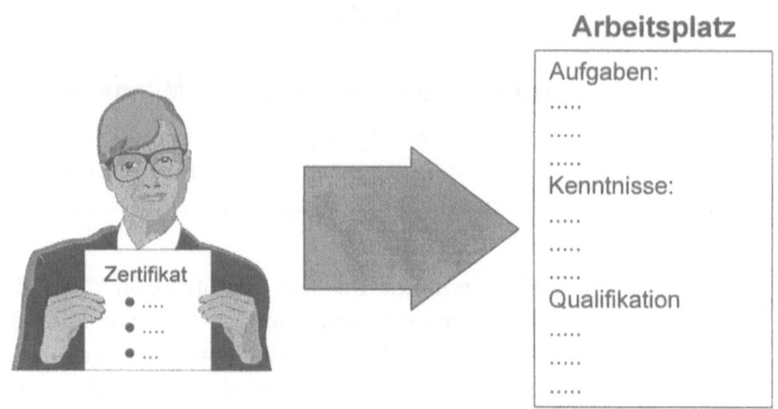

Da die speziellen Anforderungen eines Arbeitsplatzes erheblich von den allgemein gültigen abweichen können, müssen sie auch als zusätzliche Bezugsgröße bei der Feststellung und Begutachtung der erwarteten Qualifikation herangezogen werden.

Während man mit dem Begriff *Qualifikation* eher einen Status beschreibt, ist mit *Qualifizierung* die (Weiter-) Entwicklung und Anreicherung der vorhandenen (Ist-) Qualifikation gemeint.

Bleibt festzustellen: Zur Beurteilung der *tatsächlichen* Qualifikation für eine bestimmte Aufgabe werden Maßstäbe benötigt,

- die einerseits umfassend und präzise beschreiben, welche Fähigkeiten und Fertigkeiten der Aufgabe angemessen sind

und

- die andererseits (Beurteilungs-) Kriterien liefern, wie diese Fähigkeiten und Fertigkeiten festgestellt und zweifelsfrei auf Übereinstimmung mit den Anforderungen überprüft werden können.

Während wir bei unseren Überlegungen zur *Qualifikation* unseren Blick stärker auf die Aufgabe und Funktion gerichtet haben, wenden wir uns nun wieder dem Menschen zu.

Hierbei beleuchten wir seine persönlichen *Fähigkeiten* und *Fertigkeiten* und leiten daraus ab, ob er über *Kompetenzen* verfügt, die ihn vielleicht besonders geeignet erscheinen lassen für bestimmte Aufgabenstellungen (z.B. im Call Center).

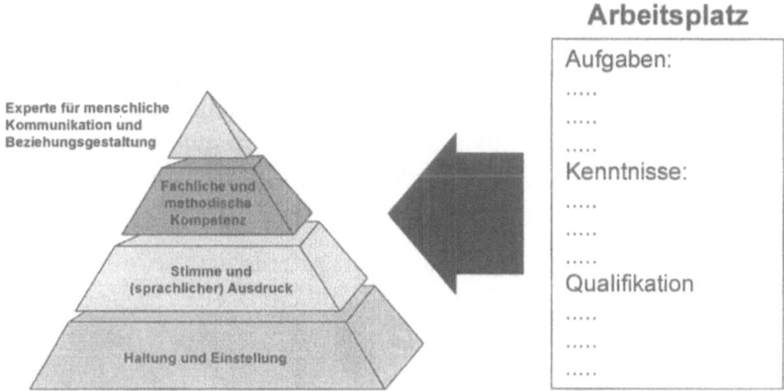

Abb. 6.6
Fähigkeiten und
Fertigkeiten
(Kompetenzen).

Fertigkeiten sind gewissermaßen die beobachtbaren, die sichtbaren äußeren Schichten, die auf einem stabilen Untergrund von *Fähigkeiten* Halt finden.

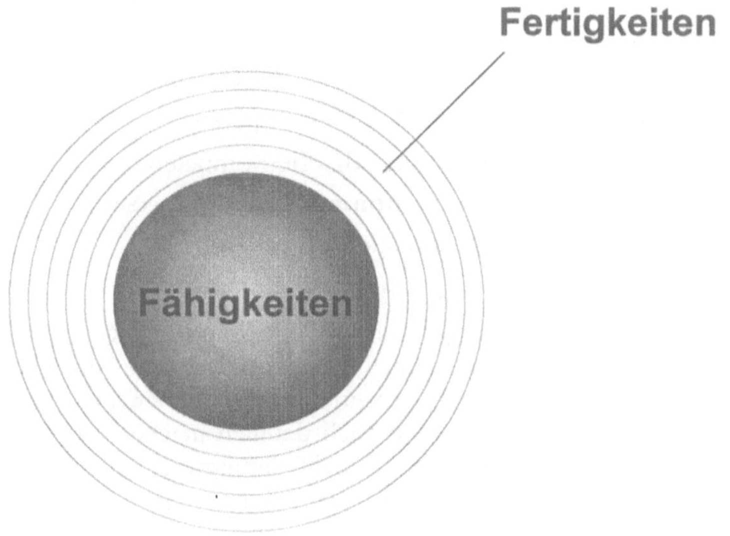

Abb. 6.7
Fähigkeiten und
Fertigkeiten.

Damit sind wir gewissermaßen beim „Kern" angelangt.

6.2.2. Kompetenzen

Der Begriff *Kompetenz* wird im allgemeinen mit *Vermögen*, *Fähigkeit* und *Eignung* umschrieben und liegt damit nahe an der Definition für *Qualifikation*. Der Unterschied besteht darin, daß hier zunächst nicht die (formalen) Anforderungen des Arbeitsplatzes im Vordergrund stehen, sondern das tatsächlich vorhandene persönliche „Potential" eines Menschen.

Mit „Potential" sind dabei nicht nur die *Fähigkeiten* und *Fertigkeiten* gemeint, die ein Mensch mitbringt, sondern auch die, welche er aufgrund von geeigneten Anlagen noch (relativ leicht) erwerben kann und die (möglicherweise) weit über die momentanen Anforderungen eines bestimmten Arbeitsplatzes hinausgehen können.

An einem anderen Arbeitsplatz würde man einen *über*qualifizierten Mitarbeiter möglicherweise sogar begrüßen. Im Call Center dagegen neigen gerade „überqualifizierte" und tendenziell *unterforderte* Mitarbeiter (wie in der *Benchmarking-Studie*, Kapitel 9. aufgezeigt wurde) eher zur „Demotivation" und fallen in ihren Leistungen kontinuierlich ab – und dafür gibt es handfeste Gründe, auf die wir später noch näher eingehen wollen.

Um deutlicher aufzuschlüsseln, was man unter *Kompetenz* und „persönlichen Potentialen" versteht, wird der Begriff Kompetenz mit vielfachen Beifügungen versehen.

Die gebräuchlichsten dürften dabei sein:

- die **fachliche** Kompetenz,

- die **methodische** Kompetenz,

- die **kommunikative** Kompetenz,

- die **soziale** Kompetenz,

- die **persönliche** Kompetenz.

Abhängig vom Blickwinkel des jeweiligen Betrachters werden die einzelnen Kompetenzbereiche inhaltlich durchaus unterschiedlich beschrieben. Wir haben uns für eine Definition entschieden, die auch deutlich machen soll, welche Kompetenzbereiche durch Qualifizierungsmaßnahmen angereichert werden können – und welche nur bedingt oder eher überhaupt nicht.

Abb. 6.8
Kompetenzbereiche.

Kompetenzbereiche

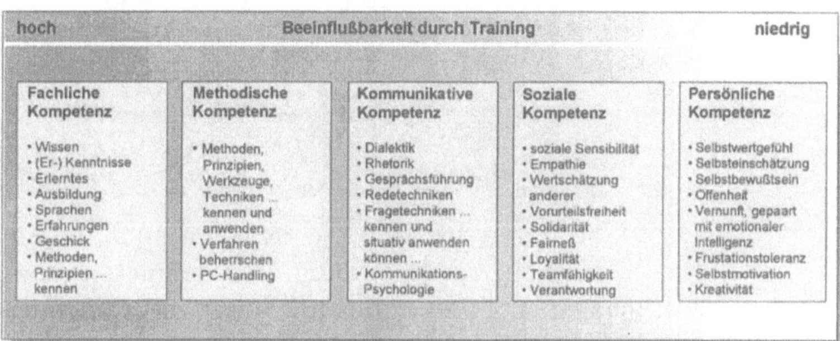

Bei unseren weiteren Überlegungen werden wir auf bestimmte Kompetenzbereiche noch näher eingehen. Zunächst möchten wir aber die Aufmerksamkeit besonders auf drei Kompetenzbereiche lenken ...

- die kommunikative Kompetenz
- die soziale Kompetenz
- die persönliche Kompetenz

Der Grund hierfür ist, daß die einzelnen Kompetenzbereiche nicht (wie man etwa aus der zuvor dargestellten Grafik entnehmen könnte) so scharf voneinander abzugrenzen sind.

Abb. 6.9
Wechselwirkung der
Kompetenzen.

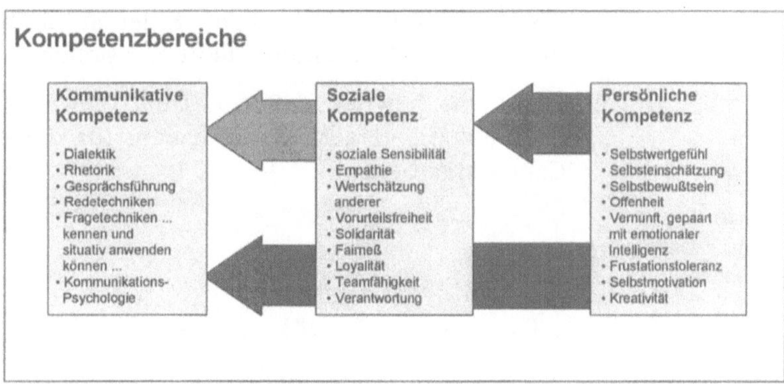

Die *kommunikative Kompetenz* eines Menschen wird wesentlich von seiner *sozialen* und *persönlichen Kompetenz* beeinflußt.

Hierbei stimmen wir auch mit den Erkenntnissen von namhaften Sprachwissenschaftlern überein, die menschliche Kommunikation im wesentlichen als Teil und Ausdruck der Persönlichkeit verstehen und davon ausgehen, daß Veränderungen im Kommunikationsverhalten mit „langwierigen Prozessen der Persönlichkeitsveränderung" verbunden sind.

Es gilt daher festzuhalten:

Die persönliche und soziale Kompetenz eines Mitarbeiters bilden das Fundament – und gleichsam den „Nährboden", auf dem sich die kommunikative Kompetenz (weiter-) entwickeln kann.

So unterschiedlich die Experten auch die einzelnen Kompetenzbereiche (in Abbildung 6.8.) definieren mögen, so einig sind sie sich in ihrer Auffassung über die Bedeutung der sozialen und persönlichen Kompetenz (siehe hierzu: *Manager Seminare*, Ausgabe 3. Quartal 1998, Leitthema „*Erfolgsrezept Sozialkompetenz*").

Wir gehen bei unseren weiteren Überlegungen und unserer Definition der in einem Call Center erforderlichen „sozialen und persönlichen Kompetenz" von dem *übergeordneten Bezugsrahmen* aus, wie wir ihn bereits in den Kapiteln 5.5.2 bis 5.5.7 skizziert haben:

- *Partnerschaft mit dem Kunden* als Unternehmensleitlinie

- *Gleichgewicht* in der Beziehung zum Kunden

Hiermit markieren wir nicht nur das Wesen einer Beziehung, sondern auch eine ganz bestimmte und kaum noch durch Weiterbildungsmaßnahmen zu entwickelnde **Grundhaltung** und **Einstellung** eines Menschen - Kriterien, die für eine prinzipielle Eignung zur Mitarbeit im Call Center stehen.

Es ist uns bewußt, daß wir damit (gewissermaßen) eine Weichenstellung vorgenommen haben: für die **Auswahl** von Call Center-Mitarbeitern.

Abb. 6.10
Personalauswahl im
Call Center.

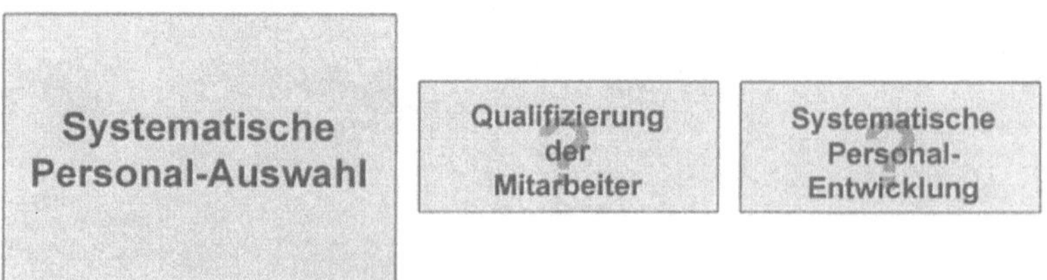

6.3.   Auswahl der Call Center-Mitarbeiter

Call Center-Mitarbeiter müssen bestimmte persönliche und soziale Kompetenzen **mitbringen** – das ist der Grundgedanke unserer Überlegungen in Kapitel 6.2.2.

Hierbei wird unterschieden zwischen den *generellen* Anforderungen und den *arbeitsplatz-spezifischen* Anforderungen:

generelle Anforderungen	**arbeitsplatz-spezifische Anforderungen**
bereits mitzubringen	bereits mitzubringen
noch zu entwickeln	noch zu entwickeln

Für die Personalauswahl bedeutet dies: Insbesondere die für eine Tätigkeit im Call Center spezifischen und generell erforderlichen persönlichen Kompetenzen gilt es (primär) **zu finden** – und nicht darauf zu hoffen, diese im nachhinein (etwa in Qualifizierungsmaßnahmen) noch wesentlich entwickeln zu können.

Wir bezeichnen diese mitzubringenden Fähigkeiten und Fertigkeiten nachfolgend als *Basis-Kompetenzen*.

Darüber hinaus gilt es bei der Personalauswahl weitere arbeitsplatz-spezifische Anforderungen zu berücksichtigen.

Hierbei empfiehlt es sich:

- zunächst genau zu beschreiben (ähnlich einer Leistungsbeschreibung für die Technologie im Call Center), welche Fähigkeiten und Fertigkeiten am betreffenden Arbeitsplatz erforderlich sind,

- zu überprüfen, mit welcher Qualifikation (einer bestimmten Ausbildung und einem entsprechenden Abschluß) diese Anforderungen am ehesten abgedeckt werden dürften und

- zu definieren, wie (möglichst zweifelsfrei) festgestellt werden kann, ob ein Bewerber tatsächlich die erwünschten Fähigkeiten und Fertigkeiten mitbringt.

Außerdem ist es sinnvoll, bereits in dieser Planungsphase die (Qualifizierungs- und Einarbeitungs-) Maßnahmen – wenigstens grob – zu planen, um eine Vorstellung darüber zu erhalten, wie die ausgewählten Mitarbeiter an die speziellen Anforderungen des künftigen Arbeitsplatzes herangeführt werden können.

Bevor wir uns aber konkret mit der Mitarbeiterauswahl und den geeigneten „Auswahl-Instrumenten" beschäftigen, gilt es, die *ge-*

nerellen und *arbeitsplatz-spezifischen Anforderungen* an die Call Center-Mitarbeiter genauer unter die Lupe zu nehmen.

6.3.1. Generelle Anforderungen

Bereits in der Einleitung zu Kapitel 6.3. haben wir bei den generellen Anforderungen an einen Call Center-Mitarbeiter unterschieden zwischen den Fähigkeiten und Fertigkeiten,

- die mitzubringen sind

- und solchen, die noch entwickelt werden können.

Darüber hinaus knüpfen wir bei der Definition der generellen Anforderungen an unsere Überlegungen an:

- zu den Wirk- und Erfolgsfaktoren (in Kapitel 5.4. und 5.5.)

- zu den dargestellten Unterschieden gegenüber einer anderen Tätigkeit im Unternehmen (in Kapitel 6.1.)

- und zu der Qualifikation (in Kapitel 6.2.)

Aus diesen zuvor dargelegten Überlegungen können zunächst zwei Basis-Kompetenzen als generelle Anforderungen abgeleitet werden.

1. Basis-Kompetenz: die persönliche Grund- und Werte-Haltung des Mitarbeiters und seine Einstellung zum Kunden und zum Unternehmen selbst, das er repräsentieren soll.

2. Basis-Kompetenz: seine Stimme und sein (sprachliches) Ausdrucksvermögen.

Abb. 6.11
Generelle
Anforderungen
an den Call Center-
Mitarbeiter.

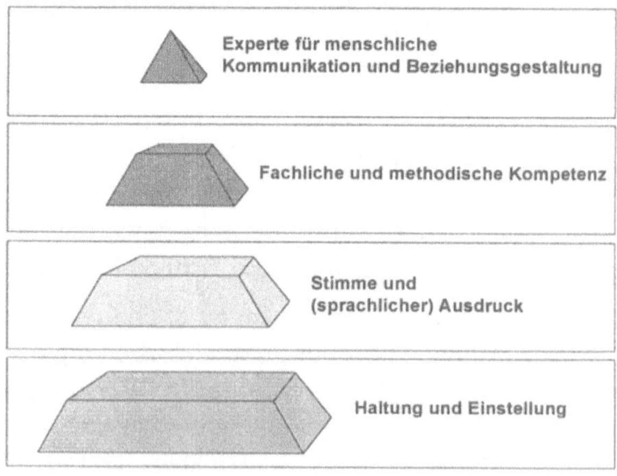

Haltung und Einstellung des Call Center-Mitarbeiters

Welche Bedeutung und Wirkung die „richtige" oder „falsche" Einstellung und Grundhaltung eines Mitarbeiters im Call Center haben kann, haben wir bereits in den Kapiteln 5.5.2. bis 5.5.6. *Wirk- und Erfolgsfaktoren im Call Center* beleuchtet.

Hier wäre noch ergänzend anzumerken, daß die grundsätzliche persönliche Einstellung und Haltung eines Call Center-Mitarbeiters bei seinen *sozialen* und *persönlichen Kompetenzen* zu suchen ist.

Abb. 6.12
Soziale und
persönliche
Kompetenzen.

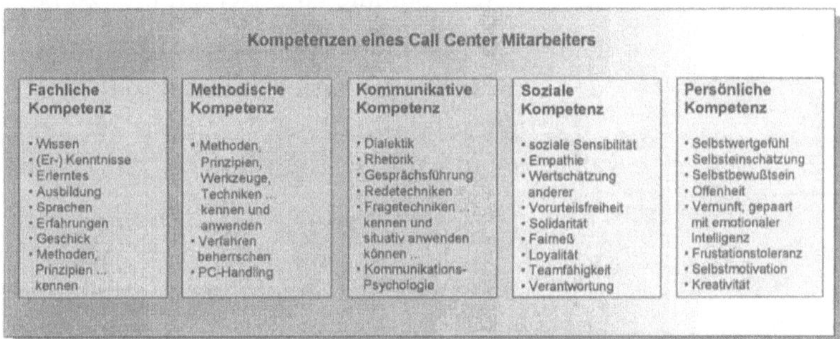

Mit welchen Maßnahmen und Werkzeugen die *sozialen* und *persönlichen* Kompetenzen erfaßt werden können, werden wir noch gesondert darstellen.

Die Stimme und das (sprachliche) Ausdrucksvermögen

Über die Bedeutung der Stimme und das Ausdrucksvermögen eines Call Center-Mitarbeiters haben wir bereits in Kapitel 5.4. *Wirk- und Erfolgsfaktoren im Call Center* einige eher grundsätzliche Überlegungen angestellt.

Ergänzend dazu geht es uns nun um die Bedeutung und Wirkung bestimmter „Eigenschaften" und „Kenngrößen" der Stimme und des gesamten sprachlichen Ausdrucks eines (potentiellen) Call Center-Mitarbeiters.

Die GEO-Redakteurin Johanna Romberg schreibt zu dieser Thematik in ihrem sehr aufschlußreichen Beitrag „Die Stimme", Magazin GEO 12/1998:

Es gibt Stimmeigenschaften, die bei vielen Zuhörern automatisch Nervosität auslösen. Zum Beispiel jenes chronisches Zittern, das die Reden mancher Politikerinnen durchzieht, oder das schrille Register, in das viele Frauen verfallen, die sich mit ihrer leisen oder zu hohen Normalstimme nicht durchsetzen können. Zu leise, zu hoch, zu schnell, zu monoton – die Kombination aus diesen Merkmalen kann dazu führen, daß sich Sprecher oder Sprecherin ein Leben lang überhört fühlen. Vor allem die Monotonie, das Fehlen von Variationen in Tonhöhe und Lautstärke, empfinden viele Zuhörer nicht nur als unangenehm, sondern regelrecht als unheimlich. Für geschulte Ohren ist es sogar ein Alarmsignal: Völlig monotones Sprechen gehört zu den Symptomen einer schweren Depression.

Was ist es aber nun genau, was es bei der Auswahl einer „geeigneten" Stimme zu beachten und zu beobachten gilt?

Die subjektiv empfundene **Stimmqualität** eines Menschen ist der erste und wichtigste Eindruck, den der Zuhörer von seinem Gegenüber gewinnt. Mit Stimmqualität sind Eigenschaften wie allgemeine Tonlage und Charakteristik (kreischend, heiser, dunkel usw.) gemeint.

Dieser (erste) Eindruck wird nicht nur sofort als „angenehm" oder „unangenehm" empfunden, sondern auch mit einem bestimmten „Persönlichkeitsbild" assoziiert – oft sogar mit einem bestimmten Aussehen. Eine hohe piepsige Stimme wird als kindlich, unausgereift und inkompetent empfunden – eine tiefe, dunkle Stimme dagegen eher als vertrauenswürdig, gereift und kompetent.

Aus unterschiedlichen Gründen haben manche Menschen Probleme bei der **Artikulation** (Lautbildung). Das kann ursächlich mit anatomischen Gegebenheiten zusammenhängen, zum Beispiel mit der Zahnstellung, der Lippenform oder Anomalien im Hals-Nasen-Bereich.

Manchmal kann man auch beobachten, daß eine Stimme gegen Ende einer Äußerung immer schwächer und undeutlicher wird - es geht ihr gewissermaßen die Luft aus. Auch eine fehlerhafte **Atmung** (zu flach, zu kurzatmig) oder ein zu lautes „Schnaufen" kann problematisch sein. Für einen Zuhörer wirkt dies unter anderem deshalb störend, weil wir die Artikulation eines Sprechers grundsätzlich innerlich mitvollziehen und durch einen ungewohnten Atemrhythmus in unserem eigenen gestört werden.

Die **Lautstärke** läßt sich zwar willkürlich verändern, jeder Mensch besitzt aber eine ihm eigene „Normallage", in die er immer wieder zurückfällt, wenn er sich nicht bewußt kontrolliert. Eine zu leise Stimme kann am Telefon nicht nur zu Verständigungsproblemen führen, sondern auch als Unsicherheit und Inkompetenz wahrgenommen werden. Dem gegenüber steht eine zu laute Stimme, die als zu dominierend und autoritär empfunden werden kann.

Die **Modulation**, der Wechsel zwischen unterschiedlichen Tonlagen, verleiht dem Gesagten eine Melodie – eine elementare Eigenschaft einer (Call Center-) geeigneten Stimme, denn damit werden die Äußerungen strukturiert und verständlich gemacht. Sie dient unter anderem dazu, dem Zuhörer Beginn, Höhepunkt und Ende einer Äußerung zu signalisieren und zusammen mit einer angemessenen **Betonung** - dem Setzen von Akzenten - die Bedeutung der Worte zu steuern.

Ist die Melodie nicht ausgeprägt genug, kann es leicht zu Mißverständnissen in der Bedeutung der Aussage und zu Irritationen beim Zuhörer kommen.

Gerade Call Center-Mitarbeiter sollten so sprechen, daß man gewissermaßen alle Silben, Endungen, Satzzeichen, Hervorhebungen, Unterstreichungen usw. hören kann – und dies ganz besonders bei Fragen, damit sie nicht als Feststellungen oder Behauptungen mißverstanden werden.

Auch für die **Sprechgeschwindigkeit** gilt, daß sie zwar willentlich beeinflußt werden kann – sich aber ohne bewußte Kontrolle wieder in die Normallage zurückbewegt. Wenn diese Geschwindigkeit zu hoch ist, hat der Zuhörer nicht nur Schwierigkeiten bei der Informations-Aufnahme und -Verarbeitung, sondern wird dadurch auch in seinem eigenen langsameren Rhythmus gestört. Menschen gleichen ihre Sprechweise häufig automatisch und unbewußt ihrem Gesprächspartner an (vgl. dazu die Akkomodationstheorie von Howard Giles), und daher wird ein solches Gespräch immer hektischer und mißverständlicher. Wer glaubt, „je schneller, um so kürzer und effizienter", irrt – genau das Gegenteil ist der Fall, weil immer wieder Un- und Mißverstandenes aufzuräumen und zurechtzurücken ist.

Aber auch zu langsames und schleppendes Sprechen hinterläßt einen eher negativen Eindruck beim Zuhörer. Er fühlt sich in seinem Gedanken- und Sprachfluß gebremst und wird leicht ungeduldig – ein Problem, das bei Call Center-Mitarbeitern als Folge-Erscheinung auf „zu langsam sprechende Kunden" kritisch beobachtet, in Trainings bewußt gemacht und bearbeitet werden muß.

Für die meisten Menschen ist ein (mehr oder weniger ausgeprägter) **Dialekt** die eigentliche „Primärsprache". Auch dann, wenn wir „Standardsprache" sprechen, ist die regionale Herkunft noch herauszuhören – für Experten schon anhand weniger typischer Merkmale zweifelsfrei.

Es hängt von den Aufgaben und dem Wirkungskreis eines Call Centers ab, wie die Verwendung von Dialekt und Dialektfärbungen zu bewerten ist. Fest steht, daß die Verwendung einer gemeinsamen Sprache das Gefühl von Nähe und Zugehörigkeit erzeugen kann.

Für ein regional operierendes Call Center könnte dies bedeuten, neben der „Standardsprache" auch die Sprache der Region zu sprechen. Bei einem überregional operierenden Call Center würde allerdings ein zu starker Dialekt bei vielen Kunden das Gegenteil von Nähe und Zugehörigkeit bewirken – und eher die Gefahr von massiven Verständigungsproblemen.

Zu bedenken ist auch, daß manche Dialekte der deutschen Sprache nicht gerade in der besonderen Gunst von Menschen aus anderen Regionen oder „hochdeutsch" sprechenden Menschen stehen.

Für den **sprachlichen Ausdruck** gilt, daß sich ein Call Center-Mitarbeiter weder zu „weitschweifig" noch zu „einsilbig" ausdrücken sollte. „Auf den Punkt kommen", ohne über „Hölzchen und Stöckchen" zu gehen, könnte die Devise sein.

Da uns im Call Center (im Gegensatz zu einem Gespräch von Angesicht zu Angesicht) die sonst verfügbaren „non-verbalen Abstimmungs-Möglichkeiten" (wie Nicken, Augenkontakt, Notizen machen usw.) nicht für die Verständigung zur Verfügung stehen, erlangen andere (akustische) Mittel eine noch höhere Bedeutung. So ist es in einem Telefonat wichtiger, daß längere Äußerungen des Gesprächspartners mit kurzen akustischen „Rückmeldesignalen" quittiert werden (wie „mh", „ja" usw.). Oder beim Notieren der Angaben eines Anrufers (in Schreibgeschwindigkeit) mitbuchstabiert wird.

Zusammenfassung:

Die Stimme und das Sprachverhalten jedes Menschen sind Ausdruck seiner Persönlichkeit.

Es gibt Eigenschaften der Stimme und des sprachlichen Ausdrucks, die (auch bei Erwachsenen) noch zu verändern sind. Bezweifelt werden muß allerdings, daß dies mit wenigen „Kommunikationstrainings" gelingen kann – vielmehr wären hierzu häufig eher Logopäden (Sprachheilkundler), Stimmbildner und Psychotherapeuten erforderlich.

6.3.2. Arbeitsplatz-spezifische Anforderungen

Die arbeitsplatz-spezifischen Anforderungen ergeben sich aus dem Inhalt der zu führenden Gespräche und dem fachlichen und methodischen Hintergrund, der hierfür erforderlich ist.

Hierbei gleicht der Call Center-Arbeitsplatz zunächst noch jedem anderen in der Organisation eines Unternehmens.

Abb. 6.13
Arbeitsplatz-
spezifische
Anforderungen.

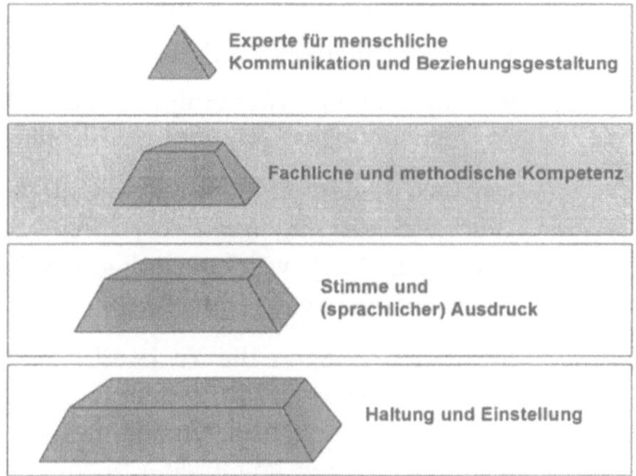

Je häufiger sich allerdings die Gesprächsinhalte ähneln oder sogar völlig identisch sind, um so mehr unterscheidet sich der Arbeitsplatz im Call Center von anderen in der Organisation – wie wir bereits in Kapitel 6.1. aufgezeigt haben. Und das muß sowohl bei der Personalauswahl als auch bei der Definition des Arbeitsplatzes berücksichtigt werden.

Bei der **Definition des Arbeitsplatzes** bedeutet dies zum Beispiel: Wenn die Gesprächsinhalte eine hohe geistige Beweglichkeit, viel analytischen Verstand, hohe Kreativität, Ideenreichtum usw. abverlangen, muß auch die reale Chance bestehen, Mitarbeiter zu finden, die diesen Anforderungen entsprechen.

Schätzt man dagegen die Chancen dazu eher gering ein, müßte man sich überlegen, zum Beispiel die Bearbeitung von „Anliegen mit geringem Schwierigkeitsgrad" von solchen mit „mittlerem", „hohem" oder sogar „höchstem" Schwierigkeitsgrad zu trennen. Das könnte im Ergebnis bedeuten, daß 70 bis 80 Prozent der Anfragen von Mitarbeitern bearbeitet werden, die über die gerade dafür erforderlichen Fähigkeiten und Fertigkeiten verfügen.

Denn auch für die aufgezählten Eigenschaften gilt, daß diese bereits angelegt sein müssen und nur noch bedingt (und mit größerem Trainingsaufwand) im nachhinein zu entwickeln sind.

Hinzu kommt noch, daß die zuvor genannten Eigenschaften gerade bei den Menschen anzutreffen sind, die „davon angetrieben" (motiviert) werden, wenn:

- „Nüsse zu knacken sind",

- sie ständig neuen Herausforderungen begegnen,

- eine Anwort auf noch unbekannte und eher schwierige Fragen gefunden werden soll,

- ihre Kreativität und ihr Ideenreichtum angeregt werden,

- und ihnen Anerkennung dadurch widerfährt, daß sie ein „schwieriges" Problem gelöst haben.

Ein (zu) hoher Wiederholungs-Charakter wäre für sie „Sand im Getriebe" des Eigenantriebs, ihrer (intrinsischen) Motivation – und kann durch vordergründige (extrinsische) Motivationsversuche nicht ausgeglichen werden.

Erfordern dagegen die zu bearbeitenden Anliegen der Kunden oder Interessenten nicht gerade „geistige Hochleistungen" und wiederholen sich diese Anliegen auch noch relativ häufig, wäre darauf zu achten, Mitarbeiter zu finden, die nicht nur einen hohen *Wiederholungs-Charakter* ertragen können, sondern sogar gerne solche Tätigkeiten verrichten – also dazu (intrinsisch) motiviert sind.

Gerade der Aspekt *persönliche Antriebskräfte* (Motivation) wird nach unseren bisherigen Beobachtungen weder in der Personalauswahl für Call Center-Mitarbeiter noch bei der Definition des Arbeitsplatzes gebührend berücksichtigt. Die auffallend hohe Fluktuation in den Call Centern spricht hier eine allzu deutliche Sprache.

Die Anforderungen an einem Call Center-Arbeitsplatz unterscheiden sich wesentlich von denen anderer Arbeitsplätze in der Organisation – das kann man sich nicht oft genug bei der Planung und Realisierung eines Call Centers in Erinnerung rufen.

Und vergleicht man die unterschiedlichen Anforderungen der Call Center-Arbeitsplätze einmal genau, wird einem bewußt, wie unsinnig es ist, von dem „einen" Call Center-Agenten auszugehen.

In den nachfolgenden Grafiken haben wir versucht, diesen Ansatz deutlicher zu machen.

Abb. 6.14
Typische
Inbound-Funktionen.

Kompetenz

- **Bestellannahme, Buchungen, Reservierungen**

- **Einfache Auskünfte**

- **Komplexere Auskünfte (Help-Desk-Funktionen)**

- **Störungsannahme**

- **Annahme und Bearbeitung von Reklamationen**

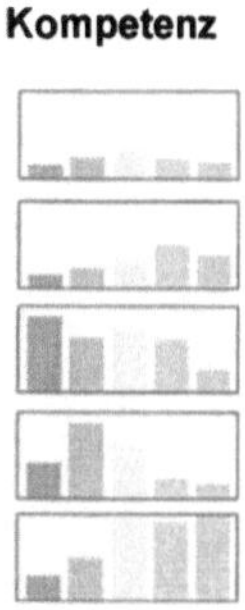

Die in der Grafik dargestellten unterschiedlichen Ausprägungen beziehen sich auf die „Kompetenzbereiche" (in Kapitel 6.2.2).

Hierbei wurde der unterschiedliche Wiederholungs-Charakter in den einzelnen Tätigkeiten noch nicht berücksichtigt – der aber eine herausragende Bedeutung hat.

Abb. 6.15
Typische Outbound-
Funktionen

Kompetenz

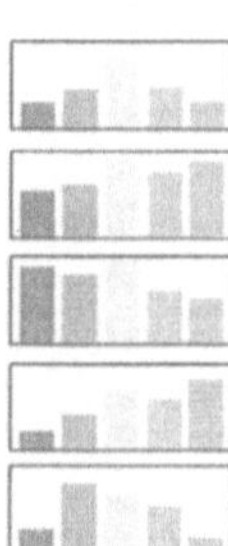

- **Telefonische Kundenberatung
  (einfache Produkte und Dienstleistungen)**

- **Kundenbetreuung (B-, C- und D-Potentiale)**

- **Nachvermarktung**

- **Kundenzufriedenheits-Aktionen**

- **Marktforschung ... usw. ...**

Die höchst unterschiedlichen Anforderungen an die Call Center-Mitarbeiter ergeben sich aus den vielfältigen und unterschiedlichen Aufgabenstellungen des jeweiligen Arbeitsplatzes im Call Center.

Es gilt daher, zwei Ansatzpunkte zu berücksichtigen:

- die richtige und am Menschen ausgerichtete Definition der Arbeitsinhalte

und

- die treffsichere Personalauswahl unter Berücksichtigung dauerhaft wirksamer Leistungsantriebe (Motivation) und einer dem Arbeitsplatz angemessenen kommunikativen, sozialen und persönlichen Kompetenz.

6.3.3.   Personalauswahl-Prozeß

Nach unseren Erfahrungen sollte spätestens drei Monate vor dem Start eines Call Centers der (nachfolgend beschriebene) Personalauswahl-Prozeß in Gang gesetzt werden.

Wenn die neuen Mitarbeiter allerdings noch vor ihrem Einsatz im Call Center mit umfangreichen und komplexen PC-Programmen vertraut gemacht werden müssen oder die (zu erwartenden) Gesprächsinhalte sehr hohe Anforderungen an die fachliche und methodische Kompetenz stellen, sollte der eigentliche Auswahl- und Einstellungs-Prozeß ca. 4 Wochen vor dem Start des Call Centers beendet und die Mitarbeiter bereits „an Bord" sein. Das könnte bedeuten, daß der Start des Personalauswahl-Prozesses früher – als zuvor genannt – angesetzt werden muß.

Wichtig ist auch, die „Arbeitnehmervertretung" des Unternehmens (Betriebsrat oder Personalrat) frühzeitig in die Überlegungen zur Personalauswahl und Qualifizierung miteinzubeziehen, um später keine unliebsamen Überraschungen zu erleben.

6.3.3.1.   Stufe 1   Arbeitsplatzbeschreibung

In diesem Prozeßschritt gilt es, die *Aufgaben* am Arbeitsplatz möglichst exakt zu beschreiben und darüber hinaus zu definieren, welche (Mindest-) *Qualifikation* ein Mitarbeiter mitbringen muß.

Als Ausgangsmaterial für die *Arbeitsplatzbeschreibung* können zunächst die Ergebnisse aus der qualitativen und quantitativen *Kommunikationsanalyse* herangezogen werden, wie in Kapitel 11. beschrieben. Hieraus müßte auch bereits zu erkennen sein, welchen Schwierigkeitsgrad die Gesprächsinhalte haben und von welchem Wiederholungs-Charakter die Tätigkeit gekennzeichnet ist – wichtige Kenngrößen für die Definition der *Anforderungen* an den Mitarbeiter.

Dies gilt sinngemäß auch für die Neu-Definition eines Arbeitsplatzes in einem bestehenden Call Center, allerdings mit dem Unterschied, daß hierbei umfangreicheres und vielleicht sogar stichhaltigeres Material aus den Statistiken des ACD-Systems gewonnen und auf praktische Erfahrungen von Call Center-Mitarbeitern zurückgegriffen werden kann.

In dieser Phase des Auswahlprozesses sind auch bereits die formalen Auswahlkriterien zu definieren:

- Mindest- und Höchstalter,

- Familienstand,

- Alleinerziehend, evtl. Alter der Kinder,

- Staatsangehörigkeit,

- Gehaltsbandbreite, abhängig von welchen Kriterien,

- Schulbildung, berufliche Ausbildung,

- Entfernung Wohnort zum Arbeitsplatz,

- Erreichbarkeit des Arbeitsplatzes mit öffentlichen Verkehrsmitteln,

- Eignung bzw. Bereitschaft des Bewerbers für Schichtdienst, Vollzeit- oder Teilzeitbeschäftigung,

- usw.

Es ist außerdem sinnvoll, frühzeitig Überlegungen darüber anzustellen, unter welchen Bedingungen den Mitarbeitern später welche „Befugnisse" und welche Handlungsspielräume zuerkannt werden können – möglicherweise als Stufenplan angelegt.

Wie die Benchmarking-Studie (in Kapitel 9.) aufzeigt, gibt es einen deutlichen Zusammenhang zwischen der Entscheidungsbefugnis der Mitarbeiter und der Wirksamkeit des Call Centers.

> Je höher die Entscheidungsbefugnis der Mitarbeiter, desto höher ist die Effizienz des Call Centers.

> Je höher die Entscheidungsbefugnis der Mitarbeiter, desto niedriger ist die Anzahl der „Lost Calls" (verlorenen Anrufe).

Bei der Beschreibung der einzelnen Aufgaben sollte darauf geachtet werden, daß eindeutig (für jeden nachvollziehbar) zu erkennen ist, **was** der Mitarbeiter **genau** tun soll – und auch **wie** und mit welchen (überprüfbaren) Ergebnissen er dies tun soll. Wichtig ist dabei auch, daß keine zu „abgehobenen" Arbeitsplatzbeschreibungen entstehen, die nur von *maximal 22jährigen, diplomierten und promovierten Mitarbeitern mit 12 Jahren Berufserfahrung, fünf Sprachen in Wort und Schrift und einer Gehaltsvorstellung unter 25.000 Euro per anno usw.* abgedeckt werden könnten – also völlig unrealistisch sind.

Als Fazit kann man daraus ziehen, daß die Arbeitsplatzbeschreibung immer wieder an dem *realistischen* Bild einer tatsächlich vorzufindenden Qualifikation zu spiegeln ist – also auch wirklich „bedient" werden kann.

Günstig wäre es, wenn hierbei schon (qualitative und quantitative) Maßstäbe für „erfolgreiches" und „weniger erfolgreiches" Handeln entstehen, die auch bei späteren *Zielvereinbarungen* und *Leistungsbeurteilungen* herangezogen werden könnten.

Bei der Beschreibung der *Anforderungen* an die (künftigen) Mitarbeiter sollte der „formalen" Qualifikation (wie Schul- und Berufsausbildung bzw. -abschluß) eher weniger Bedeutung zugemessen werden. Vielmehr gilt es zu beschreiben, welche Kompetenzen (Fähigkeiten und Fertigkeiten) der Mitarbeiter mitbringen sollte und welche noch in der Einarbeitungsphase und der Praxis angereichert und entwickelt werden könnten.

Auch hierzu zeigt die Benchmarking-Studie (in Kapitel 9.1.) einen interessanten Zusammenhang zwischen der „formalen" Qualifikation und deren Wirksamkeit im Call Center auf:

> Je höher die formale Qualifikation des Agenten, desto niedriger ist die Zielerreichung.

> Je höher die formale Qualifikation, desto höher ist die Anzahl der „Lost Calls" (verlorenen Anrufe).

> Je höher die Berufserfahrung der Mitarbeiter, desto höher ist die Zielerreichung.

Es gibt deutliche Hinweise darauf, daß diese Effekte mit der persönlichen Motivation und mit einer tendenziellen Unterforderung zusammenhängen, die sich aufgrund des hohen Wiederholungs-Charakters in der Tätigkeit einstellen kann.

Bei der Festlegung und Beschreibung der erforderlichen Kompetenzen (Fähigkeiten und Fertigkeiten) empfehlen wir, sich an den nachfolgend dargestellten „Kompetenzfeldern" zu orientieren.

Abb. 6.16
Kompetenzfelder.

Kompetenzbereiche

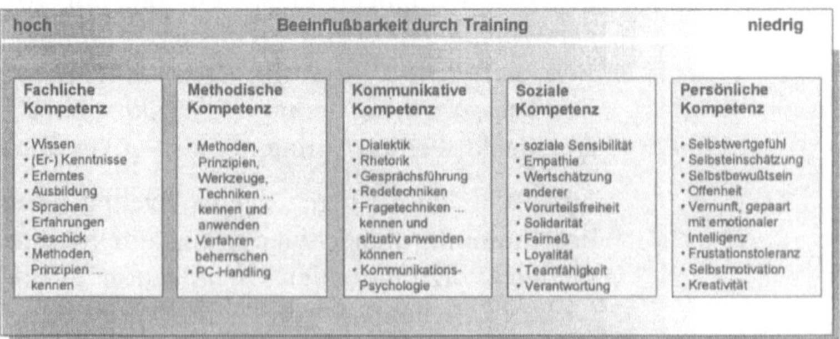

Hierbei sind zunächst die beiden Felder *fachliche* und *methodische* Kompetenz inhaltlich zu füllen.

Bei der Definition der erforderlichen *kommunikativen* Kompetenzen – und noch viel deutlicher bei den *sozialen* und *persönlichen* Kompetenzen – gilt es, sich eher ins Bewußtsein zu rufen, daß es sich hierbei um *generelle* Voraussetzungen handelt, die (eigentlich) nicht mehr „verhandelbar" sind – wie wir in Kapitel 6.3.1. dargestellt haben.

Mit welchen Maßnahmen und „Werkzeugen" die *kommunikativen, sozialen* und *persönlichen* Kompetenzen definiert und erfaßt werden können, werden wir in den nachfolgenden Prozeßschritten noch deutlicher machen.

6.3.3.2.   Stufe 2   Auswahl der Instrumente

Aus dem 1. Prozeßschritt bringen wir nun in die 2. Stufe des Personalauswahl-Prozesses ein:

- eine Übersetzung der Unternehmens- und Call Center-Ziele in einen „Handlungsrahmen" für den Arbeitsplatz,

- eine exakte Definition der fachlichen und methodischen Anforderungen an einen Call Center-Mitarbeiter,

- erste Maßstäbe zur Beurteilung der Fähigkeiten, Kenntnisse, Erfahrungen und Fertigkeiten,

- die festgelegte Mindest-Qualifikation und die „formalen" Auswahlkriterien,

- die definierten „Befugnisse" und Handlungsspielräume,

- die Gehalts-Bandbreite, die als „marktgerecht" überprüft und als „angemessen" gilt gegenüber den Anforderungen,

- die Arbeits- und Gesprächsinhalte und deren Wiederholfrequenz,

- und wir kennen die Zielgruppen, von denen das Call Center angesprochen wird bzw. die vom Call Center anzusprechen sind.

Zusätzlich sind uns die *generellen* Anforderungen an den Call Center-Mitarbeiter bewußt, wie wir sie in Kapitel 6.3.1. als „Basis-Kompetenzen" beschrieben haben; im wesentlichen sind das:

- die „richtige" Einstellung zur Dienstleistung und ein „gesundes" Selbstbewußtsein,

- eine Call Center-geeignete Stimme und ein Sprachverhalten, das den (partnerschaftlichen) Dialog mit dem Gesprächspartner positiv beeinflußt

- und eine (intrinsische) Motivation, die den jeweiligen Anforderungen des Arbeitsplatzes entspricht.

Nun geht es darum, die Instrumente auszuwählen, die am ehesten geeignet sind, die erforderlichen persönlichen Voraussetzungen und Kompetenzen auf „Stimmigkeit" zu überprüfen.

Auch bei der Auswahl von Call Center-Mitarbeitern können zunächst die bekannten Instrumente der Personalauswahl angewandt werden:

- Sichtung von Bewerbungsunterlagen und Überprüfung der vorher festgelegten „formalen" Auswahlkriterien,

- Bewerber-Interview und/oder Assessment-Center,

- Tests zur Überprüfung der fachlichen und methodischen Kompetenzen,

- usw.

Darüber hinaus sind allerdings noch andere „Werkzeuge" einzusetzen, die bei einer Personalauswahl für einen anderen Arbeitsplatz vielleicht nicht ganz so bedeutsam erscheinen:

- *telefonisches* Bewerber-Interview mit Überprüfung der Stimm-Eigenschaften und des Sprachverhaltens,

- Potentialanalysen zur Ermittlung der *sozialen* und *persönlichen* Kompetenzen

- und „Messung" der *persönlichen Antriebskräfte.*

Besonders das (noch relativ wenig bekannte) System „IMC" (steht für: Individuelle Motiv-Konstellation) hat sich bei der Ermittlung der *persönlichen Antriebskräfte* als sehr wirksam bei der Auswahl von Call Center-Mitarbeitern erwiesen. Das Besondere daran ist, daß mit diesem Instrument nicht nur zu erkennen ist, welchen *Wiederholungs-Charakter in der Arbeit* dieser Bewerber ertragen kann, sondern daraus auch deutlich die Grundlagen seiner *sozialen* und *persönlichen* Kompetenz zu erkennen sind.

Aufgrund der in *Prozeßschritt 1* definierten Anforderungen des Arbeitsplatzes und der prognostizierten Wiederholfrequenz läßt sich damit ein Soll-Motivations-Profil ableiten, das als „Maßstab" im Auswahlprozeß verwendet werden kann.

Für die Personalauswahl in bestehenden Call Centern könnte dies bedeuten, daß von „erfolgreichen" Mitarbeitern ein Ist-Motivations-Profil ermittelt wird, das dann als Vorlage für die Auswahl weiterer Mitarbeiter verwendet werden kann. Denkbar wäre auch - gewissermaßen als „Gegenprobe" - ein Ist-Motivations-Profil von solchen Mitarbeitern zu ermitteln, die sich in der Call Center-Praxis bereits als „weniger geeignet" erwiesen haben.

Das IMC-System kann aber noch mehr leisten:

Anhand der „individuellen Motiv-Konstellation" läßt sich das Grundverhalten eines Menschen in verschiedenen Situationen relativ treffsicher voraussagen und damit ergründen, welche Handlungs-Alternative er bevorzugt einsetzt.

Neben dem *IMC-System* zur Ermittlung der persönlichen Antriebskräfte (Motive) und der sozialen und persönlichen Basis-Kompetenzen gibt es eine Fülle von „psychologischen Testverfahren", die ebenfalls auf eine möglichst „objektive" Beurteilung der *sozialen* und *persönlichen* Kompetenzen abzielen.

Weltweit die größte Verbreitung dürfte dabei der **M**yers-**B**riggs-**T**ypen**i**ndikator (M.B.T.I.) haben - allein in den USA mit mehr als 3,5 Millionen Anwendungen pro Jahr.

Die amerikanischen Psychologinnen Katherine Briggs und Isabel Myers verliehen diesem Instrument seinen Namen. Basierend auf den „Psychologischen Typen" von C.G. Jung entwickelten Myers und Briggs einen Fragebogen, der bestimmte Muster und Züge menschlichen Grundverhaltens verständlich und transparent macht, und zwar in einer Weise, daß die Erkenntnisse in allen Bereichen der zwischenmenschlichen Kommunikation eingesetzt werden können.

Zu den Voraussetzungen der MBTI-Theorie zählen vor allem drei Punkte:

- Menschliches Verhalten ist nicht zufällig, auch wenn es so scheint. Es existieren (mehr oder weniger stabile Grund-) Muster.

- Menschliches Verhalten ist klassifizierbar. Es kann beschrieben werden, wie Menschen beispielsweise Informationen aufnehmen und Entscheidungen treffen. So läßt sich die bewußte Aktivität nach zwei Wahrnehmungsprozessen und zwei inneren Beurteilungsprozessen differenzieren. Polar dargestellt bedeutet das, daß Menschen zur Wahrnehmung entweder ihre fünf Sinne oder ihre Intuition bevorzugt einsetzen, bei ihren Entscheidungen entweder bevorzugt ihren analytischen Verstand bemühen oder gefühlsmäßig reagieren.

- Menschliches Verhalten ist unterschiedlich, weil es bestimmte Neigungen und Präferenzen gibt. Wir verhalten uns und entscheiden so, weil wir bestimmte Präferenzen haben – andere Menschen mit anderen Präferenzen entscheiden anders. Dieses „Anderssein" ist der Grund oder Schlüssel für mißlungene und gelungene Kommunikation, für Konflikte oder deren Lösung, für Abneigung oder Verständnis, für ineffektive oder synergetisch handelnde Teams.

Von Nachteil ist bei fast allen Testsystemen die Möglichkeit einer „willentlichen" Beeinflussung der Ergebnisse. Dies geschieht besonders dann, wenn (aus der Sicht eines Bewerbers) das Test-Ergebnis ausschlaggebend ist. Folgerichtig verschweigen die seriösen Anbieter von Testsystemen nicht:

> Wenn jemand die Konsequenzen des Ergebnisses zu befürchten hat, kann sich die betreffende Person beim Beantworten der Fragen danach richten, wie sie meint, daß die Fragen oder Aussagen beantwortet bzw. bewertet werden *sollen* – dann kommt eher „soziale Erwünschtheit" heraus.

Ein weiterer Nachteil besteht darin, daß die meisten Testsysteme nicht die speziellen, generellen und arbeitsplatz-spezifischen Anforderungen im Call Center berücksichtigen (siehe *TeleTalk*, Ausgabe Dezember 1998).

Nur wenige Testsysteme beleuchten mehr als „eine Hand voll" unterschiedlicher Persönlichkeits-Ausprägungen – wie beispielsweise das IMC-System (mit 32 Haupt-Ausprägungen und theoretisch ca. 4 Millionen unterschiedlichen Fein-Ausprägungen) und der MBTI (mit 16 verschiedenen Ausprägungen).

Das IMC-System zeichnet sich zusätzlich aus durch seine besondere „Konstruktion", die eine „willentliche Beeinflussung" durch die Test-Person nahezu ausschließt bzw. „geschönte" Ergebnisse transparent macht. Dies wird erreicht durch eine besondere Kombination aus Bildern und Aussagen, die aufeinander bezogen werden müssen.

Ganz generell muß festgestellt werden, daß kein Testsystem das persönliche Gespräch und die Analyse des persönlichen Stimm-Profils und des Sprachverhaltens ersetzen kann – wohl aber diese sehr sinnvoll ergänzen kann. Ein weiterer Nutzen daraus ist, daß man ein „ganzheitlicheres Bild" von dem Bewerber gewinnt.

Voraussetzung dafür ist aber, daß sich die Testsysteme auf die speziellen Anforderungen im Call Center „justieren" lassen, ohne dabei ihre Wirksamkeit insgesamt zu verlieren.

Dies wiederum setzt voraus, daß die *Validität* (Übereinstimmung des Ergebnisses mit dem tatsächlichen Sachverhalt) und die *Reliabilität* (Verläßlichkeit bei Wiederholung) dann immer noch gewährleistet ist.

6.3.3.3.   **Stufe 3   Definition der Beobachtungs- und Beurteilungs-Kriterien**

Bei der Beobachtung und Beurteilung von den persönlichen Eigenschaften eines Bewerbers werden wir von sehr persönlichen Wahrnehmungen, Einstellungen und Werte-Haltungen beeinflußt und empfinden vielleicht für „gut" oder „schlecht", „falsch" oder „richtig", was andere Menschen ganz anders beurteilen würden.

Bei solchen Wert-Urteilen stützen wir uns zwar ab auf tatsächlich Beobachtbares, bewerten diese Beobachtungen aber nach einem inneren *Kodex*, den wir im Verlauf unserer *eigenen Lerngeschichte* und *Sozialisierung* angenommen und verinnerlicht haben. Andere Menschen können nach anderen „inneren Gesetzen" beurteilen.

Um so wichtiger ist es daher, daß vor der eigentlichen Personalauswahl eine Übereinkunft darüber getroffen wird, was in der konkreten Situation der Mitarbeiter-Auswahl (in unserem Beispiel: Auswahl von Call Center-Mitarbeitern) als „erwünscht" oder „weniger erwünscht" bewertet oder interpretiert werden soll.

Wir empfehlen, die Definition von „erwünschten" und „weniger erwünschten" *Eigenschaften* und *Verhaltensweisen* im Rahmen eines Workshops zu erarbeiten.

Ziel dieses Workshops sollte sein,

- unter Berücksichtigung der formulierten Unternehmens-Ziele und -Leitlinien

- und bei Orientierung an dem „gewollten Bild", das der Kunde über den Call Center-Mitarbeiter vom Unternehmen erhalten soll,

Verhaltensweisen exakt zu beschreiben, die einerseits geeignet sind, die qualitativen Ziele des Unternehmens abzusichern und die man andererseits auch tatsächlich beobachten kann. Dies ist – wie man in der praktischen Workshop-Arbeit sehr schnell erkennen wird – leichter gesagt als getan.

Damit diese wirklich notwendige Arbeit zu den erwünschten Ergebnissen führt, empfehlen wir, sich selbst (und im Team) immer wieder die Frage zu stellen: „Wie ist dies (genau) zu beobachten?" Oder: „Was tut dieser Mensch – ganz konkret?"

Spätestens dann, wenn im Workshop wieder „Eigenschaften" beschrieben werden, von denen beinahe jeder seine eigenen (und von anderen abweichenden) Vorstellungen hat, wird deutlich, welche Bedeutung eine gemeinsame Übereinkunft hat, bestimmte Beobachtungen **einheitlich** zu bewerten.

Man denke nur an die von den Bewerbern geforderten oder erwarteten „Eigenschaften", wie man sie häufig auch in Stellenanzeigen finden kann:

- Freundlichkeit,
- Freude am Telefonieren,
- angenehme Telefonstimme,
- Teamfähigkeit,
- Durchsetzungsfähigkeit,
- Streß-Stabilität,
- Flexibilität,
- Schlagfertigkeit,
- wirtschaftliches Denken und Handeln,
- usw.

Eine Aufzählung von Eigenschaften würde nur unpräzise das **WAS** aufzeigen. Dagegen beschreiben die „beobachtbaren Verhaltensweisen" genauer das **WIE** – und wie dies zu entdecken ist.

Hierzu einige Beispiele:

- trägt den Sachverhalt (für den Kunden) verständlich und nachvollziehbar vor,
- formuliert (allgemein) verständlich und flüssig,
- hört zu und unterbricht nicht,
- hört aktiv zu, indem er eindeutige „Rückmeldesignale" gibt („hm", „ja" usw.), wiederholt Gehörtes mit eigenen Worten und faßt gehörte Gesprächsabschnitte zusammen,

- geht individuell auf den Kunden und sein Anliegen ein,

- stellt sich auf unterschiedliche Stimmungslagen und Gefühle des Gesprächspartners ein und berücksichtigt sie im weiteren Gesprächsverlauf,

- kommt mit wenigen Worten auf den Kern der Dinge, ohne dabei einsilbig und uninteressiert zu wirken,

- vertritt beherzt im Team die eigene Meinung und scheut dabei nicht den Konflikt in der Sache,

- bringt Ideen aktiv ins Team ein, verharrt aber nicht auf dem eigenen Standpunkt, wenn andere (und vielleicht bessere) Ideen im Team favorisiert werden,

- bedenkt die Folgen einer Entscheidung und ist bemüht, die Risiken und Chancen realistisch einzuschätzen.

Bei dem Bemühen, die erwünschten oder unerwünschten Verhaltensweisen zu beschreiben, wird man immer wieder vor der Frage stehen, in welcher Situation dieses Verhalten am ehesten zu beobachten sein dürfte – und wie.

Für Personalauswahl-Verfahren bedeutet dies, Situationen zu überlegen und zu „modellieren", die der Wirklichkeit (in einem Call Center) nahe kommen, und in denen die zu überprüfenden Verhaltensweisen am ehesten beobachtet werden können. Ob dies dann in Einzel- oder Gruppen-Assessment-Center-Verfahren geschieht, ist zunächst unerheblich.

Günstig ist es auch, die Ergebnisse der gemeinsamen Überlegungen zur Beobachtbarkeit der „erwünschten" und „weniger erwünschten" Verhaltensweisen nach Kriterien zu ordnen, beispielsweise orientiert an den Kompetenz-Bereichen (Abbildung 6.8.) oder nach den gesuchten Eigenschaften.

Wichtig ist auch, sich bei der Personalauswahl stets bewußt darüber zu sein, daß bestimmte „Eigenschaften" nur schwer (oder nicht mehr) mit nachfolgenden Qualifizierungsmaßnahmen verändert werden können – jedenfalls nicht mehr „wesentlich".

6.3.3.4.	**Stufe 4**	**Personalsuche mit einer internen oder externen Stellenanzeige**

Bei der Durchsicht von internen und externen Stellenanzeigen für Call Center-Mitarbeiter ist zu beobachten, daß die *Bedeutung* der Tätigkeit selten angemessen beschrieben wird. Statt dessen werden häufig lediglich die Aufgaben und die erwünschten „Eigenschaften" aufgezählt wie:

Kundenorientierung, Freundlichkeit, Lernbereitschaft, Flexibilität, Bereitschaft zum Schichtdienst, technische Kenntnisse usw.

Die Plazierung der externen Anzeigen in den Rubriken *Aushilfs-tätigkeiten, Nebenjobs, Haushaltshilfen* usw. verstärkt nach unserer Einschätzung sogar noch den Eindruck, daß es sich hierbei im eine Tätigkeit handeln muß, die weniger bedeutsam ist.

Wir halten diese (möglicherweise unbewußt) vorgenommene Rang-Zuweisung auf einer „sozialen Leiter" für unangemessen und in der weiteren Entwicklung sogar für gefährlich.

Die Wirkung – und damit die Bedeutung – von Call Center-Mitarbeitern auf die Kunden und die gesamte Öffentlichkeit ist nach unserer Überzeugung höher einzuschätzen als die von Führungskräften im mittleren Management.

Bei der Personalsuche per interner oder externer Stellenanzeige empfehlen wir daher, die Bedeutung der Tätigkeit für das Unternehmen sehr deutlich zu machen.

Wir haben den Call Center-Mitarber (in Kapitel 5.4.3.) als *Botschafter* bzw. als *Brücke zwischen dem Unternehmen und dem Kunden* bezeichnet – was sollte eigentlich daran hindern, diesem Gedanken in einer Stellenanzeige Ausdruck zu verleihen?

Interne bzw. externe Stellenanzeigen für Call Center-Mitarbeiter könnten so angelegt sein, daß sie einen Impuls zur telefonischen Kontaktaufnahme auslösen. Dies hätte den Vorteil, daß bereits in der ersten Kontaktaufnahme wichtige „Primär-Eigenschaften" (Stimme und Sprachverhalten) des Bewerbers erfaßt werden können.

Voraussetzung dafür ist allerdings, daß eine „Bewerber-Hotline" eingerichtet wird und dafür qualifizierte Mitarbeiter zur Verfügung stehen.

6.3.3.5.   **Stufe 5   Telefonisches Bewerber-Interview**

Unabhängig davon, ob die Interessenten sich zunächst schriftlich bewerben oder sie selbst zuvor telefonisch Kontakt aufnehmen, ist das *telefonische* Gespräch mit dem Bewerber ein elementarer Schritt in der Personalauswahl für Call Center-Mitarbeiter.

Geht die Initiative vom Bewerber aus, kann beobachtet werden, wie er sein *Anliegen* vorbringt, wie er den Gesprächsverlauf zu strukturieren versucht und welche Stimm- und Sprach-Eigenschaften er aufweist.

Geht die Initiative vom Unternehmen aus, kann besonders das **re**aktive Verhalten des Bewerbers beobachtet werden.

Hierbei ist es oft für den Beobachter leichter, die Aufmerksamkeit auf die Stimme und das Sprachverhalten des Bewerbers zu richten und die Kriterien zu überprüfen, die ein erwünschtes Stimm- und Sprachverhalten *beschreiben* – und nicht nur diese subjektiv beurteilen.

Aber auch dann, wenn zunächst die Initiative vom Bewerber ausgeht, kann – nachdem die unmittelbaren Anliegen des Bewerbers hinreichend bearbeitet wurden – zu einer Gesprächssequenz übergeleitet werden, die nicht mehr (vorwiegend) vom Bewerber selbst strukturiert wird und in der dann auch eine präzisere Beobachtung leichter möglich ist.

In beiden Fällen hat es sich als günstig erwiesen, wenn dem Bewerber in einem (durchaus größeren) Informationsblock zum Beispiel zunächst die Bedeutung der Aufgabe oder Hintergründe zum Unternehmen geschildert werden.

Kommt der Interviewer im späteren Verlauf des Gespräches wieder darauf zurück – etwa, indem er danach fragt, was der Bewerber seinen Freunden über die Aufgabe im Call Center oder einem Kunden zum Unternehmen berichten würde – kann man sehr gut überprüfen, was bei dem Bewerber „angekommen" ist und **was** er **wie** verstanden hat.

Eine längere „Wiedergabe-Phase" des Bewerbers ist darüber hinaus hervorragend geeignet, die (in Kapitel 6.3.1 aufgeführten) Basis-Kompetenzen *Stimme und sprachliches Ausdrucksvermögen* zu beobachten, wie:

- die Ausdrucksfähigkeit, die Struktur (oder **Un**struktur) der verwendeten Formulierungen und die Verständlichkeit,

- die Ausprägung der Stimm-Melodie (Modulation),

- die Betonung und Rede-Geschwindigkeit,

- der Sprachfluß (flüssig bis zäh und stockend),

- mögliche Sprachfehler und (extreme) Dialektfärbungen,

- usw.

Ein strukturiertes *telefonisches* Gespräch mit dem Bewerber bietet viele Möglichkeiten, sich ein umfassendes Bild von einem Bewerber zu machen. Je klarer und eindeutiger einerseits die Beurteilungs-Kriterien sind und andererseits die Qualifikation der Interviewer, um so wahrscheinlicher wird, daß bereits in dieser

Stufe des Auswahl-Prozesses die ersten (relativ objektiven) Selektierungen vorgenommen werden können.

Aus den Beobachtungen und den ermittelten Ausprägungen der primären und sekundären Kompetenzen (oder Eigenschaften eines Bewerbers) ist dann eine Entscheidung abzuleiten, ob der Bewerber zu einem persönlichen Gespräch oder einem Einzelbzw. Gruppen-Assessment eingeladen wird.

Hierbei ist darauf zu achten, daß die Entscheidung nicht wieder maßgeblich von (rein) subjektiven Kriterien beeinflußt wird – etwa, wie (von uns selbst) mehrfach beobachtet: *kommt aus der selben Gegend wie ich* und weniger offenkundige, aber ähnliche (für die Aufgabe unbedeutende) Gemeinsamkeiten in der Lebensgeschichte des Beobachters.

6.3.3.6.   Stufe 6   Sichtung von Bewerbungsunterlagen

In dieser Stufe des Personalauswahl-Prozesses geht es zunächst um die Überprüfung der formalen (Auswahl-) Kriterien, wie wir sie in Stufe 1 *Arbeitsplatzbeschreibung* (Kapitel 6.3.3.1.) aufgeführt haben.

Bestand bereits vor dem Eingang der Bewerbungsunterlagen ein telefonischer Kontakt mit dem Bewerber, sollten aus diesem zuvor geführten Gespräch bereits weitergehende Informationen über den Bewerber vorliegen, die nun seine schriftlichen Bewerbungsunterlagen ergänzen und komplettieren. Ist dies nicht der Fall, sollten die noch fehlenden Informationen telefonisch eingeholt werden.

Insbesondere dann, wenn die Bewerbungsunterlagen den ersten Kontakt des Interessenten mit dem Unternehmen darstellen, wäre in dem (nachfolgenden) telefonischen Bewerber-Interview zu berücksichtigen, daß die fehlenden oder noch unzureichenden Angaben zu den formalen Kriterien überprüft und angereichert werden.

Neben der Überprüfung der formalen Kriterien erlauben die Bewerbungsunterlagen auch einen Blick auf die bisherige persönlichen und berufliche Entwicklung eines Bewerbers – zunächst genauso wie bei einer Bewerbung für eine beliebige andere Aufgabe im Unternehmen.

Für eine Tätigkeit im Call Center könnte es sich positiv auswirken, wenn die Bewerber bereits Erfahrungen im Umgang mit Kunden mitbringen.

Dies ist aber nicht automatisch als *vorteilhaft* zu bewerten, denn die Vorstellungen darüber, was im Umgang mit dem Kunden als *zielförderndes* oder *zielhemmendes Verhalten* anzusehen und zu beurteilen ist, könnten sehr unterschiedlich sein. So könnte es beispielsweise sein, daß ein Bewerber in einer früheren Tätigkeit zwar aktiven Umgang mit Kunden hatte, hierbei aber der Kunde als der *potentielle Verlierer* behandelt wurde – weil das die Wertehaltung des früheren Arbeitgebers war.

Auch bereits gesammelte Erfahrungen in einem Call Center müssen nicht (wie selbstverständlich) als positiv bewertet werden.

Nach unseren Beobachtungen ist die Wahrscheinlichkeit sogar hoch, daß Bewerber mit Call Center-Erfahrung Verhaltensweisen mitbringen, die eher unerwünscht sind - und die ähnlich einem *Virus* wirken, die sich in einem gesunden Organismus ausbreiten und dort unkontrolliert vermehren.

Zusammenfassend kann man feststellen:

- Bei der Sichtung von schriftlichen Bewerbungsunterlagen für eine Aufgabe im Call Center gelten zunächst die selben „Regeln" wie bei der „normalen" Personalauswahl.

- Die aus den Bewerbungsunterlagen ersichtliche persönliche und berufliche Entwicklung kann Aufschluß geben über die fachliche und methodische Qualifikation eines Bewerbers.

- Für die kommunikativen, sozialen und persönlichen Kompetenzen des Bewerbers können die Bewerbungsunterlagen „Spuren" aufzeigen, denen allerdings in einem persönlichen Gespräch oder einem Assessment-Verfahren nachgegangen werden sollte.

6.3.3.7. **Stufe 7   Bewerbergespräch und Assessment-Verfahren**

In den vorausgehenden Schritten des Personalauswahl-Prozesses wurden nach vorher festgelegten Kriterien und festen Maßstäben Bewerber ausgewählt, die – soweit dies bis dahin bereits zu beurteilen ist – den Anforderungen des (speziellen) Arbeitsplatzes im Call Center entsprechen.

Unterstellt man, daß die dafür zur Verfügung stehenden Instrumente qualifiziert angewendet wurden, weiß man nun, daß die bis hier hin ausgesuchten Bewerber ...

- den *formalen* Auswahlkriterien der Arbeitsplatzbeschreibung (Stufe 1) entsprechen,

- über eine *Call Center-geeignete Stimme* verfügen,

- ein *partnerschaftliches Sprachverhalten* mitbringen, das auf eine hohe soziale und persönliche Kompetenz schließen läßt und als (Grund-) Voraussetzung dafür gilt, mit dem Kunden in einen zielführenden und für beide Seiten befriedigenden Dialog einzutreten.

In einem persönlichen Gespräch oder einem Assessment-Verfahren mit dem Bewerber geht es nun darum, die bereits gewonnenen Erkenntnisse und Eindrücke vom Bewerber zu überprüfen und weiter anzureichern.

Wir empfehlen, Bewerbergespräche nach dem Vier- oder Sechs-Augen-Prinzip anzulegen.

Für die Praxis könnte dies z. B. bedeuten:

1. Der Bewerber kommt zunächst zu **Beobachter A**,

2. bearbeitet danach einen Test (z. B. den **IMC**-Test zur Messung der persönlichen Antriebskräfte, wie in Kapitel 6.3.3.2. dargestellt),

3. und kommt dann zu einem „Einzel-Assessment", das von **Beobachter B** begleitet und bewertet wird.

4. Nach dem Abgleich der Beobachtungen und Bewertungen durch die Beobachter A und B wird mit dem Bewerber ein *qualifiziertes* Abschlußgespräch geführt.

Wird die Einstellung des Bewerbers von den Beobachtern empfohlen, sollte das Abschluß- bzw. Einstellungs-Gespräch von der disziplinarischen Führungsperson im Call Center geführt werden.

Mögliche **Struktur für das 1. Bewerber-Gespräch**, das von Beobachter A geführt wird:

- Einstimmung auf das Gespräch und das gesamte Auswahlverfahren,

- Beantwortung von Fragen des Bewerbers zum Unternehmen und zu den (möglichen) künftigen Aufgaben,

- Bearbeitung offener Fragen aus den Bewerbungsunterlagen,

- Einstimmung auf weitergehende Fragen, in denen der Bewerber noch ein bißchen mehr von sich und seinen Meinungen berichtet (siehe nachfolgende Beispiele),

- „Was ist Ihnen bei einer künftigen Tätigkeit besonders wichtig? Was sind Ihre persönlichen Erwartungen - bezogen auf Ihre künftige Tätigkeit?"

- „Wenn Sie an Ihre bisherigen Tätigkeiten in einem anderen Unternehmen denken ... welche Situationen empfanden Sie dabei als eher schwierig und für sich vielleicht sogar bela-st   l?"

- „Was macht Ihnen bei der Arbeit eher Spaß ... was eher nicht?"

- „Wenn Sie an frühere Kolleginnen und Kollegen denken ... welche Eigenschaften haben Sie bei diesen (früheren) Kolleginnen und Kollegen am meisten geschätzt ... und welche eher nicht?"

- „Wenn Sie an Ihre mögliche Arbeit bei uns im Call Center denken ... weshalb glauben Sie, könnte dies die richtige Aufgabe für Sie sein?"

- „Wenn Sie selbst irgendwo anrufen ... zum Beispiel, um eine Auskunft zu erhalten ... was empfinden Sie, erleben Sie dabei als eher angenehm ... und was als eher störend?"

Der Beobachter A könnte dabei – neben der Aufnahme der inhaltlichen „Botschaften" – auch noch Beobachtungs- und Bewertungs-Kriterien verwenden, die das Sprachverhalten des Bewerbers abrunden:

- hört aktiv zu und läßt ausreden,

- stellt Verständnisfragen, sichert das Gehörte ab,

- formuliert verständlich und strukturiert,

- spricht in einer angemessenen Geschwindigkeit und mit wechselnder Tonhöhe,

- spricht fließend, ohne störende *Verzögerungssignale* („äh") und *Bestätigungsappelle* (wie „jaa" oder „nicht wahr"),

- hört geduldig zu, ohne *Beschleunigungssignale* (schnelleres Nicken als es dem Rhythmus der aufeinander folgenden Aussagen entspricht),

- usw.

Nach diesem (ersten) Gespräch mit dem Bewerber sollte der Beobachter Gelegenheit haben, seine Eindrücke, Beobachtungen und Bewertungen zu dokumentieren bzw. zu komplettieren.

In dieser Zeit könnte der Bewerber einen Test (z. B. IMC oder MBTI) bearbeiten.

Ziel des verwendeten Testverfahrens sollte es sein, verwertbare Hinweise zur sozialen und persönlichen Kompetenz des Bewerbers zu erhalten. Darüber hinaus wäre es günstig, wenn der Test auch die persönlichen Antriebskräfte (Motive) des Bewerbers erfaßt und man daraus eine (möglichst stabile) Prognose ableiten könnte, wie sich der Bewerber z. B. in Situationen mit hohem Wiederholungs-Charakter oder in emotionaleren Gesprächen verhalten wird.

Mögliche **Struktur für das 2. Bewerber-Gespräch**, das von dem Beobachter B moderiert und bewertet wird:

- Einstimmung auf eine typische Situation im Call Center.

- Eine weitere Person übernimmt die Rolle eines Kunden und führt ein (praxisnahes) Gespräch mit dem Bewerber. Der Bewerber sollte dabei keinen Sichtkontakt mit dem „Kunden" haben. Dies sollte z. B. dadurch sichergestellt werden, daß der Anruf aus einem anderen Raum erfolgt und auch der „Kunde" keinen Sichtkontakt mit dem Bewerber hat bzw. zuvor hatte.

- Gesprächs-Charakteristik könnte sein: zunächst ein „weniger schwieriges" und nachfolgend ein „schwierigeres" Gespräch (z. B. eine Reklamation).

- Um das Gespräch so praxisnah wie möglich zu gestalten, könnte ein Arbeitsplatz im Call Center simuliert werden.

Dem **Beobachter B** fällt dabei die Aufgabe zu, den Gesprächs-verlauf nach (vorher definierten) Beurteilungskriterien zu bewerten, zum Beispiel:

- geht aufmerksam auf das Anliegen des Anrufers ein,

- stellt gezielte und für den Anrufer verständliche Fragen,

- faßt Gesprächsinhalte mit eigenen Worten zusammen und überprüft, ob er das Anliegen des Anrufers richtig verstanden hat,

- behandelt den Gesprächspartner wertschätzend und bleibt auch dann freundlich und verbindlich, wenn der „Kunde" gereizt oder verärgert ist,

- geht verständnisvoll auf eine Reklamation ein und bietet dem „Kunden" auch in der Sache eine für ihn brauchbare und zufriedenstellende Lösung an,

- usw.

Unmittelbar nach diesem „Einzel-Assessment benötigt der Bewerber zunächst vielleicht „ein paar beruhigende" Äußerungen, die ihn wieder aus der Situation der von ihm gestalteten *Gesprächs-Simulation* herausführen.

Um ein qualifiziertes Feedback-Gespräch mit dem Bewerber zu führen, ist es nun notwendig, genügend Zeit einzuräumen, damit die Beobachter und der „Kunde" ihre Eindrücke und Beobachtungen festhalten und miteinander austauschen können.

Nachdem (wenigstens) zwei Beobachter und der „Kunde" ihre gesammelten Erkenntnisse zu dem Bewerber zusammengetragen haben und die Beobachtungen zusätzlich auch noch an den Test-Ergebnissen gespiegelt werden konnten, kann das Auswahlverfahren in die „letzte Runde" gehen.

Die letzten beiden Schritte im Personalauswahl-Verfahren sind das ausführliche und *qualifizierte* Beurteilungsgespräch mit dem Bewerber und ggf. das Einstellungsgespräch – wenn eine positive Vor-Entscheidung getroffen werden konnte.

Gerade das ausführliche und qualifizierte Beurteilungsgespräch am Ende eines Auswahlprozesses wird (nach unseren Beobachtungen) oft vernachlässigt – dabei kann es von weitreichender Bedeutung für das Unternehmen selbst sein.

Abgelehnte Bewerber erleben das für sie negative Ende eines Auswahlprozesses oft als „feindliches Verhalten" eines Unternehmens und berichten dann den Menschen in ihrem persönlichen Umkreis darüber in (nicht selten) höchst abwertender Weise wie man mit ihnen umgegangen ist.

Anders dagegen, wenn ihnen in einem persönlichen Gespräch ihr „persönliches Potential" aufgezeigt wird und sie dadurch eine *Wertschätzung* erleben, wie sie einem (potentiellen) Kunden des Unternehmens gebührt.

Bewerber sind (potentielle) Kunden und gleichzeitig auch „Multiplikatoren" des Unternehmens-Bildes – sie sollten auch so behandelt werden.

Das bei einer positiven Entscheidung zu führende Einstellungsgespräch sollte neben den formalen Schritten, die zu einer Einstellung erforderlich sind, auch ein qualifiziertes Feedback zum beobachteten Verhalten im Auswahlprozeß enthalten.

Darüber hinaus könnten dem zukünftigen „Mitarbeiter" nun ein Einarbeitungs- und Qualifizierungsplan vorgestellt und mit ihm bereits Ziele für die Einarbeitungs- und Qualifizierungs-Phase vereinbart werden.

Zusammenfassung des Auswahlverfahrens:

In Kapitel 5.3. haben wir davon gesprochen, daß menschliche Werte – etwa wie die Fähigkeit, von einem Call Center-Arbeitsplatz aus wirksam (und qualitativ hochwertig) Beziehungen mit dem Kunden zu gestalten – sich zu leicht einer objektiven Bewertung, Beurteilung und Gewichtung entziehen können. Wir haben dies verglichen mit der (aktuellen) Entdeckung noch kleinerer Teile eines Atoms, deren Existenz man nur durch kurzzeitiges Aufleuchten in einem bestimmten Reflexions-Medium nachweisen konnte.

Den von uns beschriebenen Personalauswahl-Prozeß verstehen wir als ein geeignetes „Reflexions-Medium", um *wertvolle* Mitarbeiter für das Call Center zu finden.

- **In Stufe 1** werden die generellen und arbeitsplatzspezifischen Anforderungen definiert.

- **In Stufe 2** werden die geeigneten Instrumente für die Personalauswahl festgelegt und auf die speziellen Anforderungen „fein-justiert".

- **In Stufe 3** werden einheitliche Beobachtungs- und Beurteilungs-Kriterien entwickelt und festgeschrieben.

- **In Stufe 4** wird die Personalsuche gestartet.

- **In Stufe 5 oder 6** wird mit dem telefonischen Bewerber-Interview die Tauglichkeit der Bewerber bezüglich ihrer Stimme und ihres sprachlichen Ausdrucks überprüft.

- **In Stufe 6 oder 5** werden die schriftlichen Bewerbungsunterlagen in die Beurteilung miteinbezogen.

- **In Stufe 7** wird ein Einzel- oder Gruppen-Assessment durchgeführt.

Nach unseren Erfahrungen können (je nach Qualität der Personalsuche und abhängig vom Arbeitsmarkt in der Region) aus 100 Bewerbern ca. 10 bis 15 erfolgversprechende Call Center-Mitarbeiter gewonnen werden.

Vielen mag der Aufwand für die Personalauswahl von Call Center-Mitarbeitern als *zu hoch* erscheinen.

Bedenkt man aber, welche *öffentliche Wirkung* und Bedeutung Call Center-Mitarbeiter für das Unternehmen haben können, dürfte die Kosten-Nutzen-Rechnung schon günstiger ausfallen.

Berücksichtigt man dabei auch noch, daß eine personelle Fehlbesetzung (nach Angabe eines namhaften Personaldienstleisters) einen Schaden anrichtet, der mit DM 30.000 bis 50.000 pro Fehlbesetzung zu beziffern ist, dürfte der Aufwand für eine *qualifizierte* Personalauswahl für Call Center-Mitarbeiter noch in einem günstigeren Licht erscheinen.

6.4. Qualifizierungsmaßnahmen

Abb. 6.17
Qualifizierung
im Call Center.

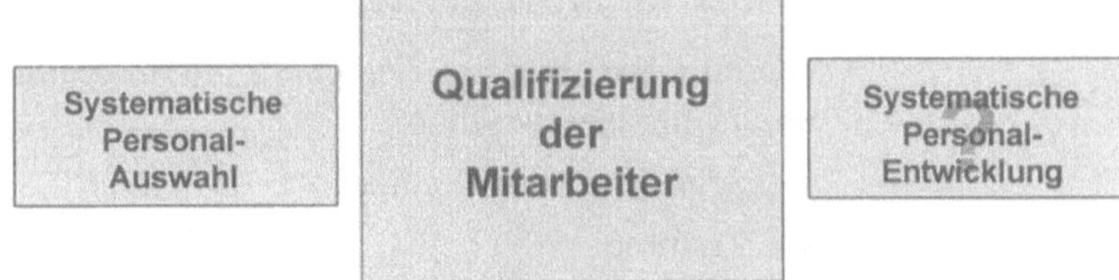

Qualifizierungsmaßnahmen allgemein

Mit *Qualifizierungsmaßnahmen* sind meist einzelne, aufeinander aufbauende oder miteinander verknüpfte „Lerneinheiten" gemeint. Sie sind (allgemein betrachtet) darauf ausgerichtet, die fachliche, methodische, kommunikative, soziale und persönliche Kompetenz eines Menschen aufzubauen, anzureichern, zu entwickeln und zu fördern.

Abb. 6.18
Dimensionen der
Qualifikation.

Dimensionen der Qualifikation

In unternehmens-spezifischen Qualifizierungsmaßnahmen stehen überwiegend die auf die Aufgaben und den Arbeitsplatz bezogenen Anforderungen im Vordergrund.

Ausgehend von der erwünschten (und idealerweise exakt beschriebenen) Soll-Qualifikation und der bei den Teilnehmern anzutreffenden Ist-Qualifikation, werden Lerneinheiten entwikkelt, die diesen „Qualifikationsbedarf" ausgleichen sollen.

Unterscheiden kann man dabei grundsätzlich zwischen Qualifizierungsmaßnahmen:

- am Arbeitsplatz (auch als Training on-the-job bezeichnet)
- weg vom Arbeitsplatz (als Training off-the-job bezeichnet)

Welche Chancen und Risiken sich daraus ergeben können und was z. B. bei einem Training „on-the-job" zu berücksichtigen ist, werden wir nachfolgend noch näher ausführen.

Darüber hinaus wäre bei *Qualifizierungsmaßnahmen* noch zu unterscheiden zwischen:

- Schulung oder Seminar
- Training
- Workshop

In *Schulungen* bzw. *Seminaren* geht es meist um die Vermittlung von (Fach-) Wissen. Selbst wenn es Ziel einer Maßnahme wäre, neue Methoden, Verfahren, Techniken usw. *kennenzulernen*, müßte man eher von *Seminar* sprechen.

In einem *Training* geht es darüber hinaus auch um die Anwendung des erworbenen Wissens. Noch einfacher ausgedrückt: In einem Training werden die Teilnehmer vom „Kennen" zum „Können" geführt.

Insbesondere dann, wenn es in einem Training um das „angemessene" Verhalten in bestimmten Kommunikations-Situationen geht, spricht man von „Kommunikations-Trainings" oder (etwas unspezifischer) von „verhaltensorientierten" Trainings.

Bei allen Überlegungen zur „anforderungs-spezifischen" Qualifizierung des Call Center-Personals dürften die *Kommunikations-Trainings* im Mittelpunkt stehen. Wie Kommunikations-Trainings anzulegen sind und worauf bei der Durchführung besonders zu achten ist, werden wir nachfolgend etwas ausführlicher darstellen.

Workshops sind eher dadurch gekennzeichnet, daß sie den Teilnehmern mehr Spielraum einräumen, eigene Ideen und Anliegen einzubringen und selbst aktiv daran weiterzuarbeiten. Der „Leiter" eines Workshop ist dabei eher „Moderator". Er stellt die geeigneten Methoden zur Verfügung, skizziert den Rahmen, achtet auf eine motivierende (Arbeits-) Atmosphäre, ermutigt auf schwierigen Wegstrecken, hinterfragt (wenn notwendig) die gesammelten Ergebnisse und hilft bei deren Aufbereitung.

Neben den genannten Unterscheidungskriterien *Seminar, Training* und *Workshop* wären zur Vollständigkeit noch eine ganze Reihe von (Unterscheidungs-) Merkmalen zu nennen. Wichtig war uns in diesem Zusammenhang lediglich, die Begriffe wenigstens ein bißchen voneinander abzugrenzen, weil wir später darauf Bezug nehmen möchten.

Qualifizierungsmaßnahmen im Call Center

Wenn wir von „Qualifizierungsmaßnahmen" innerhalb eines Call Center sprechen, unterscheiden wir zunächst zwischen Erst- und Folge-Qualifzierungsmaßnahmen.

Ziel von **Erst-Qualifizierungsmaßnahmen** ist es, die neuen Mitarbeiter (und ggf. auch die neuen Führungskräfte) optimal auf ihre künftige Aufgabe vorzubereiten – sie anforderungsspezifisch zu „qualifizieren".

Abhängig davon, ob das gesamte Call Center neu eingerichtet wird, oder es bereits existiert, können ganz unterschiedlich angelegte Qualifizierungsmaßnahmen sinnvoll sein. Dies besonders dann, wenn es sich um ein vorwiegend inbound-orientiertes Call Center handelt.

Während in einem bestehenden (vorwiegend inbound-orientierten) Call Center z. B. in der täglichen Praxis schon vielfältige Erfahrungen gesammelt werden konnten, auf welche Fragen, Wünsche, Anliegen sich neue Mitarbeiter einzustellen haben, bewegt man sich bei einem völlig neuen Call Center diesbezüglich zunächst auf einem nahezu grenzenlosen Feld von mehr oder weniger begründeten Einschätzungen und Annahmen.

Dies ist auch neuen Mitarbeitern bewußt. Sie folgern daraus nicht selten extreme Vorstellungen zu Situationen, wie sie in der Praxis kaum oder überhaupt nicht auftreten. Oft ähneln diese Vorstellungen geradezu SUPER-GAU-Szenarien. Wichtig ist dann allerdings, diese Ängste wirklich ernst zu nehmen, sie aufzugreifen und innerhalb der Qualifizierungsmaßnahmen angemessen und „zielfördernd" zu bearbeiten.

Kann man dagegen bereits auf einen umfangreichen Erfahrungsschatz in der Bearbeitung von Anrufen zurückgreifen, ist es sinnvoll, bei den Qualifizierungsmaßnahmen an diesen Erfahrungen anzuknüpfen. Dies könnte z. B. so geschehen, daß die „alten Hasen" im Call Center eine Sammlung von „typischen Anrufgründen" (Anliegen des Anrufers) auflisten und jeweils dazu notieren, wie dieses „Anliegen" (üblicherweise) formuliert wird.

Wenn diese Angaben zu den „Anliegen des Anrufers" dann auch noch nach Häufigkeit gewichtet werden könnten, sind damit (beinahe nebenbei) Themenfelder zu identifizieren, die bei der späteren Optimierung des Call Center berücksichtigt werden könnten. Oft enthalten die so ermittelten Schwerpunkt-Themenfelder auch noch interessante Hinweise auf verdeckte, bisher nicht optimal befriedigte Kundenwünsche (zum Produkt, zur Dienstleistung, zum Service und zu der aktuellen „Ablauf-Organisation" des Unternehmens).

Ziel von Zweit- und **Folge-Qualifizierungsmaßnahmen** im Call Center ist es, noch bestehende Qualifikations-Defizite auszugleichen, die bei der Erstqualifizierung nicht oder nur „ansatzweise" bearbeitet werden konnten. Was ganz unterschiedliche Gründe haben kann.

Befindet sich z. B. ein Call Center gerade in der Aufbauphase, kann es sein, daß die Aufgaben sukzessiv ausgeweitet werden – und damit auch die jeweils aktuellen fachlichen Anforderungen an die Call Center-Mitarbeiter.

Ein Beispiel: Alle Fragen zu Rechnungen („Billing") werden zunächst von der entsprechenden Fachabteilung (Buchhaltung oder Rechnungswesen) bearbeitet. Erst nach einigen Monaten übernimmt das Call Center die Bearbeitung dieser Anfragen.

In diesem Fall würde es wenig Sinn machen, die Call Center-Mitarbeiter bereits drei Monate vor der Einführung hierfür fit machen zu wollen. Zum Zeitpunkt der Einführung wäre nur noch ein Bruchteil des erworbenen Wissens abrufbar.

Grundprinzip jeder Qualifizierungsmaßnahme sollte sein:

- an den jeweils aktuellen Aufgaben orientiert,
- „zeitnah", mit der Möglichkeit sofortiger Umsetzung in der täglichen Praxis.

Ein anderes Beispiel: Für einen neuen Call Center-Mitarbeiter sind zunächst alle Kundenanfragen (irgendwie) neu. Er wird daher (so wünschen wir uns dies jedenfalls) das Anliegen des Kunden aufmerksam aufnehmen, ggf. hinterfragen, vielleicht mit seinen eigenen Worten wiedergeben, wie er die Frage des Anrufers verstanden hat ... und dann kompetent beantworten.

Nicht selten kann man bereits nach wenigen Wochen bei dem „neuen" Mitarbeiter beobachten:

- die Qualität bei der exakten Aufnahme des Kunden-Anliegens läßt auffallend nach,

- die Gespräche werden (tendenziell) länger und unstrukturierter,

- Mißverständnisse mit dem Anrufer häufen sich ... usw.

Was ist passiert? Der Mitarbeiter glaubt bereits nach wenigen (Schlüssel-) Worten des Anrufers zu wissen, was dessen Anliegen ist. Er hört oder glaubt zu verstehen, was der Anrufer aber in Wahrheit weder so sagt, noch so meint – und daraus entstehen dann regelrechte „Gesprächsknäuel", die nur noch schwer oder überhaupt nicht mehr zu entwirren sind.

Dieses Phänomen in der Kommunikation tritt meist erst mit zunehmender Routine des Mitarbeiters auf.

Ein weiteres Beispiel: In den ersten Wochen sind einem neuen Call Center-Mitarbeiter die Anliegen der Kunden noch wenig vertraut. Oft können sie sich die vom Kunden geschilderte Situation nur „bruchstückhaft" und „verschwommen" vorstellen.

In dieser Phase ist es auffällig, daß die neuen Call Center-Mitarbeiter noch sehr „offen" fragen und den Kunden bitten, Ihnen die Situation genau zu schildern – was maßgeblich dazu beiträgt, daß sie im Laufe des Gespräches sich tatsächlich die Situation des Kunden genau vorstellen können.

Die „Krönung" dieses natürlichen Verhaltens ist, daß sie sogar gelegentlich mitteilen, *warum* sie diese Fragen stellen und damit bei dem Anrufer die größtmögliche Bereitschaft zur Beantwortung von Fragen auslösen.

Dieses „zielfördernde" Verhalten wird von vielen Call Center-Mitarbeitern schon nach kurzer Zeit (bei vergleichbaren Situationen des Kunden) ersetzt durch an Verhöre erinnernde „geschlossene" Fragen, Vermutungen und Behauptungen, die selbst mit empfindlichsten Ohren nicht mehr als wirkliche Fragen zu erkennen sind – selbst nicht mehr an der Betonung.

Zusammenfassend darf daher festgestellt werden:

Ähnlich den Trainings für andere Zielgruppen, kann auch in den Call Center-Trainings „vorsorglich sensibilisiert" werden für Situationen, die der Teilnehmer in der nachfolgenden Praxis zunächst noch nicht so antrifft oder so erlebt (z. B. eine Einstimmung auf problematische Gespräche). Es muß allerdings bezweifelt werden, daß ein „auf Vorrat" erworbene Wissen tatsächlich auch noch Monate nach dem Training abgerufen werden kann, wenn es (bedingt durch die Situation) zuvor nicht nötig war.

Schon allein aus diesem Grund empfehlen wir, die Schwerpunkte der Erst-Qualifizierung eher an „Standard-Situationen" zu orientieren und dem Call Center-Mitarbeiter die Sicherheit zu geben, diesen Situationen in der Praxis „zielfördernd" begegnen zu können.

In Folge-Qualifizierungsmaßnahmen kann das erworbene Wissen und die erreichte methodische Kompetenz dann gefestigt, ergänzt und weiterentwickelt werden. Schwerpunkte könnten dabei sein: die Bearbeitung von „schwierigen" Situationen, Reklamationen und z.B. auch die Anreicherung des Fachwissens.

6.4.1.   Qualifizierungs-Konzept für Call Center-Mitarbeiter

Das erforderliche **Fachwissen**, das die Call Center-Mitarbeiter erwerben sollen, ist in Seminaren zu vermitteln.

Hierzu ist zunächst erforderlich, daß der Wissensbedarf und das Wissens-Niveau in der Zielgruppe (Call Center-Mitarbeiter) ermittelt wird. Bei einem sehr unterschiedlichem Wissens-Niveau und ausreichend großen Seminargruppen (6 bis 10 Teilnehmer) lohnt es sich, aufeinander aufbauende Seminar-Bausteine zu erarbeiten z. B. ein Seminar für „Anfänger" und ein weiteres Seminar für „Fortgeschrittene".

Dies hat den Vorteil, daß *homogene* Seminar-Gruppen gebildet werden können, in denen sich der einzelne Teilnehmer nicht unter- oder überfordert fühlt – was den Lernfortschritt deutlich fördert und insgesamt zu besseren Ergebnissen führt.

Die Seminare sollten so konzipiert sein, daß ein Wechsel zwischen kleineren „Informations-Häppchen" und Übungen, Fallstudien und Reflexionsrunden entsteht – hierbei sind die Erkenntnisse zum Lernverhalten von Erwachsenen zu berücksichtigen (siehe z.B. „Handbuch der Weiterbildung für die Praxis in Wirtschaft und Verwaltung", erschienen im Carl Hanser Verlag).

Wenn die Call Center-Mitarbeiter sehr viel an fachlichem Wissen aufnehmen müssen, das ihnen bis dahin nicht oder kaum geläufig war, ist bereits in den (Fach-) Seminaren darauf zu achten, daß die Fachbegriffe und der „Experten-Jargon" wieder in die Sprache des Kunden *übersetzt* wird.

Aufgabe der „Experten" ist es, hierfür treffende Umschreibungen zu vermitteln und den Umgang damit z. B. in Übungsrunden zu festigen.

Geschieht dies nicht, werden die Kunden im Call Center 1:1 mit dem gerade erworbenen Fachwissen „bombardiert" – was nicht gerade zum besseren Verständnis beim Kunden beiträgt und geradezu das Gegenteil von *kundenorientiertem Verhalten* darstellt.

Wenn sehr vielen Teilnehmern fachliches (Grund-) Wissen vermittelt werden soll, das nicht so schnell „altert", kann es sich lohnen, die Seminare mit *computergestützten* Trainings-Programmen (CBT = Computer Based Training) anzureichern oder zu ergänzen – mit dem Vorteil, daß die Seminare ggf. verkürzt werden können und die Teilnehmer (nach dem Seminar) ihr Wissen individuell vertiefen können.

Neben der Vermittlung des erforderlichen (Fach-) Wissens und der Förderung der methodischen Kompetenzen (z. B. Umgang mit dem PC) sollte nicht vergessen werden, „neue" Mitarbeiter in die Kultur und Organisation eines Unternehmens einzuführen.

Sofern *Leitbilder* und *Leitsätze* im Unternehmen formuliert sind und konkret beschrieben werden kann, wie das Unternehmen über den Kontakt mit dem Call Center-Mitarbeiter wahrgenommen werden soll, gilt es, diese Überlegungen den „neuen" Mitarbeitern *nahezubringen*.

Hierbei ist es sinnvoll, die Mitarbeiter selbst Überlegungen anstellen zu lassen, wie die *Leitgedanken* des Unternehmens von dem Kunden im Call Center (konkret) erlebt werden können und welches Verhalten sie selbst als „geeignet" und „weniger geeignet" empfinden würden – angefangen bei *Warteschleifen* im Call Center und endend bei dem *persönlichen Verhalten im Gespräch* mit dem Kunden.

6.4.2.   **Kommunikations-Trainings**

In den Kapiteln 6.1. bis 6.3. und in Kapitel 5.5. haben wir aufzuzeigen versucht, welche *Fähigkeiten*, welche *Basis-Kompetenzen* ein Call Center-Mitarbeiter mitbringen muß, wenn die in den Kommunikations-Trainings erzeugten Entwicklungsimpulse auf Resonanz treffen sollen.

Ziel der Kommunikations-Trainings für Call Center-Mitarbeiter sollte sein:

- bei den Teilnehmern das Bewußtsein zu wecken für die Bedeutung der Aufgabe und deren enorme Außenwirkung,

- sie zu sensibilisieren für einen partnerschaftlichen Dialog mit dem Kunden,

- zu erkennen, wann und wodurch das Gleichgewicht in der Beziehung zu wanken droht und welche Verhaltensweisen dabei eher als *ausgleichend* und *stabilisierend* wirken – und welche das Gegenteil bewirken können,

- das persönliche Verhaltens-Repertoire und die methodischen und kommunikativen Kompetenzen der Teilnehmer anzureichern, z. B. um Gespräche besser strukturieren zu können oder Fragen richtig einzusetzen,

- sich der Möglichkeiten der Stimme und des Ausdrucks bewußt werden und diese *virtuos* und positive Stimmungen erzeugend einzusetzen.

Kommunikaktions-Trainings für Call Center-Mitarbeiter haben den Charakter von *verhaltensorientierten* Trainings – wobei vielfältige Faktoren wirken, die bei der (reinen) Wissensvermittlung nicht ganz so bedeutend für den Trainingsverlauf und -erfolg sind.

Die ideale Gruppengröße liegt zwischen 6 und 10 Teilnehmern.

Nicht nur bei den Seminaren, sondern auch bei den Kommunikations-Trainings sollte darauf geachtet werden, daß die Gruppen (relativ) *homogen* zusammengesetzt werden.

Außerdem empfehlen wir, die Trainings an einem Ort durchzuführen, der deutlich außerhalb der normalen Arbeitsatmosphäre liegt – hierzu sind Bildungsstätten und Seminarhotels meist am besten geeignet. Dabei ist es sogar gewollt, daß die Teilnehmer am Ort des Trainings übernachten – was zwei wesentliche, den gesamten Trainings-Verlauf fördernde und positiv beeinflussende Gründe hat:

1. Die Teilnehmer bleiben in der Trainings-Atmosphäre und bewegen sich nicht zwischen „zwei unterschiedlichen Welten" hin und her.

2. Die Teilnehmer gestalten die Freizeit (zwischen den Trainings-Teilen) miteinander und lernen sich dadurch besser kennen und verstehen.

Hierdurch kann zwischen den Teilnehmern ein feines Netzwerk von Beziehungen und gegenseitigem Vertrauen entstehen – was die „Gruppendynamik" und die Lernbereitschaft der einzelnen Teilnehmer positiv beeinflußt.

Die Dauer des Erst-Trainings sollte 3 Tage nicht unterschreiten, weil eine Gruppe (in aller Regel) erst nach ca. 1,5 Tagen so weit gereift ist, daß Gesprächs-Simulationen analysiert werden können und die „Akteure" aufnahmebereit sind für persönliche, und *verhaltens-relevante* Impulse.

Bis zum Erreichen dieser „Gruppen-Reife" ist anzuraten, eher *handlungsentlastende* Übungen durchzuführen, z. B. gemeinsame Überlegungen darüber anzustellen, mit welchen *Anliegen* der Kunde auf das Call Center zukommen wird und wie diese formuliert sein könnten oder (eher) spielerische Übungen (wie z. B. der „Kontrollierte Dialog"), die das Wesen menschlicher Kommunikation deutlich machen.

Mit *handlungsentlastend* ist im wesentlichen gemeint, das konkret in der Trainings-Situation beobachtbare persönliche Verhalten eines Teilnehmers (z. B. in einem gespielten Gespräch mit einem Kunden) noch nicht direkt – also nicht schon auf diesen Teilnehmer bezogen – anzusprechen.

Dagegen könnten schon frühzeitig praxisnahe (z. B. verfremdete Beispiele aus der Realität eines Call Centers oder von Schauspielern gestaltete) Tonband- oder Video-Aufzeichnungen analysiert werden und diese mit den eingeführten „Maßstäben" für die partnerschaftliche Dialoge mit dem Kunden gemessen werden.

Folge- bzw. Aufbau-Trainings mit „teilnehmer-gleicher" Zusammensetzung der Trainingsgruppe sind besonders wirksam, weil die (für verhaltensorientierte Trainings) typische Startphase verkürzt ist und die Gruppe relativ schnell an der Stelle weiterarbeiten kann, an der sie im Erst- bzw. Basis-Training aufgehört hat.

Bei der Übertragung und dem *Transfer* der aus dem Training gewonnenen Erkenntnisse in die Praxis gehen viele *gute Absichten* und *persönliche (qualitative) Ziele* der Teilnehmer oft sehr schnell verloren.

Dies kann unterschiedliche Gründe haben:

- In der Praxis begegnen die „neuen" Call Center-Mitarbeiter ihren Vorgesetzten und Kollegen und beobachten, daß deren (Gesprächs-) Verhalten von den im Training geprägten

Maßstäben weit abweicht – was aber scheinbar *so gewollt* ist.

- Im praktischen Betrieb des Call Centers werden die Unternehmensziele und -leitlinien und die formulierten kulturellen Werte (wie z. B. Kundenorientierung) über Bord geworfen – z. B. zugunsten von Kostenminimierung.

- *Konkurrenz* und *Egoismus* kennzeichnen das Verhalten der Kollegen und scheinen vor *Teamorientierung* zu rangieren.

- Das tatsächliche Verhalten der Kunden weicht weit ab von angestellten Prognosen und ist z. B. weit aggressiver als zuvor angenommen.

- Die in den Seminaren und Trainings vermittelten *Inhalte*, verwendeten *Erklärungsmodelle* und angewandten *Methoden* waren wenig geeignet, die Teilnehmer auf die tatsächliche Situation vorzubereiten.

- Die vom Trainer aufgestellten „Kommunikations-Regeln" werden schon bei den ersten Gesprächen mit den Kunden als *praxisfremd* und *reine Theorie* erlebt.

- usw.

Es gibt nach unseren Erfahrungen mindestens so viele Gründe, warum ein Seminar oder Training **nicht** die erhoffte Wirkung hat, wie es innerhalb und außerhalb der Qualifizierungsmaßnahmen **positive wirkende Faktoren** gibt, die den Erfolg maßgeblich beeinflussen.

Neben einem tragfähigen Trainingskonzept dürfte dem Trainer dabei eine *Schlüsselstellung* zufallen.

6.4.3.   Trainer und Trainingskonzepte

Besonders in Trainingskonzepten für outbound-orientierte Tätigkeiten in einem Call Center fällt auf, daß dem Kunden häufig die Verlierer-Position zugewiesen wird.

Nur so kann es gedeutet werden, wenn Call Center-Mitarbeiter dazu angehalten werden, ihren „Gesprächspartner" zu *übersprechen* oder ihn mit platten Formulierungen (z. B. „sie sind doch sicher auch daran interessiert, daß ...") zu etwas bewegen sollen, was der Kunde eigentlich nicht will. Im Verkauf würde man dies als „Drückermethode" bezeichnen.

Call Center-Trainings „strotzen" geradezu von Formulierungs-Empfehlungen, die aus der Mottenkiste platter und längst überholter Verkaufstechniken entnommen wurden.

Wir sind fest davon überzeugt, daß heute kein Kunde wirklich noch *blöde genug* ist, sich auf solche Verhaltensweisen einzulassen – wenigstens nicht mehr dauerhaft.

Aber auch in eher inbound-orientierten Call Centern wird den Mitarbeitern noch oft ein (Gesprächs-) Verhalten antrainiert, das wenig geeignet ist, dem Kunden das Erlebnis einer echten Partnerschaft zu vermitteln.

Wenn es dagegen Ziel der Qualifizierungsmaßnahmen in einem Call Center sein soll, die Mitarbeiter zu *Experten in der Kommunikation mit den Kunden* zu entwickeln, ist sowohl bei der Trainingskonzeption als auch bei der Auswahl des Trainers darauf zu achten, daß ...

- die Trainingsinhalte, die angewandten Methoden und die diesen zugrundeliegende Wertehaltung und Einstellung dem entsprechen, was vom Unternehmen wirklich gewollt ist,

- sich das angestrebte Kommunikationsverhalten der Call Center-Mitarbeiter an einem *partnerschaftlichen* Dialog mit dem Kunden orientiert,

- die Call Center-Mitarbeiter lernen, Gespräche „zielfördernd" zu strukturieren und darüber hinaus *sensibilisiert* werden, auch in schwierigeren Gesprächs-Situationen den *richtigen Ton* zu finden.

Abgesehen davon, daß Stimme und Sprachverhalten eines Call Center-Mitarbeiters wie unter einem Vergrößerungsglas wirken und keine anderen Verständigungssignale (wie z. B. Augenkontakt, Kopfnicken) zur Verfügung stehen, sind Struktur und Inhalt der Gespräche im Call Center ähnlich den Gesprächen „von Angesicht zu Angesicht".

Daraus kann abgeleitet werden, daß Kommunikationstrainings für Call Center-Mitarbeiter prinzipiell ähnlich strukturiert sein können wie andere Kommunikationstrainings – allerdings unter Berücksichtigung der Besonderheiten in der *telefonischen* Kommunikation.

Literaturempfehlungen

R. Bents und R. Blank, „Der M.B.T.I.", ISBN 3-532-62132-0

H.-J. Fisseni u. G. P. Fennekels, „Das Assessment-Center", ISBN 3-8017-0829-2

Johanna Romberg, „Die Stimme", Magazin GEO 12/1998

Friedemann Schulz von Thun, „Miteinander reden", Band 1, rororo-Taschenbuch 7489, Band 2, rororo-Taschenbuch 8496

„Arbeitshefte Führungspsychologie", Kommunikation I und II, Sauer Verlag, ISBN 3-7938-7049-9 und ISBN 3-7938-7140-1

„Handbuch der Weiterbildung für die Praxis in Wirtschaft und Verwaltung", Carl Hanser Verlag, ISBN 3-446-13393-3

„Manager Seminare", Ausgabe 3. Quartal 1998, Leitthema „Erfolgsrezept Sozialkompetenz"

„TeleTalk", Ausgabe Dezember 1998

Call Center-Organisation

Nach den Mitarbeitern stellt die Organisation den zweitwichtigsten Erfolgsfaktor innerhalb einer Call Center-Lösung dar.
Die Organisationsstrukturen des Call Centers können dabei keinesfalls isoliert betrachtet werden. Nur die Einbeziehung der „Restorganisation" des Unternehmens gewährleistet einen optimalen Call Center-Betrieb. Die Neueinführung bzw. Optimierung eines Call Centers hat immer Einfluß auf die gesamte Unternehmensorganisation und bietet deshalb auch die Möglichkeit für einen Reorganisationsprozeß.

In diesem Kapitel werden wir uns allerdings im wesentlichen auf die Call Center-Organisation konzentrieren.

7.1. Bedeutung von Geschäftsprozessen

Ziel einer guten Call Center-Organisation ist die qualifizierte Bearbeitung von Geschäftsprozessen unter Berücksichtigung der strategischen Unternehmensziele sowie optimalen wirtschaftlichen, personellen und technischen Rahmenbedingungen.

Nach dieser Definition bilden also die Geschäftsprozesse die Grundlage für die Call Center-Organisation. Aus den Geschäftsprozessen leiten sich auch die Aufbau- und Ablauforganisation ab, die im wesentlichen die organisatorische Struktur eines Call Centers beschreiben.

Doch bevor die Aufbau- und Ablauforganisation für eine Call Center-Lösung festgelegt werden kann, bedarf es einer intensiven Betrachtung der Geschäftsprozesse. Dabei verstehen wir unter Geschäftsprozessen:

**Definition:
Geschäftsprozesse**

„Die systematische Abfolge von Handlungen, die durch Kunden, Lieferanten oder das Unternehmen jetzt oder zukünftig ausgelöst werden."

Gerade für die Gestaltung der Call Center-Organisation ist die Einbeziehung aktueller und zukünftiger Geschäftsprozesse notwendig, um eine größtmögliche Planungssicherheit für die Call Center-Einführung zu gewährleisten.

So müssen die Geschäftsprozesse unter folgenden Gesichtspunkten betrachtet werden:

- Welche Geschäftsprozesse treten im Unternehmen auf?
- Welche Geschäftsprozesse sollen im Call Center bearbeitet werden?
- Welche Dienstleistungen sollen angeboten werden?
- Welche neuen Dienstleistungen sollen entstehen?

Diese relativ einfachen Fragen werfen häufig große Probleme auf, denn oftmals sind die Geschäftsprozesse in einem Unternehmen noch gar nicht so genau betrachtet worden. Die Unternehmen und ihre Strukturen sind langsam gewachsen, die Geschäftsprozesse entwickelten sich dabei quasi „automatisch".

Sofern nicht vorhanden, gilt es also die Geschäftsprozesse zu erfassen und strukturiert zu beschreiben. Die Strukturierung und Beschreibung der Prozesse kann vorhandene Defizite aufdecken, Abläufe in Frage stellen und Medienbrüche transparent machen.

7.1.1.   Geschäftsvorfälle analysieren, strukturieren, optimieren

Eine gute Möglichkeit, die für das Call Center relevanten Geschäftsprozesse zu erfassen, ist die Betrachtung der Geschäftsvorfälle. Die Geschäftsvorfälle können als Auslöser von Geschäftsprozessen betrachtet werden.

Abb. 7.1
Wechselwirkungen
in einer Call Center-
Organisation.

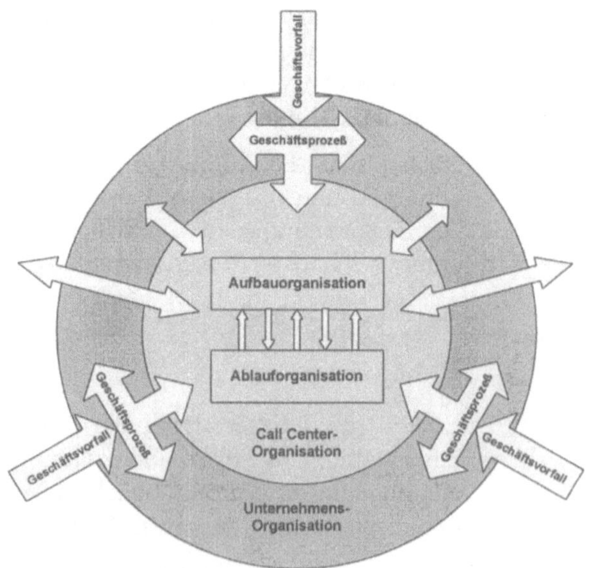

In einem ersten Schritt gilt es, alle Geschäftsvorfälle, die mit dem Call Center im Zusammenhang stehen, zusammenzufassen. Dies geht am einfachsten über die Beantwortung folgender Fragen:

- Was löst extern (Kunden, Interessenten, Lieferanten etc.) Aktivitäten der Mitarbeiter oder auch Anrufvolumen aus?

- Was löst darüber hinaus intern (Abteilungen, Mitarbeiter etc.) Aktivitäten oder Anrufvolumen aus?

- Wann werden solche Vorgänge ausgelöst?

- Welche Mitarbeiter sind davon betroffen?

- Welche Ressourcen und Informationen werden benötigt?

- Wie lange dauert die Bearbeitung eines solchen Vorganges?

- Wo sind die Nahtstellen zur „Restorganisation"?

- Kann ein solcher Vorgang überhaupt im Call Center bearbeitet werden?

Gerade die letzte Frage bietet Ansatzpunkte für eine Neustrukturierung der Unternehmensorganisation, denn bevor man die Frage mit „Nein" beantwortet, ist ein kritisches Hinterfragen des Ist-Standes effektiver.

Ein gutes Hilfsmittel zur Strukturierung und Dokumentation von Geschäftsvorfällen und deren Handhabung, ist ein Organisationshandbuch. Dieses Handbuch kann später auch für die Schulung und Einarbeitung von neuen Call Center-Mitarbeitern eingesetzt werden.

Für die Darstellung der Geschäftsvorfälle und die dadurch ausgelösten Prozesse können vereinfachte Flußdiagramme genutzt werden. Durch diese schematische Abbildung der Aktivitäten fallen Probleme in der Abwicklung oder unnötige Medienbrüche sofort ins Auge.

Abb. 7.2
Darstellung der
Geschäftsprozesse
über ein Fluß-
diagramm.

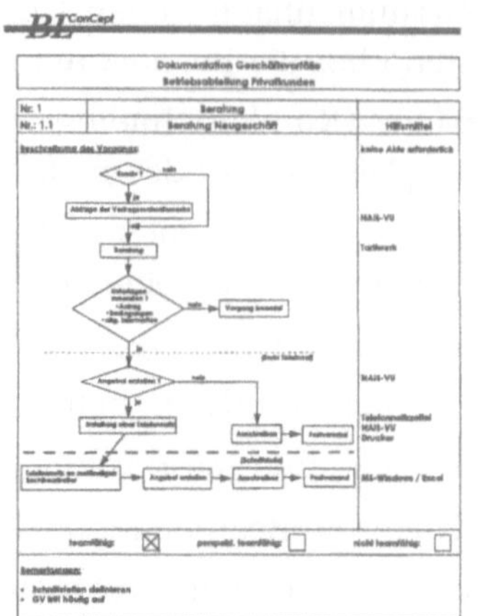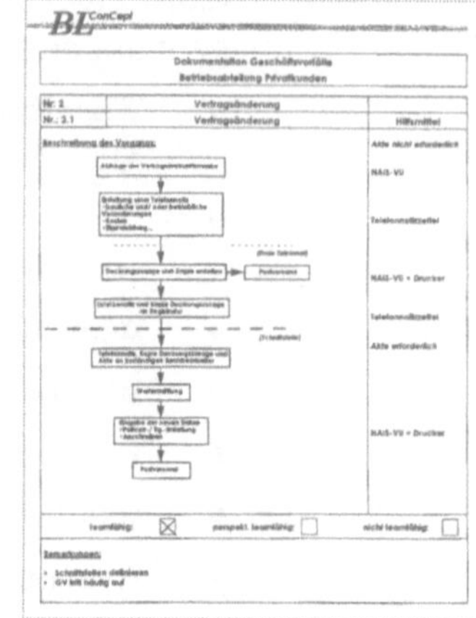

Die komplette Beschreibung der Geschäftsprozesse ist eine hervorragende Basis für die Gestaltung der Aufbauorganisation eines Call Centers.

7.2.   Bedeutung der Aufbau- und Ablauforganisation

7.2.1.   Aufbauorganisation

Die Aufbauorganisation beschreibt die Struktur, die Organisation und die Funktionen eines Call Centers. Dabei geht es nicht um eine einmalige Festlegung von bestimmten Parametern. Auch für die Aufbauorganisation ist die Anpassung an aktuelle Rahmenbedingungen ein wichtiger Erfolgsfaktor.

7.2.1.1.   Aufbau und Struktur

Eine eher strategische und im Vorfeld zu klärende Frage ist die nach der Art des Call Center-Betriebes, also die Frage nach der grundsätzlichen Gestaltung:

- Abteilung in der Linienorganisation des Unternehmens
- Eigenständiges Profitcenter
- Ausgegliederter Unternehmensteil
- Individuelle, fremdbetriebene Organisation (Betreiberlösung)
- Genutzte Fremdleistung (Agentur)
- Mischformen

Diese Eingangsüberlegungen haben wir im Kapitel 4.3 „Outsourcing" bereits behandelt.

Ist die Art des Call Center-Betriebes festgelegt, können Überlegungen zum Aufbau und zur Organisationsstruktur dieses Bereiches gemacht werden. Beim Aufbau des Call Centers sind eine Reihe von Richtlinien, Verordnungen und Normen zu berücksichtigen. Dabei geht es in erster Linie um sicherheitstechnische und arbeitsmedizinische Anforderungen an den Call Center-Arbeitsplatz:

- Bildschirmarbeitsplätze

- Beleuchtung

- Klimatische Verhältnisse, Raumluft

- Arbeitsmöbel, Ergonomie

- etc.

Um alle wichtigen Punkte in diesem Bereich zu berücksichtigen, bietet sich ein frühzeitiges Gespräch mit der für das Unternehmen zuständigen Berufsgenossenschaft an.

Ein sehr wichtiger Schritt für den Aufbau des Call Centers ist die Erarbeitung und Verabschiedung einer Betriebsvereinbarung, denn nur mit Zustimmung des Betriebsrates ist die Einrichtung und der Betrieb eines Call Centers überhaupt möglich.

Es ist Aufgabe des Arbeitgebers, die Arbeitnehmer und den Betriebsrat frühzeitig über die Arbeitsabläufe, die Bedeutung des Call Centers und über Art und Inhalt der gespeicherten Daten (Reporting) zu informieren.

Außerdem sind weitere wichtige Punkte mit dem Betriebsrat zu besprechen:

- Personalbedarf und Personalplanung

- Qualifizierungsmaßnahmen

- Arbeitsschutzvorschriften

- Datenschutzbestimmungen

- Notwendige Versetzungen

- Betriebsänderungen (z. B. erweiterte Servicezeiten)

- etc.

Der nächste Schritt ist die Festlegung der Organisationsstruktur des Call Centers. Die Struktur sollte sich dabei sehr stark an den ermittelten und gegebenenfalls optimierten Geschäftsprozessen des Unternehmens orientieren. Dabei können sehr unterschiedliche Call Center-Strukturen zum Tragen kommen. Beispielsweise können ein oder mehrere Front Office- und Back Office-Bereiche aufgebaut werden.

Das **Front Office** ist der Bereich des Call Centers, der von jedem eingehenden Anruf erreicht wird (erste Bearbeitungsstufe, erstes Level). Hier wird versucht, eine möglichst große Anzahl von Anrufen abschließend zu bearbeiten oder eine Vorqualifizierung zu erreichen, um den Anruf anschließend gezielt weiterzuleiten.

Das **Back Office** ist der Bereich des Call Centers, in den die vorqualifizierten Anrufe geleitet werden, wenn im Front Office kein ausreichender Service gewährleistet werden kann.

Abb. 7.3
Schematische Darstellung einer Call Center- Organisation (Beispiel 1).

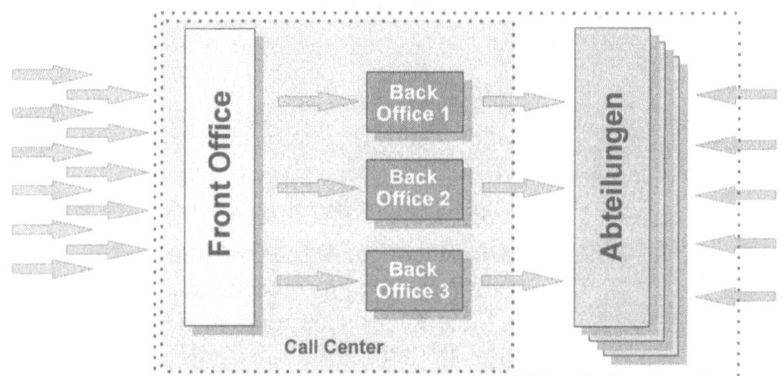

Die Abbildung zeigt eine Call Center-Lösung mit einem Front Office- und drei Back Office-Bereichen, die in die Call Center-Organisation integiert sind. Häufig werden Agenten mit speziellem Fachwissen (Produktgruppen, Dienstleistungen) zu „Expertengruppen" im Back Office zusammengefaßt.

Abb. 7.4
Schematische Darstellung einer Call Center- Organisation (Beispiel 2).

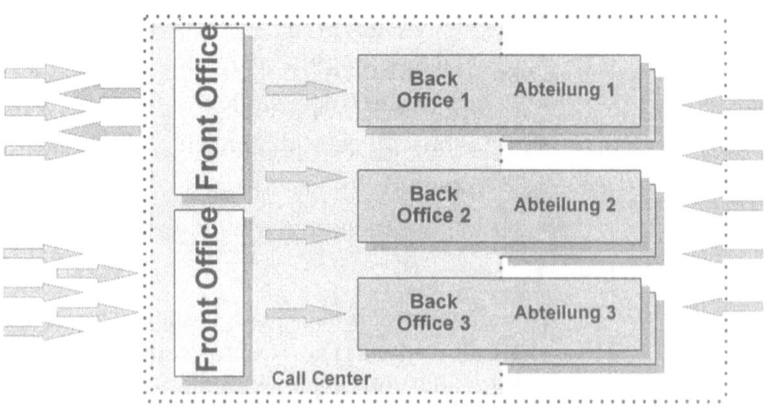

Das zweite Beispiel zeigt zwei Front Office- und ebenfalls drei Back Office-Bereiche. In diesem Fall sind die Back Office-Mitarbeiter in die „Restorganisation" des Unternehmens integriert, eine Organisationsform, die genutzt werden kann, wenn die Back Office-Mitarbeiter nicht überwiegend für die Bearbeitung von Telefonkontakten zur Verfügung stehen müssen.

Mehrere Front Office-Bereiche können z. B. durch regional abgegrenzte Services, unterschiedliche Rufnummern oder, wie im Beispiel, durch verschiedene Agentengruppen (Inbound-Gruppe, Inbound-/Outbound-Gruppe) entstehen.

7.2.1.2. Call Center-Gruppen und -Funktionen

Sobald die Front Office- und Back Office-Bereiche festgelegt sind, gilt es, die Call Center-Gruppen und -Funktionen zu definieren. Call Center-Organisationen sind durch sehr flache Hierarchien gekennzeichnet. Folgende Funktionen sind im Call Center zu finden:

- Call Center-Management (Leitung)
- Supervisor
- Gruppenleiter
- Agenten

In kleinen Call Center-Organisationen werden die Funktionen Supervisor und Gruppenleiter häufig in Personalunion, also durch eine Führungskraft ausgeführt. Für größere Call Center bietet sich eine solche Vorgehensweise eher nicht an.

Der Supervisor hat eine „quantitative" Führungsaufgabe, d.h. er bekommt seine „Führungsinformationen" aus dem Reporting des ACD-Systems. Der Supervisor muß dadurch immer wieder personelle Entscheidungen auf Basis von Zahlenwerten treffen (z. B. sinkender Servicelevel, steigende Zahl verlorener Anrufe).

Der Gruppenleiter hat dagegen eine „qualitative" Führungsaufgabe. Hier stehen die Belange der Gruppe und des einzelnen Agenten im Vordergrund. Der Gruppenleiter kann bei seiner Personalführung wesentlich eher Faktoren wie Streß, Ausbildungsstand, Erfahrung etc. berücksichtigen.

Durch die Personalunion kann es, besonders in größeren Call Centern, zu einem Interessenkonflikt bei der Führungskraft kommen. Deshalb sollten diese Positionen bei mehreren Agentengruppen auch von unterschiedlichen Mitarbeitern besetzt werden.

Die Gruppenstärke ist ebenfalls sehr wichtig für ein gut funktionierendes Call Center. Eine Agentengruppe sollte nicht größer als 8 bis 12 Mitarbeiter sein.

Durch die flache Hierarchie im Call Center haben die Mitarbeiter nur sehr wenige Aufstiegsmöglichkeiten, dies ist bei der Auswahl und Festlegung der Call Center-Gruppen und -Funktionen zu berücksichtigen. Anreize und Karriereplan sollten deshalb im Vorfeld der Call Center-Einführung beschrieben werden.

7.2.1.3.   Einbindung in das Gesamtunternehmen

Bei der Einbindung des Call Centers in die Gesamtorganisation des Unternehmens spielt es keine Rolle, ob das Call Center fremdbetrieben, ausgelagert oder als Abteilung in die Linienorganisation integriert ist. Wichtig ist die Definition der Nahtstellen, also der Informations- und Prozeßübergänge zwischen dem Call Center und der „Restorganisation". Das Call Center kann letztlich nur so gut funktionieren wie dessen Einbindung in das Unternehmen.

Abb. 7.5
Einbindung des
Call Centers in die
Gesamtorganisation.

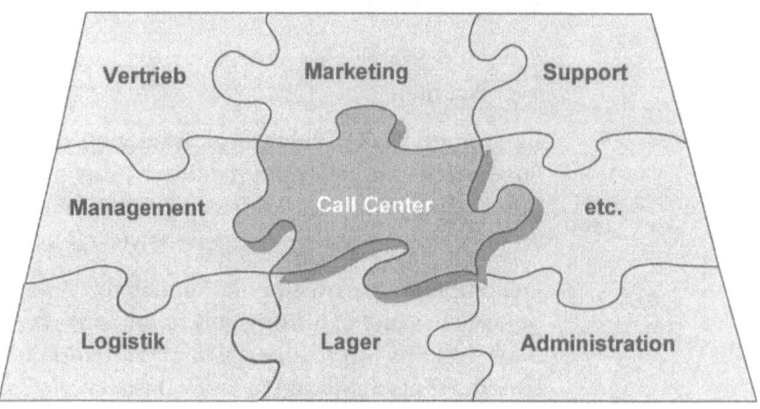

Diese Aufgabe beginnt schon bei der Call Center-Einführung. Für alle Abteilungen und Bereiche ist es wichtig, frühzeitig zu wissen, welche Aufgabenstellung das Call Center haben soll. Während der gesamten Aufbauzeit sollte ein Informationsaustausch innerhalb des Unternehmens initiiert werden. Auch die Begleitung des Veränderungsprozesses und das rechtzeitige Aufspüren von „Barrieren" (Abteilungen oder Mitarbeiter, welche die Call Center-Einführung nicht akzeptieren oder sie gar verhindern wollen) im Unternehmen können den Integrationsprozeß unterstützen.

Soll ein Call Center zukünftig beispielsweise das C- und D-Kundenpotential betreuen, sollten die Vertriebsmitarbeiter darüber informiert werden oder sogar die Einführung dieser Dienstleistung mitgestalten. Dadurch wird eine hohe Akzeptanz und Funktionsfähigkeit des Call Centers sichergestellt.

Außerdem brauchen die übrigen Unternehmensbereiche Informationen über die Bedeutung des Bereiches für Unternehmensstrategie und Marketing sowie die Abläufe im Call Center, denn häufig entspricht die allgemeine „Mitarbeitermeinung" nicht dem Stellenwert dieser Abteilung. Das Call Center und seine Mitarbeiter sind die akustische „Visitenkarte" des Unternehmens, kein anderer Bereich hat eine so starke Außenwirkung.

Ein guter Außendienstmitarbeiter schafft ca. 10-12 Kundenbesuche pro Tag, ein Call Center-Agent braucht dafür nur eine halbe Stunde.

Kein anderer Unternehmensbereich ist aber auch so unmittelbar außengesteuert. Im Call Center kommt es immer wieder zu extremen Situationen, denn:

- das Spektrum möglicher Fragen an den Agenten ist unbegrenzt,

- das momentane Anrufaufkommen ist zufällig,

- die Anrufverteilung schwankt in Zeitintervallen, und

- es gibt teilweise extreme Abhängigkeiten von äußeren Einflüssen.

Diese Hintergrundinformationen und Abläufe müssen in den anderen Abteilungen bekannt sein, nur so kann die Zusammenarbeit mit dem Call Center reibungslos funktionieren.

Das Call Center stellt aber nicht nur Anforderungen an die Unternehmensbereiche, es bietet auch Chancen. Als unmittelbare Verbindung zu den Kunden und damit zum Marktpotential des Unternehmens kann das Call Center als vielfältige Informationsquelle genutzt werden.

Unternehmensleitung und Entwicklungsabteilung können direkte Aussagen zur Akzeptanz neuer Produkte und Dienstleistungen erhalten. Der Marketingbereich kann feststellen, ob die neue Werbemaßnahme erfolgreich ist. Der Vertrieb und der Einkauf können Informationen über das Kaufverhalten der Kunden bekommen.

Damit bekommt das Call Center eine strategische Bedeutung für die gesamte Unternehmensplanung, vorausgesetzt, die c.forderlichen Informationskanäle sind vorhanden und werden regelmäßig genutzt.

7.2.2.   Ablauforganisation

Die Ablauforganisation ist die Beschreibung aller inhaltlichen und funktionalen Abläufe innerhalb eines Call Centers.

Es werden also bestimmte Geschäftsvorfälle abgearbeitet. Je nach Aufgabenstellung des Call Centers (Bestellannahme oder Help-Desk), haben diese eine unterschiedliche Komplexität. So können zum Beispiel bei einer einfachen Bestellannahme alle erforderlichen Aufgaben schon während des Telefongespräches mit dem Kunden abschließend bearbeitet werden.

Abb. 7.6
Schematische
Darstellung
„Bestellung".

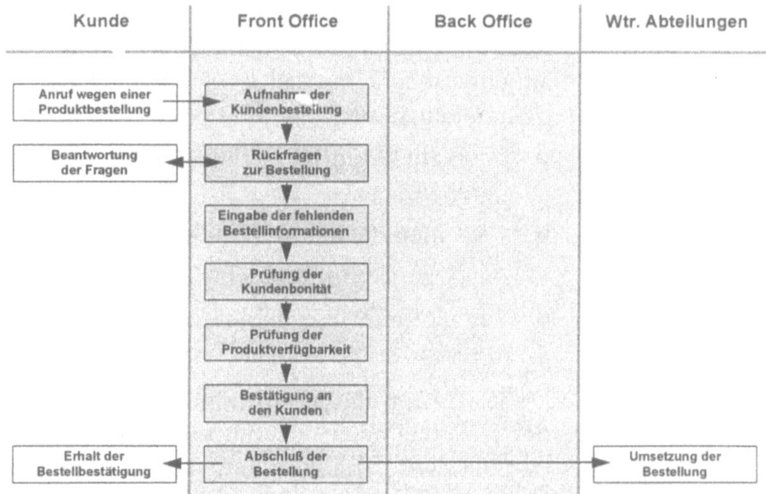

Im Gegensatz dazu können die Tätigkeiten in einem Help-Desk-Call Center weit über das eigentliche Telefonat hinausgehen, ja es kann sogar ein neuer Geschäftsvorfall ausgelöst werden (z. B. Rückruf des Kunden, um die Problemlösung bekanntzugeben).

Abb. 7.7
Schematische
Darstellung „Help-
Desk".

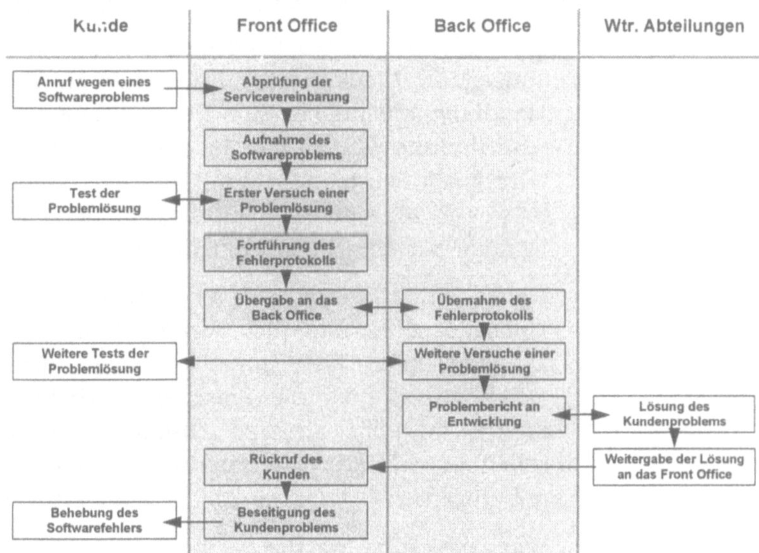

Wenn irgend möglich, sollte der Geschäftsvorfall bereits
während des Telefonates oder unter zu Hilfenahme einer Nachbearbeitungszeit abgeschlossen werden, denn die Auslösung eines neuen Geschäftsvorfalles belastet das Call Center und die
„Restorganisation" des Unternehmens.

Die Anzahl abschließend bearbeiteter Telefongespräche durch
den Call Center-Agenten wird auch als „Sofortlösungsquote" bezeichnet.

Um die Sofortlösungsquote möglichst optimal zu gestalten,
benötigt der Mitarbeiter alle für den Vorgang relevanten Informationen an seinem Arbeitsplatz. Ihm müssen alle technischen
Komponenten zur Verfügung stehen, die zur Bearbeitung erforderlich sind. Darüber hinaus muß er über alle relevanten Daten
und Informationen „online", also zum Zeitpunkt des Telefongespräches, verfügen können.

Es ist also wichtig, sich den gesamten Ablauf einmal vor Augen
zu führen und dabei unnötige Zeitverluste (z. B. Transportzeiten
für Akten) oder Medienbrüche (z. B. häufiger Wechsel zwischen
Papier- und Datenverarbeitung) zu verhindern.

7.2.2.1.   Entscheidungsspielräume und Eskalationsprozeduren

Im Hinblick auf den Servicegedanken und eine hohe Sofortlösungsquote braucht jeder Call Center-Mitarbeiter entsprechende Handlungsspielräume. Zum Beispiel muß der Agent, der ein Reklamationsgespräch führt, in die Lage versetzt werden, ein Kulanzangebot zu machen. Ein Call Center-Mitarbeiter, der in einer Service-Hotline arbeitet, muß z. B. die Bankverbindung eines Kunden per Eingabe an seinem Arbeitsplatz ändern dürfen.

Diese beiden Beispiele zeigen, welche Veränderungen in einem Unternehmen erforderlich werden können, um solche Abläufe zu realisieren. Typischerweise liegen die Zugriffsrechte auf Datenbanken oder die Entscheidungsbefugnis für Kulanzregelungen in völlig anderen Zuständigkeitsbereichen. Diese Zuständigkeiten und organisatorischen Vorgänge müssen für einen reibungslosen Call Center-Ablauf geändert werden.

Was passiert, wenn die berühmte „Säge klemmt"? Wie sind die Abläufe, wenn ein Call Center-Mitarbeiter bestimmte Informationen nicht hat? Oder wenn ein Vorgang die ihm eingeräumten Handlungsspielräume überschreitet?

In so einem Fall sollte, speziell für das Call Center, das Prinzip der kurzen Wege und der schnellen Entscheidungen gelten. Es ist darauf zu achten, daß der Vorgang möglichst auf der nächsten Entscheidungs- bzw. Eskalationsebene abschließend bearbeitet werden kann.

Für den Call Center-Mitarbeiter ist es wichtig, daß er diese Eskalationsprozeduren genau kennt und seine Gesprächspartner, also den Anrufer, über die weitere Vorgehensweise informieren kann.

7.2.2.2.   Informationsmanagement

Die Anrufer in einem Call Center erwarten von den Mitarbeitern eine sofortige und abschließende Bearbeitung ihres Anliegens. Dabei können die Aufgabenstellungen so vielfältig sein, daß das Fachwissen der Agenten oft nicht ausreicht.

In solchen Fällen benötigt der Agent Zugriff auf eine Vielzahl von unterschiedlichen Informationen, die über Standardeinträge wie Kundenstammdaten weit hinausgehen. Der Agent braucht computergestützten Zugriff auf unterschiedlichste Informationen:

- Unstrukturierte Unternehmensdaten (Kennzahlen, Statistiken etc.)

- Prospekte, Kataloge und Verkaufsdokumente

- Handbücher und Produktbeschreibungen
- Vertrags-, Liefer- und Geschäftsbedingungen
- Lager- und Logistikdaten
- Transport- und Zollformulare
- etc.

Hier gilt es, auch wieder im Sinne einer hohen Sofortlösungsquote, ein effektives Informationsmanagement aufzubauen. Hilfreich kann dabei die Einführung von spezieller Software sein, die den Aufbau von sogenannten Wissensdatenbanken unterstützt.

So können beispielsweise Problemlösungen aus früheren Vorgängen in einem Datenpool gespeichert werden. Bei jedem neuen Anruf durchsucht der Rechner die Datenbanken und prüft, ob eine solche Anfrage schon einmal aufgetreten ist. Im Erfolgsfall werden die Informationen den Agenten sofort angezeigt.

Der Aufbau von Wissensdatenbanken und eines effektiven Informationsmanagements ist mit einem nicht unerheblichen Aufwand verbunden. Die konsequente Umsetzung bietet aber auch eine Reihe von Vorteilen für das Unternehmen:

- Steigende Sofortlösungsquote (selbstlernende Organisation)
- Geringere Einarbeitungs- und Schulungszeiten der Mitarbeiter
- Sichere Archivierung von Informationen
- Schnellerer Informationswechsel (z.B. Produktweiterentwicklung)
- Höhere Effizienz beim Informationsaustausch zwischen Unternehmen, Mitarbeiter und Kunde
- Direkter Informationsabruf aus allen Unternehmensbereichen
- Flexibilität und Kosteneinsparungen

Neben dem Aufbau von Wissensdatenbanken gehört auch die systematische Gewinnung von Kunden- und Marktdaten zum Informationsmanagement. Je mehr Informationen über Marktsegmente, Kunden, deren Umfeld und Kaufgewohnheiten bekannt ist, desto besser kann der kontinuierliche Dialog mit den einzelnen Zielgruppen gestaltet werden.

Call Center-Technik

Bei komplexen Call Center-Lösungen bekommt – neben Mitarbeitern und Organisation – die Call Center-Technik eine besondere Bedeutung. Je nach Aufgabenstellung und Ausprägung der Call Center-Lösung kommen dabei unterschiedliche Komponenten zum Einsatz.

Grundsätzlich lassen sich die Call Center-Lösungen in drei Hauptgruppen unterteilen:

- Low-End-Systeme – einfache Anforderungen an die Anrufverteilfunktion.

- Mid-End-Systeme – erweiterte Anforderungen.

- High-End-Systeme – hohe bis sehr hohe Anforderungen.

Abb. 8.1
Kategorien von Call
Center-Lösungen.

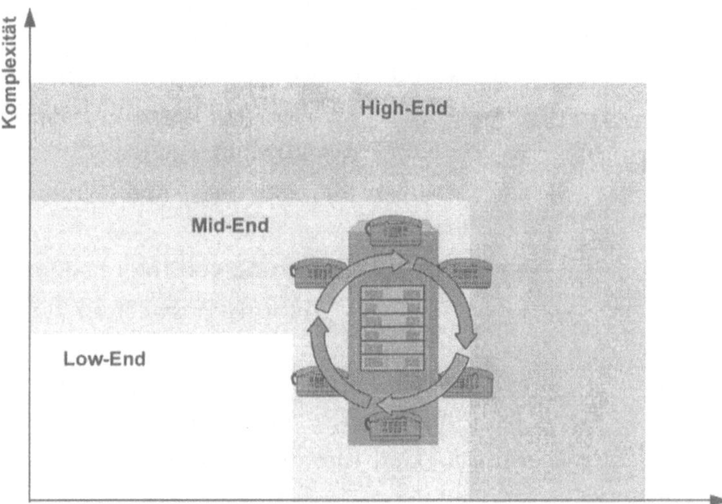

Neben der Leistungsfähigkeit bzw. Kapazität ist die Komplexität der gesamten Anwendung ein Kriterium zur Einordnung der Call Center-Lösungen. Bei sehr anspruchsvollen Aufgabenstellungen nehmen Art und Umfang der eingesetzten Hard- und Softwarekomponenten erheblich zu.

Die wesentliche Aufgabe von Low-End-Call Centern ist es, häufige „Besetzt-Zustände" und damit den Verlust von Anrufen zu verhindern. Dies wird meistens über ein ACD-System, Wartefeld und ein einfaches Reporting gelöst. Es gibt nur wenige Eingriffs- und Steuerungsmöglichkeiten.

Die Anforderungen an Mid-End-Call Center sind, bezogen auf die Anrufsteuerung und das Reporting, komplexer. Neben ACD können deshalb weitere Komponenten wie IVR-Systeme und einfache CTI-Anwendungen zum Einsatz kommen. Die erweiterten Eingriffsmöglichkeiten in die Anrufsteuerung machen es erforderlich, daß entsprechend ausgebildete Mitarbeiter (Supervisor, Systemadministratoren) mit relativ einfachen Mitteln Systemanpassungen vornehmen können.

High-End-Systeme zeichnen sich durch hohe Anrufkapazitäten und komplexe Anforderungen an die Anrufsteuerung aus. Besonders hohes Verkehrsaufkommen in kurzer Zeit, Mehrsprachigkeit oder umfangreiche Gesprächsinhalte beschreiben das Aufgabenprofil einer High-End-Lösung. Diese Aufgabenstellung läßt sich häufig nur durch den Einsatz weiterer Call Center-Komponenten wie Dialer, CTI- und Datenbank-Anwendungen lösen. Dadurch sind auch die Möglichkeiten zur Steuerung solcher Call Center sehr umfangreich.

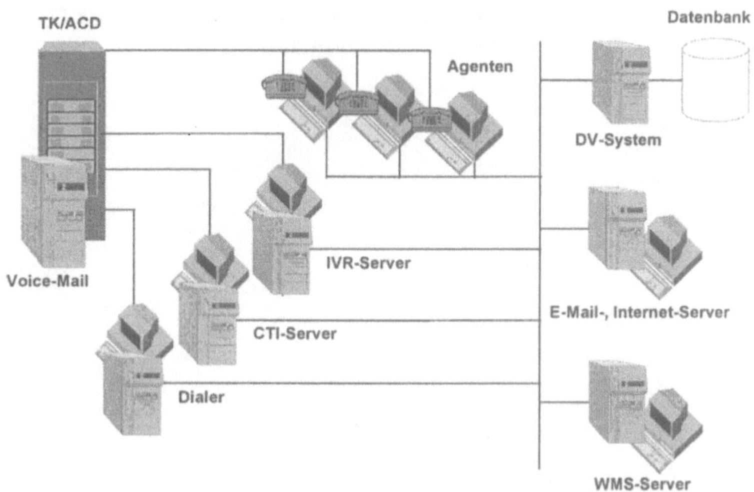

Abb. 8.2
Komplexe
Call Center-Lösung
für Inbound und
Outbound.

Die obige Abbildung zeigt eine Reihe dieser Call Center-Komponenten:

- ACD-System mit Wartefeld, Reporting, Supervisorarbeitsplatz und Agententelefonen
- Voice-Mail, IVR

- CTI, Middleware
- Dialer
- E-Mail-, Internet-Server
- WMS-Server

Diese Komponenten, deren Einsatzmöglichkeiten und Wirkungsweise werden wir in den nächsten Abschnitten näher betrachten.

8.1.   ACD-Systeme

Die wichtigste technische Komponente in einem Call Center ist das ACD-System. Dabei steht das Kürzel ACD für *Automatic Call Distribution* (Automatische Anrufverteilung). Es steht für eine technische Lösung, die es ermöglicht, eingehende Telefonate in einer vorher festgelegten Form auf bestimmte Telefonapparate zu verteilen.

Bei einer herkömmlichen Telefonanlage erreicht man einen bestimmten Gesprächspartner durch die Vermittlung des Gespräches über die Telefonzentrale oder über die Wahl einer persönlichen Rufnummer (Durchwahlnummer), also eine personenbezogene Kommunikation.

Abb. 8.3
Prinzip einer
herkömmlichen
Telefonanlage.

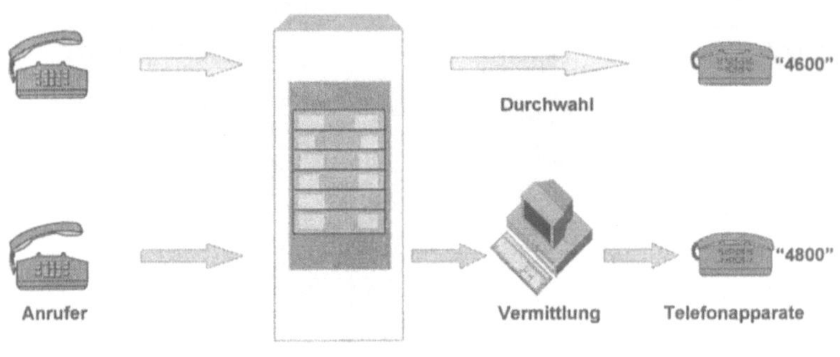

Einen ersten Schritt in Richtung Anrufverteilung stellt der Sammelanschluß, ein Leistungsmerkmal der Telefonanlage, dar. Beim Sammelanschluß sind eine Reihe von Telefonapparaten zu einer Gruppe zusammengeschaltet, die man über eine fiktive Rufnummer (Sammelanschlußnummer) erreichen kann. Da alle Apparate neben der Sammelnummer auch noch eine Durchwahlnummer haben, können wir in diesem Fall von einer personen- und vorgangsbezogenen Kommunikation sprechen.

Abb. 8.4
Prinzip des
Sammelanschlusses.

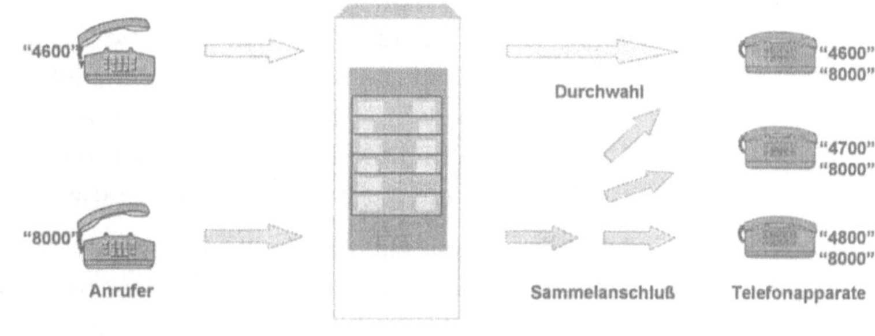

Die Funktionalitäten von ACD-Systemen gehen weit über die Möglichkeiten eines Sammelanschlusses hinaus. Der Anrufer erreicht einen Teilnehmer durch die Wahl einer „Service-Rufnummer", also eine rein vorgangsbezogene Kommunikation.

Abb. 8.5
Prinzip der Anruf-
verteilung durch ein
ACD-System.

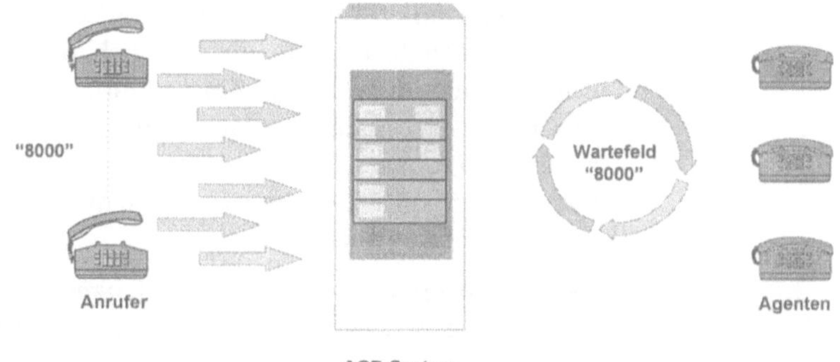

Die wesentliche Zielsetzung, die mit ACD-Systemen verfolgt wird, ist die Bearbeitung einer sehr großen Zahl von Telefonanrufen mit relativ wenigen Mitarbeitern.

Anders ausgedrückt haben diese Systeme die Aufgabe, einen Engpaß zu verwalten, also den Anrufer in der Leitung (Wartefeld) zu halten, bis ein beliebiger Ansprechpartner zur Verfügung steht.

Die im Markt befindlichen ACD-Systeme stehen in drei unterschiedlichen Varianten zur Verfügung:

- stand-alone-Systeme,
- adaptierte Systeme,
- integrierte Systeme.

Stand-alone-Systeme verfügen über eigene Leitungen zum Telekommunikationsnetz und haben keine Verbindung zur Telefonanlage des Unternehmens. Diese ACD-Systeme können eingesetzt werden, wenn die Aufgabenstellung im Call Center ohne das „Restunternehmen", also ohne interne telefonische Rückfragen oder einfaches Weiterverbinden, bewältigt werden können.

Adaptierte Systeme haben dagegen eine Verbindung zur Telefonanlage. Die Verbindung zum Telekommunikationsnetz erfolgt über das Telefonsystem und / oder über eigene Leitungen. Diese Technologie läßt sich in die vorhandene Unternehmensorganisation integrieren. Ein Nachteil könnte sein, daß verschiedene Mitarbeiter zwei Telefonendgeräte brauchen, eines für das ACD-System und eines für die „normale" Unternehmenskommunikation.

Bei der integrierten Lösung sind die ACD-Komponenten Bestandteil einer Telefonanlage. Die Verbindung zum Telekommunikationsnetz erfolgt ausschließlich über das Telefonsystem. Damit ist natürlich eine optimale Einbindung in die vorhandene Unternehmensorganisation gewährleistet. Allerdings müssen die zentralen Rechnermodule der Telefonanlage den ACD- und Telefonverkehr bewältigen, was bei einem hohen Anrufvolumen zu Engpässen führen kann.

Neben diesen drei Anschlußmöglichkeiten stellt das Wartefeld das wichtigste Unterscheidungsmerkmal eines ACD-Systems zu einem Sammelanschluß dar.

8.1.1.   Wartefeld

Das Wartefeld (o. a. Warteschlange, Queue) nimmt Telefonanrufe entgegen, falls kein freier Mitarbeiter zur Verfügung steht. Dabei kann der Anrufer automatisch begrüßt, über bestimmte Inhalte informiert oder mit Musik zeitweilig unterhalten werden.

Bei anspruchsvolleren ACD-Systemen gibt es die Möglichkeit des Wartefeldmanagements durch den Systemadministrator. So können

- Wartefelder je Agentengruppe eingerichtet,
- verschiedene Begrüßungs- und Warteansagen eingespielt,
- Wartefeldgrößen (Anzahl der Wartepositionen) gesteuert,
- simultanes Warten in mehreren Agentengruppen durchgeführt,

- Überläufe (Weiterleiten der Anrufe in andere Gruppen) realisiert und

- letztendlich Anrufe bei Überlast abgewiesen werden.

Abb. 8.6
Prinzip des
simultanen
Wartefeldes.

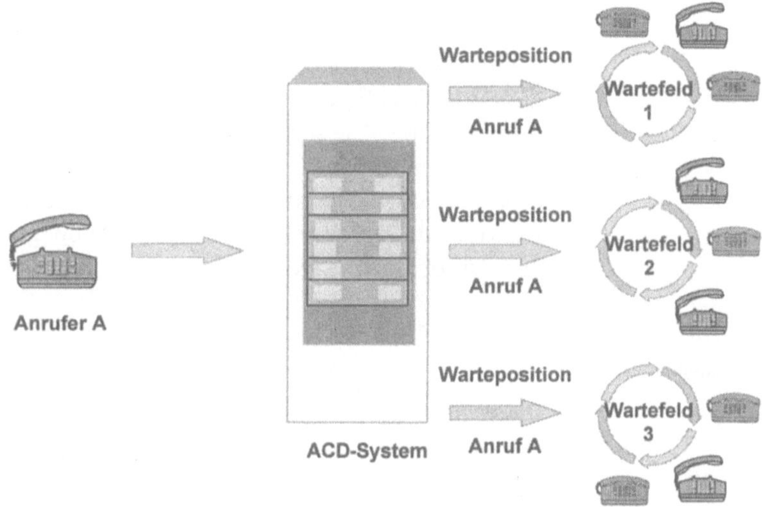

8.1.2. Anrufsteuerung, Call Handling

Eine weitere wichtige Funktion der ACD-Systeme ist die Anrufsteuerung (o. a. Call Handling, Call Routing), also die Art und Weise, wie Anrufe durch das ACD-System und das Wartefeld zu den Agenten geleitet werden. Basis für die Anrufsteuerung ist das FiFo-Prinzip (First in-First out). Der Anrufer mit der längsten Wartezeit wird als Erster an einen Agenten vermittelt.

Abb. 8.7
Anrufsteuerung nach
dem FiFo-Prinzip.

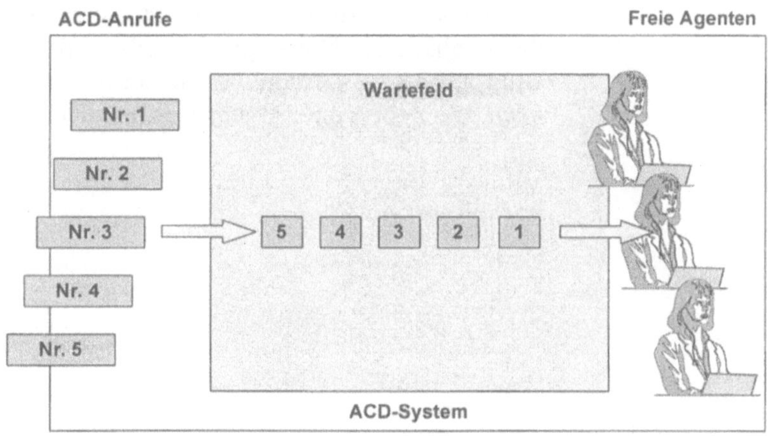

Zeitabhängige Steuerung der Anrufe ist eine weitere Möglichkeit. Hierbei können Begrüßungstexte tageszeitabhängig („Guten Morgen....", „Guten Tag....") eingeblendet oder Anrufe unter Berücksichtigung von Schichtplänen bearbeitet werden.

Erweitern sich die Anforderungen, kann eine Prioritätensteuerung genutzt werden. Eine Prioritätenvergabe kann für eingehende Telefonate, Agenten oder Agentengruppen durchgeführt werden. Die Prioritätensteuerung eingehender Anrufe kann beispielsweise durch die Bekanntgabe unterschiedlicher Rufnummern für bestimmte Kundenkreise erfolgen. So können VIP-Kunden auf vordere Wartefeldpositionen gesetzt und damit bevorzugt behandelt werden.

Abb. 8.8
Prioritätensteuerung
nach Anrufarten.

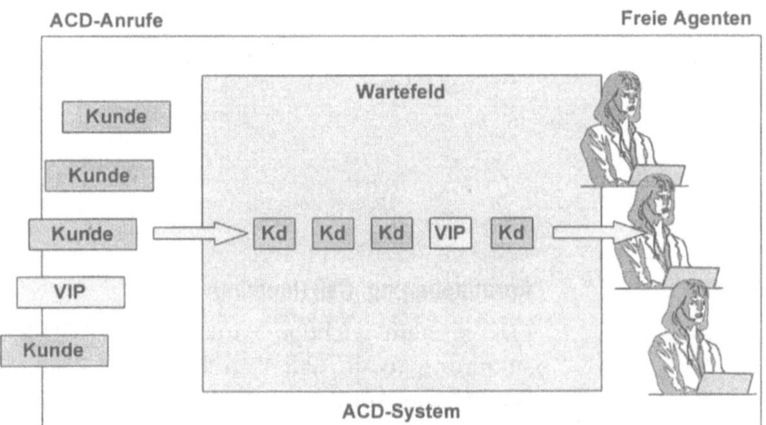

Eine Prioritätensteuerung für Agenten wird beispielsweise im Bereich mehrsprachiger Call Center durchgeführt. So können englischsprachige Anrufer zuerst mit Agenten verbunden werden, die Englisch als Muttersprache haben. Sind alle Agenten dieser Gruppe besetzt, werden weitere Anrufer an Mitarbeiter weitergeleitet, die neben ihrer Muttersprache auch Englisch sprechen.

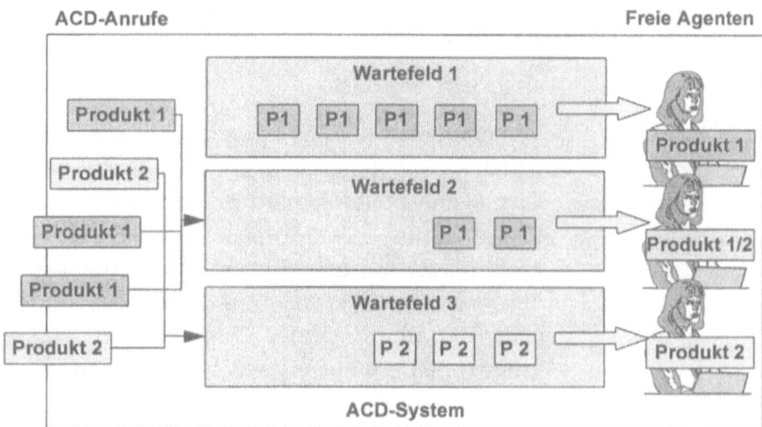

Eine sehr komplexe Form dieser Prioritätensteuerung wird als „Skill based-Routing" bezeichnet. Hierbei berücksichtigt das ACD-System bei der Zuteilung der Anrufe die Fähigkeiten und Erfahrungen der jeweiligen Agenten. Diese Mitarbeiterprofile (Skills) werden im System z. B. als Matrix hinterlegt und durch den Systemadministrator zugeordnet.

Eine ausgefeilte Anrufsteuerung berücksichtigt aber nicht nur eingehende Telefonate nach unterschiedlichen Kriterien, sondern verarbeitet auch gespeicherte Nachrichten z. B. aus Voice Mail-Systemen und eingehende Fax- und E-Mail-Nachrichten. Diese Kundenkontakte werden letztendlich wie Anrufe behandelt und nach bestimmten Kriterien auf Agenten verteilt.

8.1.3. Agenten- und Supervisorarbeitsplatz

Der Arbeitsplatz des Agenten besteht aus einer Sprach- und einer Datenverarbeitungseinheit. Die Sprachverarbeitung wird klassischerweise über einen Telefonapparat mit einer Sprechgarnitur (Kopfhörer und Mikrofon) abgewickelt. Je nach Ausführung verfügen die Telefonapparate über eine Reihe von Leitungs- und Funktionstasten, ein Display und für Trainingszwecke über einen weiteren Sprechgarnitur-Anschluß.

Wichtig ist, daß der Agent alle wichtigen Abläufe über einfache Nutzung der Funktionstasten ausführen kann. Über das Display sollten wichtige Informationen wie:

- gewählte Rufnummer,
- Anzahl der Anrufe im Wartefeld,

- Warnung bei sinkendem Servicegrad

- etc.

angezeigt werden.

Möglichkeiten der ACD-Systeme

Verschiedene ACD-Systeme bieten die Möglichkeit, die Funktionalität des Agententelefons über Softwaremodule zu realisieren. Das Agententelefon wird als „Fenster" auf dem PC des Mitarbeiters abgebildet. Die Softwaremodule verfügen meistens über ein größeres Leistungsspektrum (mehr Anzeigen, erweiterte Funktionen) als die Telefone und benötigen keine zusätzliche Stellfläche. Fällt allerdings der Computer aus, können auch keine Telefongespräche mehr entgegengenommen werden.

Abb. 8.10
Darstellung des Agententelefons auf dem PC- Bildschirm.

Für die Datenverarbeitung, also die Erfassung und Weiterverarbeitung von Anruferdaten, stehen PCs oder Bildschirmarbeitsplätze eines Großrechners zur Verfügung, wobei sich der PC als multifunktionaler Agentenarbeitsplatz durchsetzt.

Auch der Supervisorarbeitsplatz ist mit einem Telefonapparat und einem PC ausgestattet. Dieser PC dient aber mehr zur Steuerung des gesamten Call Centers. Hierüber kann der Supervisor Wartefelder, Ansagen und Anrufsteuerung beeinflussen, Agenten an- und abmelden und sich Echtzeitdaten des Systems anzeigen lassen.

Dieser Schaltzentrale kommt besonders bei komplexen Anwendungen eine große Bedeutung zu. Deshalb ist eine einfache und übersichtliche Handhabung der Funktionen Grundvoraussetzung für einen guten Supervisorarbeitsplatz.

8.1.4.   Reporting, MIS

Das statistische Zahlenmaterial ist elementar wichtig für ein gut funktionierendes Call Center. Das Reporting, also die Sammlung und Auswertung des Zahlenmaterials, gliedert sich in

- Echtzeitinformationen und

- Langzeit-/historische Informationen.

Für eine aktuelle Steuerung des Call Centers haben die Echtzeitinformationen (Anzeige der Daten zum Zeitpunkt ihres Entstehens) die größte Bedeutung, um damit über den Tag hinweg Pausenzeiten festlegen und um kurzfristige Veränderungen bezüglich der Anrufsteuerung, der Wartefeldbegrenzung und der Gruppenzuordnung der Agenten vorzunehmen zu können. Wichtige Echtzeitinformationen sind:

- Aktueller Servicegrad

- Anzahl der Anrufe im Wartefeld

- Angenommene Gespräche im Zeitintervall

- Verlorene Gespräche im Zeitintervall

- Anzahl der am Telefon verfügbaren Agenten

- Aktuelle Gruppenzuweisung der Agenten

- Status der Agenten (ACD-Gespräch, Bereit, Abwesend, Nacharbeit etc.)

Die Langzeitdaten (Stunden-, Tages-, Wochen- oder Monatsdaten) sind wichtig, um rückwirkend Aufschluß über die Leistungsfähigkeit des Call Centers zu bekommen und vorausschauend Kapazitätsplanungen durchführen zu können.

Abb. 8.11
Beispiel für die Darstellung von Langzeitdaten.

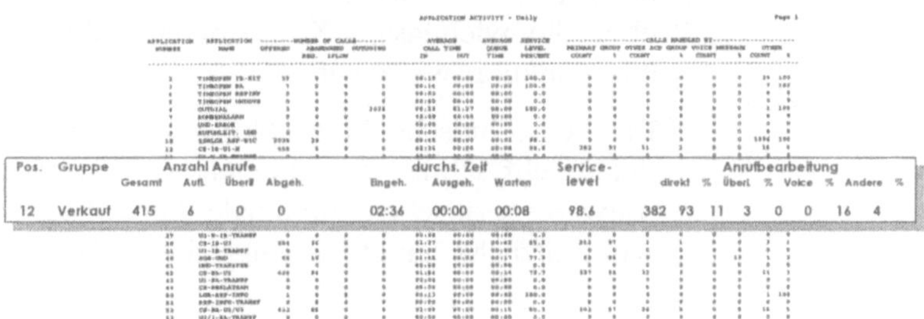

Pos.	Gruppe	Anzahl Anrufe				durchs. Zeit			Service-level	Anrufbearbeitung							
		Gesamt	Aufl.	Überl	Abgeh.	Eingeh.	Ausgeh.	Warten		direkt	%	Überl	%	Voice	%	Andere	%
12	Verkauf	415	6	0	0	02:36	00:00	00:08	98.6	382	93	11	3	0	0	16	4

Die ACD-Systeme stellen eine Reihe von standardisierten Reports und Berichten zur Verfügung. Häufig lassen sich die Informationen auch in andere Softwareprogramme übertragen und dort weiterverarbeiten.

Das Reporting wird häufig auch als MIS (**M**anagement **I**nformation **S**ystem) bezeichnet, wobei die eigentliche Managementinformation darin besteht, die statistischen Daten zu verdichten und in Form von Balken- oder Tortengrafiken darzustellen.

Abb. 8.12
Beispiel für eine
Managementgrafik.

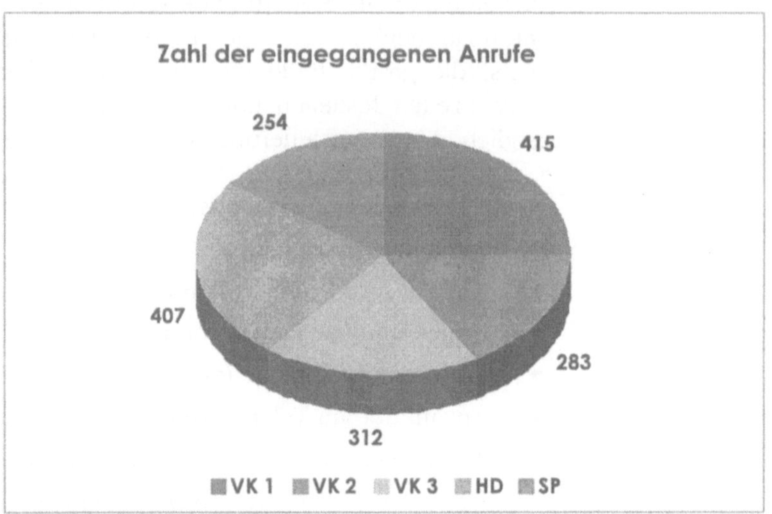

8.2. Weitere Call Center-Komponenten

Neben dem ACD-System kommen in einer Call Center-Lösung eine Reihe weiterer Komponenten und Systeme zum Einsatz. In den nächsten Abschnitten wollen wir Ihnen einen Überblick über die wichtigsten Komponenten, ihren Einsatzbereich und ihre Funktionsweise geben.

Da die technische Entwicklung dieser Hard- und Softwareprodukte sehr schnell fortschreitet, werden wir keine system- oder softwarespezifischen Merkmale hervorheben, sondern uns auf grundsätzliche Funktionsweisen beschränken.

8.2.1. Voice Mail, IVR

Das Voice Mail-System (Sprachspeicher-System) ist eine passive Call Center-Komponente, die sehr häufig zum Einsatz kommt. Das Voice Mail-System dient zum Empfangen, Speichern, Abrufen und Verteilen gesprochener Nachrichten, in diesem Fall von externen Anrufern. Für die Call Center-Anwendung stehen dabei die Informationsbereitstellung (Abspielen von verschiedensten Ansagetexten) und die Überlauffunktion (Speicherung von Rückrufwünschen bei Lastspitzen oder Anrufen außerhalb der Servicezeiten) im Vordergrund.

Der Einsatz von Voice Mail-Systemen bietet folgende Vorteile:

- 24-Stunden-Erreichbarkeit (Anrufbeantworter),

- Verhinderung von Gesprächsverlusten,

- Entlastung der Agenten in Spitzenzeiten,

- Bereitstellung von unterschiedlichen Informationen und Ansagetexten.

Die aktive Komponente IVR-System (**I**nteractive **V**oice **R**esponse, Sprachdialogsystem) verfügt über einen erheblich größeren Leistungsumfang. Durch IVR kann ein Anrufer über Sprachmenüs im Dialog mit dem System bestimmte Informationen abrufen oder sich zu bestimmten Services weiterleiten lassen, denn das System ist in der Lage, Sprache in Daten und Daten in Sprache umzuwandeln. Damit können zum Beispiel Routineauskünfte (Kontostände, Telefonnummern etc.) ohne Belastung der Mitarbeiter an den Anrufer weitergegeben werden.

Die Steuerung von IVR-Systemen kann über unterschiedliche Funktionen erfolgen, die

- Auswertung von Telefon- oder Durchwahlnummern,

- MFV-Tonwahlerkennung oder

- Spracherkennung.

Im ersten Fall erkennt das IVR-System die Rufnummer des Anrufers (z. B. aus einer Kundendatenbank) oder die gewählte Rufnummer (z. B. eine spezielle Servicerufnummer) und bearbeitet das Telefongespräch anhand des dafür im System hinterlegten Prozesses.

Die Steuerung über Tonwahl- oder Spracherkennung bietet mehr Möglichkeiten zur Anrufbearbeitung. Mit Hilfe der Tonwahlerkennung können vom Anrufer PIN- oder Kundennummern, Artikel- oder Bestellnummern etc. über die Tastatur des Telefonapparates eingegeben werden.

Bei der Spracherkennung wird das System über das gesprochene Wort des Anrufers gesteuert. Dabei erreichen gute IVR-Systeme eine Genauigkeit von 95-98 % bei der Worterkennung und können folgende Wörter auswerten:

- Ziffern von 0 bis 9,

- Ziffernketten,

- Allgemeine Steuerwörter wie „Ja", „Nein", „Hilfe", „Ende", „Zurück" etc.

- Verbundwörter (ohne Sprechpausen),

- Kombination von Vokabularien (beliebige Wortbildung).

Der Einsatz von IVR-Systemen bietet folgende Vorteile:

- Gezielte Informationsabrufe (z. B. für unterschiedliche Produkte),

- Aufzeichnung eines Rückrufwunsches und die automatische Abarbeitung,

- Bedienerführung des Anrufers (z. B. Vorselektion des Anrufgrundes),

- Management der Warteschleife (z. B. Ansage der Position in der Warteschleife),

- Sprachausgabe von Daten aus der EDV (z. B. Kontostandsinformationen).

8.2.2.   CTI, Middleware

Neben CTI (**C**omputer **T**elephone **I**ntegration) werden auch noch die Begriffe CIT (**C**omputer **I**ntegrated **T**elephony) und CST (**C**omputer **S**upported **T**elephony) genutzt. In jedem Fall wird über diese Begrifflichkeiten die funktionale Integration von Sprache und Daten in einer Anwendungsumgebung bezeichnet.

Damit wird deutlich, daß solche Anwendungen in Call Centern zu finden sind, bei denen eine Wechselwirkung zwischen dem Anruf und entsprechenden Datenbeständen besteht. Beispielhafte Anwendungen für CTI-Applikationen sind:

- Datenanzeige und -eingabe

- Bildschirm-Synchronisation

- Datenübernahme

- ACD-Arbeitsplatz über PC

Im Call Center wird die Datenanzeige, -eingabe und die Bildschirm-Synchronisation am häufigsten genutzt. Beispielsweise werden nach Identifizierung eines Anrufers über seine ISDN-Telefonnummer oder die per IVR ausgewertete Kundennummer bestimmte Daten auf dem Bildschirm des Agenten synchron zum eigentlichen Telefongespräch angezeigt. Übergibt der Agent ein solches Gespräch an einen Kollegen, können auch alle Bildschirminformationen und eingegebenen Daten weitergeleitet werden.

Bei der Datenübernahme laufen mit Hilfe von CTI Informationen aus IVR-, Fax- oder E-Mail-Servern mit entsprechenden Datenbankabfragen auf dem Bildschirm des Agenten zusammen. Dazu ein Beispiel aus dem Help-Desk-Bereich:

Ein Kunde hat die Schilderung eines technischen Problems und einen Rückrufwunsch auf einem IVR-System hinterlassen. Dieser Rückrufwunsch wird zu einem freien Agenten geleitet und mit allen IVR-Informationen auf dem Bildschirm angezeigt. Über eine Datenbankabfrage gesteuert erscheinen parallel dazu alle bereits durchgeführten und für diesen Fall relevanten Serviceinformationen auf dem Monitor.

Abb. 8.13
Beispiel einer
CTI-Infrastruktur.

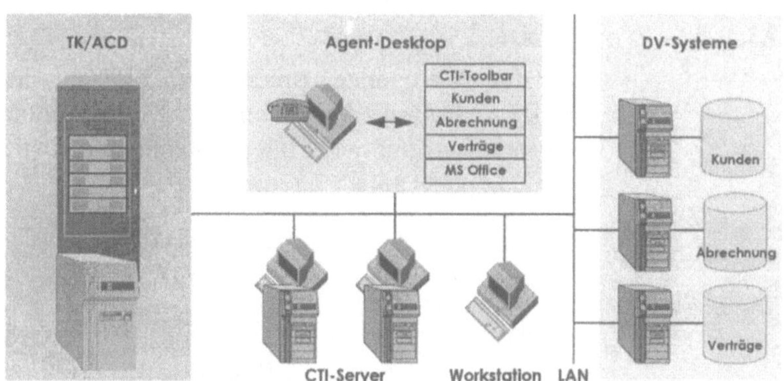

Eine CTI-Applikation beschreibt die Verbindung zwischen dem ACD-System und der unternehmenseigenen EDV. Deshalb werden die Komponenten, die als Bindeglied zwischen ACD und EDV fungieren, auch als „Middleware" bezeichnet.

CTI ist immer eine kundenspezifische Lösung. Bei der Umsetzung können eine Reihe von standardisierten Software-Tools genutzt werden. Dennoch darf die Anpassung an unternehmenseigene Datenbestände, die Berücksichtigung von Sicherheitskriterien und die Gestaltung der Bilschirmoberfläche des Agenten nicht unterschätzt werden.

Gerade bei komplexen Call Center-Lösungen entsteht beim Aufbau, Test und der Inbetriebnahme einer CTI-Applikation der größte Aufwand.

Kommunikationsmodul		DB-Modul	Screen-Pop-Up
Telefonmodul	DV-Modul	Scripter	Routing-Modul
Applikation-Toolkit			
TCP/IP-Protokoll			

8.2.3.   Dialer

Dialer (Wählgeräte) unterstützen die Call Center-Mitarbeiter bei allen Outbound-Aktivitäten durch die automatische Anwahl der Kundenrufnummer. Dialer-Systeme sind dabei vollständig in das Call Center-Umfeld integriert.

Abb. 8.15
Beispiel der Dialer-
Integration in ein
Call Center-Umfeld.

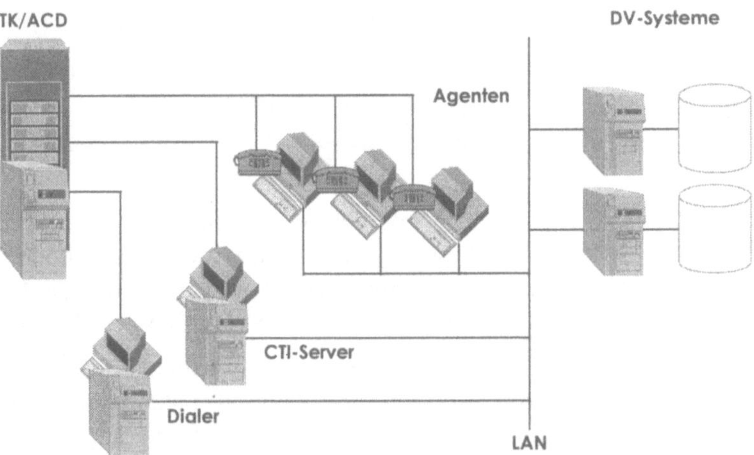

Es können vier unterschiedliche Systeme eingesetzt werden:

- Power-Dialer,
- Predictive-Dialer,
- Precision-Dialer,
- Preview-Dialer.

Diese Systeme unterscheiden sich deutlich durch ihre Funktionsweise. Der Power-Dialer sorgt für einen automatischen Gesprächsaufbau. Anhand einer Kundendatenbank werden Rufnummern gewählt und Verbindungen an freie Agenten weitergeleitet.

Beim Predictive-Dialer erfolgt ein vorausschauender Gesprächsaufbau. Dazu werden die Verkehrsstatistiken des ACD-Systems genutzt. Die Software errechnet den wahrscheinlichen Zeitpunkt, zu dem der nächste Agent frei wird und wählt daraufhin eine Rufnummer an. Diese Form der automatischen Anwahl läßt sich nur bei größeren Call Centern anwenden, da mit zunehmender Anzahl an Agenten die statistische Richtigkeit der Verbindungszeitpunkte steigt.

Der Precision-Dialer funktioniert ähnlich, hier wird nicht die ACD-Verkehrsstatistik genutzt, sondern anhand der durchschnittlichen Zahl freier Agenten eine Verbindung aufgebaut.

Beim Preview-Dialer werden dem Agenten alle für ihn selektierten Kundendatensätze angezeigt. Die Auswahl und Reihenfolge bestimmt der Agent, der Dialer übernimmt nur noch die automatische Wahl.

Alle Dialer-Systeme erkennen eine erfolgreiche Verbindung, auch die Meldung eines Anrufbeantworters wird erkannt, das „Gespräch" abgebrochen und für eine spätere Wiederwahl vorgemerkt. Bevor man sich für den Einsatz eines bestimmten Dialer-Systems entscheidet, sollten die Auswirkungen auf die Zielgruppe (Kunden) und die Agenten betrachtet werden, denn nicht immer unterstützten diese Systeme die Kundenkommunikation im positiven Sinne.

8.2.4.   E-Mail-, Internet-Server

Wenn heutzutage Call Center aufgebaut oder optimiert werden, muß man auch die neuen Medien wie E-Mail und Internet in die Planungen einbeziehen. Kunden wählen längst nicht mehr nur das Telefonat als Verbindung zu ihren Gesprächspartnern. So zeigt eine Untersuchung der SITEL Corporation, wie sich die Kommunikationsmittel im Bereich „Business to Business" in den nächsten Jahren in Europa entwickeln werden.

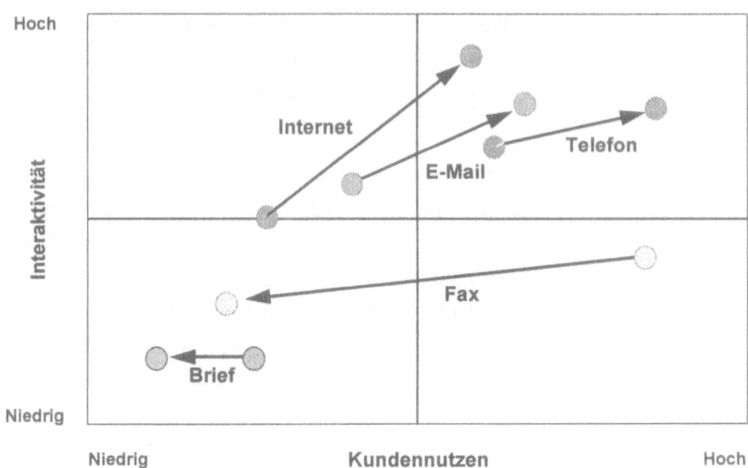

Abb. 8.16
Entwicklung der Kundenkommunikation in Europa.

E-Mail ist aus der heutigen Geschäftskommunikation nicht mehr wegzudenken. Deshalb muß man sich Gedanken über die Integration dieser Kommunikationsform in das Call Center machen. E-Mail-Server und -Software unterstützen die Einbindung in das Call Center.

Für eingehende E-Mails wird ein entsprechendes E-Mail-Handling (wie Call-Handling) auf dem Server hinterlegt. Da E-Mails nicht ganz so zeitkritisch sind wie Telefongespräche, werden die eingehenden E-Mails nach festgelegten Zeitintervallen (z. B. in anrufschwachen Zeiten) zwecks Bearbeitung auf die freien Agenten verteilt.

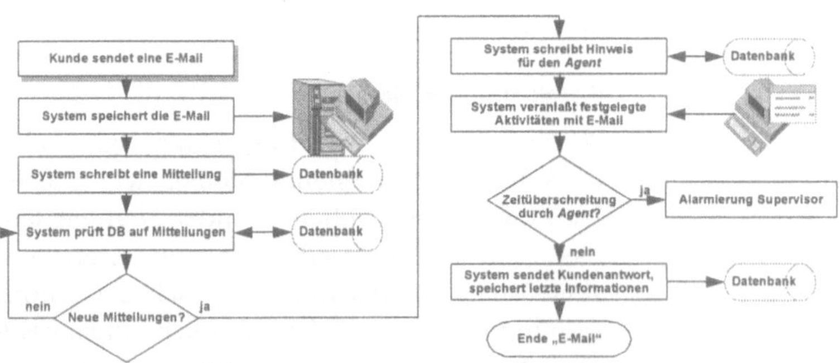

Abb. 8.17
Beispiel für ein „Call-Handling" von eingehenden E-Mails.

Verfügt ein Unternehmen über eigene Internetseiten, können darüber auch E-Mail-Kontakte erzeugt werden. „Call Me-Funktionen" oder „Call Back-Services" bieten dem Internetnutzer eine Kontaktseite, auf der er seinen Rückrufwunsch in Form einer E-Mail-Nachricht vermerken kann.

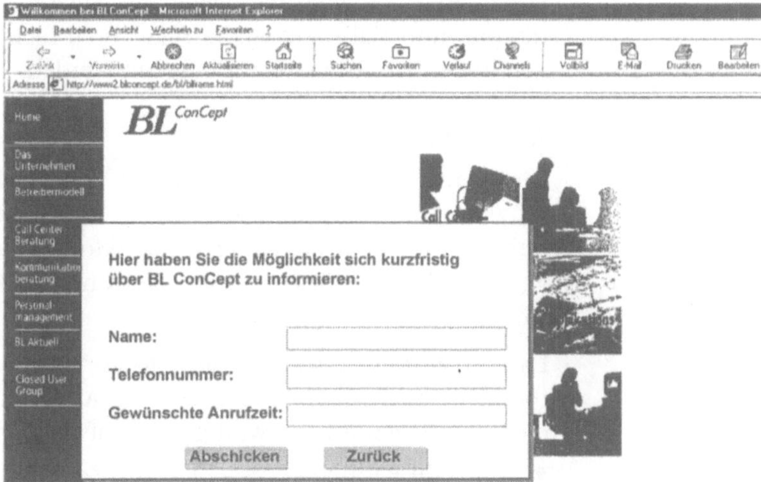

Der nächste Schritt ist die direkte Kommunikation über das Internet, die Internet-Telefonie. Varianten dieser Internet-Kommunikation sind:

- Computer zu Computer
- Computer zu Telefon
- Telefon zu Telefon

Für Anbieter und Nutzer einer solchen Technologie ergeben sich völlig neue Möglichkeiten. Vorteile liegen beispielsweise

- in hohen Einsparungen von Gebühren bei Fernverbindungen über das Internet und
- der einfacheren Realisierung von CTI-Funktionalitäten, wenn das Endgerät ein Computer ist.

Dazu ein Beispiel aus dem Versandhandel:

Ein Kunde betrachtet sich bestimmte Katalogseiten über das Internet. Anhand von Datenbankinformationen wird ihm eine Auswahl seiner bevorzugten Produkte dargestellt. Aus diesem Angebot wählt er bestimmte Teile aus, die er bestellen möchte. Bei Aktivierung des Bestellvorganges kann eine Sprachverbindung in das Call Center des Versandhauses aufgebaut werden. Der entsprechende Agent sieht auf seinem Bildschirm die Interneteingaben des Kunden, kann Ergänzungen machen, die Bedingungen für die Bestellung besprechen, Lieferzeiten bekanntgeben und dem Kunden nach Abschluß des Gespräches eine Auftragsbestätigung per E-Mail schicken.

Dieses Beispiel zeigt die vielfältigen Nutzungsmöglichkeiten von Internet und Call Center, die sich durch technische Entwicklungen in den nächsten Jahren ergeben werden.

8.2.5.   WMS-Software

Die zuverlässige Personalplanung zählt sicherlich zu den schwierigsten Aufgaben in einem Call Center. Moderne Planungstools wie WMS-Software (**W**orkforce **M**anagement **S**ystem, Personalplanungs-System) unterstützen die Arbeit des verantwortlichen Mitarbeiters.

Erlang C-Formel

Basis für die Personalplanungstools ist die Erlang C-Formel (benannt nach dem Wissenschaftler A. K. Erlang). Die Formel dient zur Prognose der Wartezeiten auf Basis von drei Faktoren

- Anzahl verfügbarer Agenten pro Zeitintervall,

- Anzahl der Anrufe pro Zeitintervall,

- durchschnittliche Gesprächsdauer pro Anruf.

Auf dem Markt werden für jeden Call Center-Typ entsprechende Software-Lösungen angeboten. Dieses Angebot beginnt bei sehr einfachen Planungstools, die anhand von wenigen Parametern

- die Anzahl benötigter Leitungen,

- die Zahl der Agenten oder

- den zu erreichenden Servicegrad

errechnen.

Sehr aufwendige Personalplanungstools analysieren die historischen Call Center-Daten und berücksichtigen eine Vielzahl von Kriterien zur Berechnung des jeweiligen Personalbedarfs.

Diese Software ist modular aufgebaut und läßt sich optimal an die jeweiligen Gegebenheiten des Call Centers anpassen.

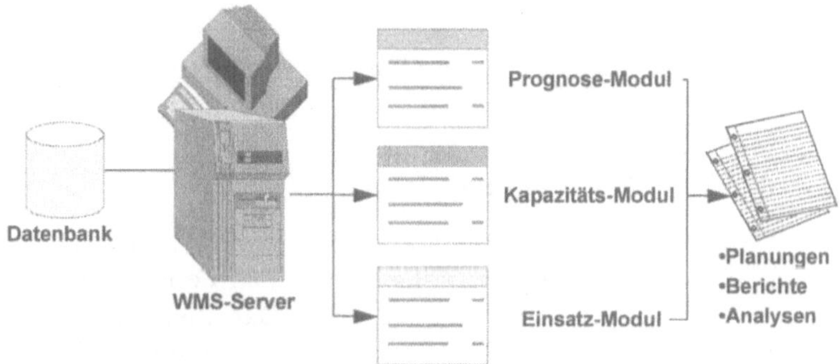

Abb. 8.19
Schematische
Darstellung der
Module einer WMS-
Software.

Das „Prognose-Modul" ermöglicht die Vorhersage über zukünftige Anrufvolumina und Personalanforderungen anhand historischer Daten und Trends. Häufig können auch individuelle Planungskriterien und Formeln zur Personalbedarfsermittlung implementiert werden.

Das „Kapazitäts-Modul" führt die mittel- und langfristige Personalbedarfsplanung durch. Dabei werden folgende Faktoren berücksichtigt:

- Vertragsveränderungen (z. B. bei Teilzeitkräften)

- Fluktuation

- Planbare Abwesenheit (Urlaub, Ausbildung)

- Krankenstände

Im „Einsatz-Modul" werden alle Daten, Informationen und Eingaben verdichtet und zu präzisen Schicht-, Dienst- und Einsatzplänen zusammengefaßt. Die Software berücksichtigt dabei

- Prognostizierten Bedarf je Gruppe und Aktivität

- Mitarbeiterqualifikationen

- Arbeitsrechtliche und tarifliche Regelungen

- Arbeitszeitwünsche der Mitarbeiter

- Pausenregelungen

- etc.

Wie schon erwähnt gibt es die Personalplanungstools in sehr unterschiedlichen Dimensionierungen und damit auch Preiskategorien. Bevor man sich mit der Auswahl einer solchen Softwarelösung beschäftigt, sollten die Rahmenbedingungen und Anforderungen genau festgelegt werden.

9. Call Center-Benchmarking – Die Studie

9.1. Einleitung

Wie schon an anderer Stelle festgestellt wurde, sind die drei Hauptbestandteile eines Call Centers das Personal, die Organisation und die Technik. Das Ziel eines Call Center-Leiters und nicht zuletzt der Geschäftsleitung ist die ständige Optimierung des Einsatzes dieser drei Komponenten und ihre Abstimmung aufeinander. Bei der Technik ist dieses Vorhaben relativ konkret zu handhaben, indem bestimmte, für den Betrieb des jeweiligen Call Centers erforderliche Leistungsmerkmale schon bei der Planung beschrieben und die technischen Komponenten den Anforderungen entsprechend angeschafft und implementiert werden können. Doch kann man diese Vorgehensweise auch auf das Personal und die Organisation übertragen? Kann das Personal „den Anforderungen entsprechend eingekauft" werden und funktioniert es, sobald man es an seinen Arbeitsplatz setzt? Daß die Personalarbeit von entscheidender Bedeutung für den Erfolg eines Call Centers ist, folgt aus der zuvor beschriebenen Bedeutung des Personals selbst. Was jedoch heißt das konkret? Welche Anforderungen stellt die Call Center-Tätigkeit wirklich an die Bewerber? Sind materielle Anreizsysteme, wie sie sich andernorts bewährt haben, wirklich ein Garant für Motivation und Leistungssteigerung? Können die altbewährten Erfolgsstrategien generell auf diese neue Form der Organisation angewandt werden oder müssen andere Wege zum Erfolg beschritten werden? Mit anderen Worten: Welche Faktoren wirken sich tatsächlich auf die Effizienz eines Call Centers aus und was ist bei der Handhabung dieser Erfolgsfaktoren zu beachten?

Da in dieser Richtung noch keine empirisch belegten Erkenntnisse vorlagen, führte die Unternehmensberatung BL ConCept in Zusammenarbeit mit der Universität Paderborn eine Studie durch, die zum Ziel hatte, alle diese Fragen zu beantworten. Zudem verschafft die Erhebung einen aktuellen Überblick über den Call Center-Markt in Deutschland und ermöglicht eine systematisierte Erfassung der augenblicklichen Strukturen und Handhabungsweisen in Call Centern. Somit soll unter anderem eine Ist-Aufnahme der bestehenden Call Center-Landschaft erstellt werden.

Die Untersuchung vor dem Hintergrund der „Benchmarking-Methode" bietet Unternehmen die Möglichkeit, einen kontinuierlichen Verbesserungsprozeß anhand der gefundenen Erfolgsfaktoren zu initiieren. Die Studie geht den ersten Schritt im Benchmarking-Prozeß und stellt Benchmarks der Call Center heraus, anhand derer eine Fortführung des Verbesserungsprozesses erfolgen kann. Dieses zu tun steht den jeweiligen Unternehmen natürlich frei. Die Chance, diese Erkenntnisse als Initialzündung für den Benchmarking-Prozeß zu nutzen, sollte jedoch nicht ungenutzt bleiben.

Um die praxisbezogene Verwendung der Ergebnisse nachvollziehen zu können, wird im Folgenden die Methode „Benchmarking" beschrieben. Das beinhaltet eine Charakterisierung des Begriffes sowie eine Erläuterung der einzelnen Schritte im Benchmarking-Prozeß. Danach stehen der Ablauf, die Auswertung und die Ergebnisse der Call Center-Studie im Mittelpunkt der Betrachtung.

9.2. Benchmarking

9.2.1. Charakterisierung

Das Wort „Benchmark" kommt ursprünglich aus der Geographie. Es beschreibt dort einen Referenz-Punkt, mit dem andere Punkte verglichen und vermessen werden können. In der Wirtschaftsliteratur werden Benchmarks als Erfolgsfaktoren für die Effizienz von Organisationen verstanden, die es gilt am Anfang eines Benchmarking-Prozesses zu bestimmen. Anhand dieser Punkte können sich Unternehmen vergleichen und ihre Leistungserbringung beurteilen.

Definition:
Benchmarking

„Benchmarking ist ein kontinuierlicher, strukturierter Prozeß zum Vergleich der Leistungserbringung von Organisationen, die als die Besten in bestimmten Bereichen identifiziert wurden, mit dem Ziel der Verbesserung der eigenen Leistungserbringung."

9.2.1.1. Geschichtliche Entwicklung

Versteht man Benchmarking im wirtschaftlichen Sinne und in der professionellen Form von heute, so wurden die Grundsteine für diese Methode Anfang der 50er Jahre von japanischen Firmen, z.B. Toyota, gelegt, die sich aus den USA und Europa Produktionsabläufe „abschauten" und an ihre Firmen anpaßten. Den Durchbruch des Benchmarking als effektive Methode zur betrieblichen Leistungssteigerung verursachte jedoch Xerox in den 80er Jahren. Nach schwerwiegenden Ertragsrückgängen erreichte Xerox mit Hilfe des Benchmarking-Prozesses enorme Verbesserungen. Deswegen wurde die Methode „Benchmarking" als Kriterium zur Verleihung des Malcom Baldrige (Quality) Award aufgenommen. In den 90er Jahren etablierte sich Benchmarking auch in Europa und ist nicht zuletzt wegen seiner über die bloße Analyse hinausgehenden Implementierung der Verbesserungen ein geeigneter Prozeß zur quantitativen und besonders zur qualitativen Leistungssteigerung.

9.2.1.2.   Begriffliche Abgrenzung

Aufgrund einer Vielzahl von Fachbegriffen, mit denen man bei der Verwendung von Benchmarking konfrontiert wird, ist eine begriffliche Abgrenzung vonnöten, die Überlappungen, aber auch Differenzen zu diesen Begriffen aufzeigt.

Bei dem Vergleich mit den Begriffen Marktforschung und Wettbewerbsanalyse fällt auf, daß Benchmarking über das Stadium der reinen Analyse hinausgeht und die Leistungsverbesserung als konkretes Ziel hat. Die Blickrichtung zielt hierbei jedoch nicht nur auf unternehmensexterne Gegebenheiten, sondern zieht auch interne Vergleichsmöglichkeiten in Betracht. Zudem liegt der Fokus nicht nur auf der Branche, sondern kann auch branchenübergreifend angewandt werden. Da die Ziele des Benchmarking neben der Erhöhung der Kundenzufriedenheit auch die Verbesserung der Produktivität und die Senkung der Kosten sind, kann man sowohl die Marktforschung als auch die Wettbewerbsanalyse als Teilfunktionen des Benchmarking sehen.

Im Gegensatz zum „Reverse Engeneering", das eine Analyse der Konkurrenzprodukte darstellt, geht Benchmarking über die enge Zielsetzung der Kostensenkung und den ebenfalls engen Fokus auf Produkte hinaus, indem es auch andere quantitative und qualitative Ziele verfolgt und dabei über den Produktvergleich hinaus auch Leistungen oder Funktionen untersucht. Somit ist es weitaus vielseitiger anwendbar als das Reverse Engineering.

Benchmarking ist ähnlich dem japanischen KAIZEN (dt.: kontinuierlicher Verbesserungsprozeß), jedoch bestehen auch hier einige Unterschiede: bei KAIZEN kommt das Potential zur Veränderung aus dem Betrieb selbst. Sowohl die Mitarbeiter als auch das nötige Wissen stammen aus dem Unternehmen und die Mitarbeiter sollen im Detail und möglichst umgehend Verbesserungsvorschläge diskutieren und abschließend umsetzen. Benchmarking wird in einem größeren Rahmen geplant und angewandt. Es hat eine geringere Kontinuität, die gegenüber dem KAIZEN schon fast Projektcharakter hat, und bezieht äußere, objektive Sichtweisen ein.

Benchmarking ist verknüpft mit vielen anderen Schlagworten des Managements, wird aber nicht als Ersatz, sondern vielmehr als Ergänzung oder Initiator bzw. Katalysator verstanden. So baut es auf der Grundlage auf, die auch bestimmte Zertifizierungen wie z.B. DIN ISO 9000 zum Ziel haben, nämlich die Transparenz des Unternehmens und die Erstellung von Meßgrößen für den Kunden. Für einige Managementansätze, z. B. „Total Quality Management" oder „Time Based Management", betätigt sich Benchmarking als Katalysator, denn es ist in diese ganzheitlichen Ansätze eingebunden und liefert Lösungen, die innerhalb dieser Managementkonzepte verwirklicht werden.

9.2.1.3. Benchmarking-Arten

Es lassen sich im Wesentlichen drei Arten des Benchmarking unterscheiden, die hier in Bezug auf das Ausmaß des Verbesserungspotentials und auf den Zeitaufwand des Benchmarking-Prozesses in aufsteigender Reihenfolge erläutert werden. Es handelt sich hierbei um das interne, das externe und das funktionale Benchmarking.

Abb. 9.1
Benchmarking-Arten.

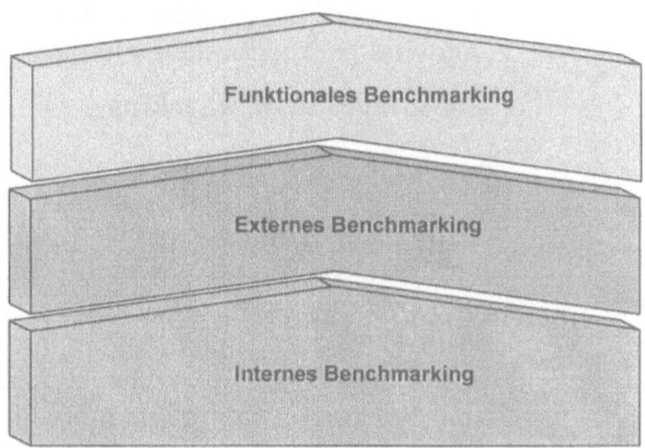

Internes Benchmarking

Als internes Benchmarking wird das Benchmarking innerhalb einer Organisation bezeichnet. Es bietet sich besonders bei Unternehmen mit Filialstruktur oder Tochtergesellschaften an. Objekte dieser Methode sind die durch einen ähnlichen Ablauf leicht vergleichbaren Tätigkeiten. Das interne Benchmarking führt nicht nur zur Leistungssteigerung mit verhältnismäßig geringem Aufwand, sondern weckt auch das Bewußtsein der Beteiligten für wichtige Arbeitsprozesse und fördert eine positive Einstellung zu Veränderungen. Außerdem kann sie als eine Art Pretest für weitere Benchmarking-Arten benutzt werden, um mit dem Benchmarking-Prozeß vertraut zu werden und Grundlagen in Form von notwendigen Informationen aus dem eigenen Unternehmen zu schaffen.

Externes Benchmarking

Das externe Benchmarking vergleicht andere Unternehmen der gleichen Branche, also Wettbewerber, mit dem eigenen. Das setzt ein hohes Maß an Vergleichbarkeit der Organisationen voraus. Geeignete Benchmarking-Partner sind nicht nur befreundete Unternehmen, sondern auch Konkurrenten, wobei das Ziel der Erreichung von Spitzenleistungen nicht durch die Konzentration auf die Wettbewerbsumstände aus den Augen verloren werden darf.

Die Schwierigkeit bei externem Benchmarking besteht in der Identifikation des Besten in bestimmten Bereichen. Diese Bestleistungen müssen nicht durch den Gesamterfolg des Unternehmens ausgedrückt werden. Zudem kann sich die Kontaktaufnahme mit den ausgewählten Unternehmen als sehr schwierig erweisen und ist dementsprechend gut vorzubereiten. Dieser Punkt wird im Verlauf dieses Kapitels noch zu erläutern sein.

Funktionales Benchmarking

Das größte Verbesserungspotential bietet das funktionale Benchmarking. Das eindeutige Ziel besteht darin, den Weltbesten zu finden, ihn mit der eigenen Leistung zu vergleichen und daraus zu lernen. Das geschieht unabhängig von der Branche oder geographischen Restriktionen, denn die Vergleichsobjekte sind produktunabhängige Arbeitsprozesse oder Kernfunktionen. Der „Weltbeste" ist in der Regel sehr kooperativ, denn er hat kaum Konkurrenz zu befürchten, im Gegenteil: häufig ist er stolz, als Vorbild dienen zu dürfen. Somit ist das Hauptproblem nicht die Zusammenarbeit mit dem Benchmarking-Partner, sondern die Identifikation desselben.

9.2.2. Der Benchmarking-Prozeß

9.2.2.1. Übersicht

Den Benchmarking-Prozeß beschreiben einige Modelle, die aus unterschiedlich vielen Phasen bestehen. Die Spanne reicht von vier bis zu zwölf Phasen, wobei generell kein Unterschied im Inhalt der Abläufe besteht, sondern lediglich in ihrer Detailliertheit und Übersichtlichkeit. Zum Zweck der verständlichen Beschreibung des Benchmarking-Prozesses ist das „5-Phasen-Modell nach Spendolini" sehr geeignet. Es bietet einen organisatorischen Rahmen zur Durchführung eines erfolgreichen Benchmarking, in den die Großzahl der anderen Modelle eingeordnet werden kann. Trotz der Verwendung von nur fünf Phasen verliert das Modell nicht an Genauigkeit und Vollständigkeit.

Abb. 9.2
Der Benchmarking-
Prozeß.

Quelle: Spendolini, M. J., 1992: The Benchmarking Book, New York, S. 48

Der Prozeß besteht aus den Phasen

„Was soll gebenchmarkt werden?",

„Zusammenstellung eines Benchmarking-Teams",

„Identifikation von Benchmarking-Partnern",

„Sammeln und Analysieren der Benchmarking-Informationen" und

„Verwirklichung im Unternehmen",

die im Folgenden erläutert werden.

Die Form eines Kreises ist nicht willkürlich gewählt. Sie steht, verbunden mit den Pfeilen, für einen dynamischen, kontinuierlichen Prozeß der Verbesserung, d.h. daß dieser Prozeß ständig wiederholt werden kann und auch soll. Hierbei dient die Ist-Situation nach erfolgreicher Durchführung des Benchmarking-Prozesses als Grundlage für ein erneutes Streben nach Bestleistungen.

9.2.2.2.   Was soll gebenchmarkt werden?

Grundsätzlich besteht mit dem „Werkzeug" Benchmarking die Möglichkeit, jeden vorstellbaren Sachverhalt im Unternehmen zu untersuchen und zu verbessern. Für den Erfolg eines solchen Projektes ist es von großer Bedeutung, das Ausmaß und die Grenzen der Benchmarking-Objekte richtig einzuschätzen und zu bestimmen. Ein zu weit gefaßtes Feld von Benchmarking-Objekten ist nicht nur zu aufwendig in der Durchführung, sondern kann auch zur Folge haben, daß das gewünschte Ziel nicht effektiv verfolgt werden kann. Ist es hingegen zu eng gefaßt, können wichtige Informationen und ein mögliches Potential zur Leistungssteigerung übersehen werden. Beide Möglichkeiten verfehlen das Ziel, in einem bestimmten Sachverhalt die „Nummer 1" zu werden. Benchmarking muß sich somit auf Hauptprozesse bzw. Hauptprodukte / Hauptleistungen konzentrieren. Diese Hauptprozesse können durch verschiedene Eigenschaften gekennzeichnet sein, wie z. B. den starken und direkten Einfluß auf bestimmte Unternehmensparameter (z. B. Umsatz, Ergebnis), die strategische Bedeutung, einen hohen Aufwand, eine Kernkompetenz etc.

Die Bestandteile dieses ersten Schrittes sind die Bestimmung des mit Benchmarking zu analysierenden Unternehmensbereiches, das Herausstellen der kritischen Leistungsfaktoren (auch: kritische Erfolgsfaktoren) in Bezug auf den Erfolg dieses Bereiches und die Identifikation von (möglichst meßbaren) Indikatoren für die Faktoren.

In einigen Fällen ist das Objekt der Studie von vornherein vorgegeben, in den meisten Fällen jedoch muß es ausgewählt werden. Diese Auswahl kann durch verschiedene Vorgehensweisen getroffen werden. Das explorative Benchmarking ist eine Möglichkeit, sich von einer oberflächlichen Analyse des Gesamtunternehmens zu detaillierten Teilbereichen vorzuarbeiten. Diese stellen sich erst im Verlauf der Untersuchung als Bereiche mit

Verbesserungspotential heraus. Diese Methode ist besonders bei Organisationen wirksam, die keinen Marktbedingungen unterliegen, z. B. Teilfunktionen großer Unternehmen mit innerbetrieblichen Abnehmern oder „Non-Profit-Organisationen", die u. a. im öffentlichen Dienst zu finden sind.

Eine weitere Auswahlmöglichkeit ist die direkte Auswahl anhand verschiedener Kriterien. Sie können interner oder externer Art sein. Ein internes Kriterium ist z. B. die interne Kundenzufriedenheit, d.h. die Zufriedenheit interner Abteilungen, die Abnehmer von Produkten oder Dienstleistungen anderer Abteilungen sind. Weitere interne Kriterien sind die bestehende Bereitschaft zur Veränderung in Abteilungen, die Kenntnis von „Altproblemen" im Unternehmen aber auch Verbesserungspotentiale bezüglich Zeit, Kosten, Produktivität und Qualität. Um eine strukturierte Übersicht über die primären Aktivitäten des Unternehmens zu erhalten, bietet sich eine Vielzahl von Modellen an, so z. B. das Wertketten-Modell von Porter.

Externe Kriterien begründen sich aus der Sicht externer Kunden und ihrer Zufriedenheit. Durch die Ermittlung der Kundenzufriedenheit werden Objekte identifiziert, die es zu verbessern gilt. Sie ist das Ziel eines jeden Unternehmens, denn sie bestimmt die jetzige und die zukünftige Auftragslage. Die Kundenzufriedenheit ist Anfangs- und Endpunkt der Studie, denn idealerweise sollte sich der Erfolg der Benchmarking-Studie im Kundenverhalten positiv niederschlagen. Aus externer und interner Sicht lassen sich zu analysierende Bereiche z. B. mit Hilfe einer Stärken-Schwächen-Analyse erkennen.

Ist das Objekt des Benchmarking-Prozesses ausgewählt, folgt die Identifikation der kritischen Leistungsfaktoren, „...die für die Leistungskraft einer Organisation verantwortlich sind ...", und der Indikatoren, durch welche die Leistungsfaktoren und die Leistung selbst meßbar ausgedrückt werden.

9.2.2.3.	**Zusammenstellung eines Benchmarking-Teams**

Die optimale Anzahl der am Team teilnehmenden Personen ist keine feststehende Größe und auch ihre Qualifikationen und Eigenschaften können nicht allgemeingültig formuliert werden. Es ist jedoch unumstritten, daß das Benchmarking-Team so früh wie möglich zusammengestellt werden sollte. Die Gründe einer Teambildung sind nicht nur das immense Ausmaß an Arbeit, das von einer Person alleine nicht zu bewältigen ist, sondern auch die Nutzung der Erfahrung verschiedener Qualifikationen und

Interessen der Teilnehmer. Trotz unterschiedlichen Interesses an der Verwendung der Benchmarking-Ergebnisse haben die Mitglieder das Interesse am Erfolg der Methode gemeinsam, denn sie sind mitverantwortlich für das Gelingen des Projektes und können die Ergebnisse darüber hinaus zur Verbesserung ihres eigenen Aufgabenbereiches nutzen.

Das Wort „Team" ist hier nicht zufällig gewählt. Anstelle von „Gruppe", das eine wie auch immer organisierte Menge von Personen meint, steht das Wort „Team" für Zusammenarbeit und Streben in die gleiche Richtung. Schon hier wird ein Zusammengehörigkeitsgefühl vermittelt.

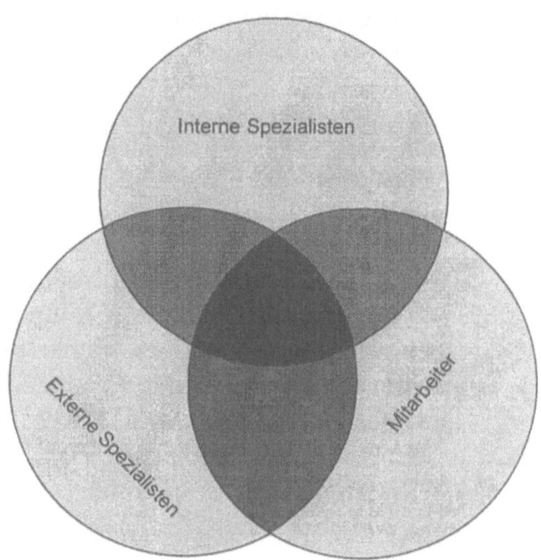

Abb. 9.3
Das Benchmarking-Team.

Interne Benchmarking-Spezialisten sind mit einem – je nach Unternehmensgröße variierenden – Arbeitsanteil von 25-100 % ihrer Arbeitszeit am Prozeß beteiligt. Von den internen Spezialisten werden je nach Bedarf drei Aufgabenbereiche wahrgenommen: die Organisation des Benchmarking-Prozesses, das Training weiterer am Benchmarking teilnehmender Personen, aber auch Aufgaben des Benchmarking selbst.

Zudem besteht das Team aus externen Spezialisten. Denkbar ist sowohl eine partielle Mitarbeit, z. B. in der Start- und Aufbauphase als auch eine kontinuierliche Betreuung des Prozesses. Weiterhin können Spezialisten für Benchmarking in verschiedenen Funktionen (Produktion, Finanzierung etc.) herangezogen werden.

Die Angestellten bilden den dritten Teil des Benchmarking Teams. Zwei Arten der Teilnahme sind möglich. Einerseits ist eine auf die Dauer des Projektes beschränkte Teilnahme denkbar, in der sie z. B. eingesetzt werden, um Daten zu sammeln und sie zu analysieren. Eine weitere Möglichkeit der Teilnahme besteht in einer langfristigen Mitarbeit, die besonders sinnvoll ist, wenn die Angestellten selbst Kunden des Benchmarking sind. Sie werden dann angehalten, Benchmarking-Projekte zu initiieren und über den Projektcharakter hinaus Beiträge zur ständigen Leistungssteigerung beizusteuern.

Die Verantwortungsbereiche erstrecken sich von der Organisation und Leitung des Teams durch das Projektmanagement über die operative Ebene der Teammitglieder bis hin zur Versorgung des Teams mit internen sowie externen Ressourcen durch den Projekt-Support.

Erfolgreiche Benchmarker verfügen über überdurchschnittliche Kenntnisse ihrer Funktion im Unternehmen, Ansehen und Akzeptanz bei Vorgesetzten, Mitarbeitern und Untergebenen, kommunikative Fähigkeiten und ausgeprägten Teamgeist.

9.2.2.4.   **Identifikation von Benchmarking-Partnern**

Im nächsten Schritt werden potentielle Benchmarking-Partner gesucht und kontaktiert. Die Verwendung des Wortes „Partner" steht für eine positive Beziehung der Parteien, die einen offenen und gegenseitigen Informationsaustausch ermöglicht.

Um festzustellen, wo ein Unternehmen seine Partner suchen muß, ist eine Entscheidung für eine der o.g. Benchmarking-Arten notwendig. Muß man beim internen Benchmarking „lediglich" Kollegen im eigenen Unternehmen zur Partizipation bewegen, gestaltet sich die Kontaktaufnahme mit den Partnern beim funktionalen Benchmarking komplizierter. Die Besten sind hier nicht nur außerhalb des Unternehmens, sondern möglicherweise auch außerhalb der Branche zu finden. Zum Auffinden geeigneter Partner bietet sich eine Vielzahl von Informationsquellen an. Die Bandbreite reicht von Verbänden über Datenbanken bis hin zu Veröffentlichungen, Berichten und Statistiken.

Eine kritische Betrachtung des Partners bleibt jedoch angeraten, da auch er selten perfekt ist. Seine Leistungserbringung ist also nicht als das Endziel anzusehen und sollte nicht blind übernommen werden. Vielmehr ist durch eine distanzierte Beobachtung ein Übertreffen dieser Leistung anzustreben.

Die Kontaktaufnahme ist als Beginn der Zusammenarbeit ein wichtiger Schritt und will gut vorbereitet sein. In einem einleitenden Dialog wird das erste Treffen – mündlich oder schriftlich – vereinbart. Bei dem folgenden Meeting wird das bevorstehende Vorhaben dargestellt und dem potentiellen Partner werden alle Informationen zur Verfügung gestellt, die er zur Entscheidung über die Mitarbeit benötigt. Dabei ist der psychologische Aspekt bedeutend, nicht nur die eigenen Vorteile dieser Kooperation aufzuzeigen, sondern auch und besonders den Nutzen des Partner-Unternehmens, z. B. in Form von Ergebnisberichten oder strukturiertem Datenreporting. In jedem Fall muß für den Partner ersichtlich werden, daß er keinen Nachteil aus dieser Zusammenarbeit zu erwarten hat.

9.2.2.5.   **Sammeln und Analysieren der Benchmarking-Informationen**

Das Sammeln und Analysieren von Informationen der Benchmarking-Partner setzt die Kenntnis der unternehmenseigenen Prozesse, Produkte und Funktionen voraus. In vielen Fällen ist ein vorgeschaltetes, internes Benchmarking von Nutzen, um das eigene Unternehmen kennenzulernen und eine strukturierte Datensammlung zu erhalten.

Bei der Datenerhebung kann die ganze Bandbreite schriftlicher und mündlicher Befragungstechniken genutzt werden, aber auch die Sekundärerhebung aus dritten Informationsquellen wie Veröffentlichungen oder Archiven. Sie schließt mit der Dokumentation der gesammelten Daten über das eigene, aber auch das Partnerunternehmen in einer Form ab, welche die Datenanalyse vorbereitend erleichtert.

Die Analyse besteht aus mehreren Teilschritten. Eine Qualitätskontrolle der Daten ist die Basis für eine korrekte Analyse. Eliminiert werden müssen nicht nur Übermittlungs- und Übertragungsfehler, sondern auch Interpretationsfehler, die durch die Subjektivität verschiedener Datenerheber verursacht wurden. Im nächsten Schritt wird über Einflußfaktoren nachgedacht, die ein falsches Ergebnis verursachen können. Nach ihrer Entfernung erfolgt eine Korrektur der Daten und eine bereinigte Datenmenge steht dem Benchmarking-Team zur Verfügung.

Die Analyse beinhaltet außerdem eine Identifizierung von Leistungsdifferenzen zwischen dem eigenen und dem Vergleichsunternehmen, also eine Ist-Aufnahme der Unterschiede und eine Erklärung dieser Differenzen. Wie kommen sie zustande und wodurch wird die höhere Leistung des Partners erzielt? Darauf aufbauend folgen Gestaltungshinweise für die nächste Stufe des Prozesses, nämlich die Umsetzung im Unternehmen. Zu diesen Gestaltungshinweisen gehört in vielen Fällen die grundsätzliche Entscheidung über Eigenfertigung oder Outsourcing.

Auch die Analyse wird im Benchmarking-Report dokumentiert, nicht nur als Basis für die folgende Umsetzung der Ergebnisse und für nachfolgende Untersuchungen, sondern auch zur Präsentation bei Auftraggebern und Partnern.

An ein grundlegendes Prinzip des Benchmarking sei hier erinnert, nämlich das der Unternehmensethik. Benchmarking baut auf dem offenen Austausch von Informationen auf. Das entgegengebrachte Vertrauen sollte, auch vorausschauend auf zukünftige Zusammenarbeit, keinesfalls mißbraucht werden. Das schließt eine vertrauliche Behandlung der gewonnen Daten ein, aber auch eine ständige Abstimmung mit dem Partnerunternehmen in Bezug auf den Umfang und die Inhalte der Erhebungen und die Verwendung der Ergebnisse. Diese und andere Prinzipien werden im Benchmarking-Verhaltenskodex des „International Benchmarking Clearinghouse", eines Dienstes des „American Productivity and Quality Center" und der „Strategic Planning Institute Council on Benchmarking", aufgeführt und erläutert.

9.2.2.6.   **Verwirklichung im Unternehmen**

Nach den aufwendigen ersten Schritten folgt die nicht weniger aufwendige Umsetzung der Ergebnisse im Unternehmen. Auf der Basis des Benchmarking-Reports muß das Bewußtsein für die Mißstände und die positive Einstellung zu Veränderungen erreicht werden. Besonders wichtig ist die Unterstützung des Top-Managements. Hierzu dient die Präsentation des vorangegangenen Prozesses vor Auftraggebern und Beteiligten. Verbesserungspotentiale werden aufgezeigt und die positiven Folgen erläutert.

Im Folgenden sollte ein Umsetzungsplan erstellt werden, der die Abfolge der Implementierungsschritte beinhaltet. Der Umsetzungsplan erfordert Überlegungen über die realistische Nutzung des Verbesserungspotentials und die Abstimmung mit dem Geschäftsplan: Welches Ausmaß der Leistungssteigerung ist realisierbar und in welchen Schritten?

Wie schon erwähnt, verläuft Benchmarking als kontinuierlicher Prozeß, die Umsetzung der Ergebnisse ist also keinesfalls als letzter Schritt zu betrachten. Vielmehr dient sie als Grundlage für eine erneute Betrachtung und Verbesserung der dann aktuellen Prozesse.

9.2.3. Gefahren

Richtig durchgeführt ist Benchmarking – eingebunden in ganzheitliche Managementkonzepte – sicherlich eine geeignete Methode zur kontinuierlichen Leistungssteigerung, gerade auch im Bereich von „Non-Profit-Organisationen", die Benchmarking als Ersatz für Wettbewerbsdruck zum Anreiz nehmen können. Auf der anderen Seite verbergen sich in ihr viele Gefahren, die zum Scheitern des Prozesses führen können.

Die zeitliche Länge der Durchführung von Benchmarking-Prozessen kann zu fehlender Motivation im Schritt der Ergebnisimplementierung führen, insbesondere nachdem Datenerhebung und -analyse einen sehr hohen Zeit- und Kraftaufwand gefordert haben. Aber auch das andere Extrem ist denkbar, nämlich daß der Planungsstufe aufgrund mangelnder Geduld nicht genug Aufmerksamkeit geschenkt wird und so einige zum Gelingen der Methode unerläßliche Vorbereitungen vernachlässigt werden. Weitere Probleme können sein, daß der Vergleich mit anderen Unternehmen nicht für nötig gehalten wird, daß nebensächliche Faktoren untersucht werden, weil sie leichter zu benchmarken sind oder daß die grundsätzliche, positive Einstellung zu Veränderungen, die bei jedem Beteiligten vorhanden sein muß, fehlt.

9.3. Die Studie

9.3.1 Zielsetzung

Über wichtige Faktoren zur Effizienzsteigerung eines Call Centers ist vieles gesagt und geschrieben worden. Diese Erkenntnisse stammen größtenteils aus der Beobachtung des Praxisbetriebes und basieren auf Erfahrungswerten verschiedener Call Center-Betreiber. Um Schlagwörter wie „Personal" und „Organisation" zu präzisieren und ihren Einfluß auf die Effizienz eines Call Centers durch statistische Methoden nachzuweisen, wurde von der Unternehmensberatung BL ConCept in Zusammenarbeit mit dem Lehrstuhl Personalwirtschaft der Universität Paderborn eine Studie zu dieser Problematik durchgeführt. Im personalwirtschaftlichen Bereich wurden insbesondere die Teilbereiche Personalauswahl, Leistungsbeurteilung, Personalentwicklung und Kompensation / Anreize, aus organisatorischer Sicht wurde die Einbindung des Call Centers in das Unternehmen untersucht. Die Studie dient dazu, den ersten Schritt des oben beschriebenen Benchmarking-Prozesses zu gehen und wirkliche Erfolgsfaktoren hinsichtlich der Effizienz eines Call Centers zu identifizieren. Aufgrund ermittelter Benchmarks können Gestaltungshinweise für das praktische Personalmanagement und somit Werkzeuge für eine Leistungssteigerung gegeben werden.

Im Vorfeld muß jedoch geklärt werden, was hier mit dem Begriff „Effizienz" gemessen wurde. Dieser Faktor bestand in der Untersuchung aus den Komponenten „Zielerreichung in Prozent", „Zielerreichung in Tagen", „Zufriedenheit des Leiters mit seinem Call Center" und als gegenläufige Komponente die „Lost Call-Rate". Wenn es die statistischen Anforderungen erforderten, wurde der Faktor „Effizienz" in seine einzelnen Komponenten zerlegt und detailliert untersucht.

Durch die ständige Erweiterung der Datenmenge besteht nicht nur die Möglichkeit, detailliertere Untersuchungen, z. B. nach Branchen unterteilt, durchzuführen. Trends und Entwicklungen des Call Center-Managements sind zu erkennen und können für frühzeitige (Re-) Aktionen genutzt werden. Somit ist dieses Projekt ständig in der Entwicklung, wobei hier aktuelle Ergebnisse erläutert werden.

9.3.2. Methodische Vorgehensweise

9.3.2.1. Art der Erhebung

Um die Art der Datenerhebung zu bestimmen, müssen im Vorfeld einige grundsätzliche Fragen bezüglich des erwünschten Informationsgehaltes, der zur Verfügung stehenden Zeit und des geplanten Budgets beantwortet werden. In diesem Fall sollte eine Vielzahl von Informationen abgefragt werden, die alle Bereiche des Call Centers (Personal, Organisation, Technik und Kundenorientierung) umfassen. Diese sollten mit dem statistischen Computerprogramm SPSS ausgewertet werden. Dazu müssen die Daten codiert werden; somit ist eine hohe Standardisierung erforderlich. Zudem wurde eine Streuung der Befragten über die ganze Bundesrepublik erwartet. Das verlangte nach einer kostengünstigen und wenig zeitintensiven, aber trotzdem effektiven Lösung.

Ein weiterer Punkt der Überlegung bezüglich der Standardisierung war die Homogenität der Gruppe der Befragten. Die Stichprobe bestand ausschließlich aus Personen, die in ihren Unternehmen eine direkte Verantwortlichkeit bezüglich der betriebenen Call Center besaßen. Aus diesem Grund konnte davon ausgegangen werden, daß die Befragten in der Lage waren, die Fragen ohne Anwesenheit eines Interviewers zu beantworten und das Fachvokabular zu verstehen.

Diese Überlegungen führten zu der Wahl der schriftlichen Befragung in Form eines Fragebogens.

Dem negativen Aspekt der niedrigen Rücklaufquote sollte sowohl mit vorhergehender Akquisition der potentiellen Teilnehmer als auch mit einer kostenlosen individuellen Datenauswertung entgegengewirkt werden.

Der Fragebogen (siehe Anhang)

Mit 20 Seiten ist der Fragebogen relativ komplex ausgefallen, jedoch bietet er eine Fülle von Daten rund um das Call Center, die auch für weitere Auswertungen genutzt werden. Insgesamt konnten über 500 Variablen codiert werden.

Er wird eingeleitet von einem Begleitschreiben, in dem unter anderem die ausführenden Institutionen genannt werden, die Anonymität der Befragten gewährleistet und eine kostenlose individuelle Auswertung der Daten zugesagt wird. Diese Maßnahmen sollen eine relativ hohe Rücklaufquote gewährleisten, die bei einer nicht angekündigten Versendung von Fragebögen lediglich zwischen fünf und zehn Prozent liegt.

Der Fragebogen selbst wird eingerahmt von allgemeinen „warm-up"-Fragen zu Beginn und der Aufforderung zur kritischen Stellungnahme und Ergänzung der Ausführungen am Schluß.

Inhaltlich ist eine klare Gliederung zwischen Fragen zu personellen und zu organisatorischen Aspekten, zur technischen Ausstattung und zur Kundenorientierung vorgenommen worden, die es dem Befragten einfach macht, sich zu orientieren. Der größte Teil der Fragen ist in geschlossener Form (vorgegebene Antwortmöglichkeiten) gestellt worden, um die Standardisierung zu ermöglichen und somit die optimale Verwertung in dem verwendeten Statistikprogramm zu gewährleisten. Hierbei war darauf zu achten, daß alle denkbaren Antwortmöglichkeiten erfaßt waren. War das nicht praktikabel, so wurde Raum für eigene Ausführungen gelassen. Fragen mit verschiedenen Antwortmöglichkeiten wechseln sich ab, um die Aufmerksamkeit des Befragten zu erhalten. So sind Antworten auf einer Rating-Skala von 1 bis 5 ebenso gefordert wie Zahlenangaben, „Ja-Nein"-Antworten und Mehrfachantworten.

9.3.2.2.   Ablauf der Datenerhebung

Nachdem der Umfang des Fragebogens abzusehen war, wurden 373 Unternehmen telefonisch kontaktiert, die durch den Betrieb eines Call Centers für die Erhebung in Frage kamen und BL ConCept in einer Datenbank zur Verfügung standen. Sie wurden über die Institutionen informiert, welche die Studie durchführten, auf den Zweck der Untersuchung hingewiesen und nach dem Offerieren einer Zusammenfassung der Ergebnisse gefragt, ob sie an dieser Erhebung teilnehmen wollten. Von diesen Unternehmen erklärten sich 120 zur Zusammenarbeit bereit. Zehn von ihnen erhielten daraufhin einen „Pretest", der von neun Unternehmen zurückgesandt wurde. Der Pretest wurde verschiedenen statistischen Untersuchungen unterzogen, um eventuelle Verständnisschwierigkeiten oder Bedarf an zusätzlichen Elementen aufzudecken. Zusätzlich wurde überprüft, ob die Anmerkungen und Kritiken Anlaß zur Änderung des Fragebogens gaben. Da er jedoch überwiegend eindeutig ausgefüllt wurde und die Beantwortung kaum Lücken aufwies, konnte man Verständnisschwierigkeiten ausschließen. Somit wurden die bestehenden Fragen kaum verändert. Lediglich einige ergänzende Fragen wurden hinzugefügt, die den Teilnehmern an dem Pretest separat zugesandt wurden, so daß diese neun Antwortbögen uneingeschränkt zur Analyse verwandt werden konnten.

Danach wurden die restlichen 110 Fragebögen mit o.g. Anschreiben versandt und die Rücksendung durch telefonische Nachfaßaktionen forciert, insbesondere als der Rücksendetermin von einer Vielzahl der Befragten erheblich überschritten wurde. Diese Aktionen führten zu einem zufriedenstellenden Rücklauf von 70 Fragebögen. Das entspricht einer Rücklaufquote von 58 % der Unternehmen, die Bereitschaft zur Teilnahme an der Studie bekundet haben, und 19 % aller kontaktierten Unternehmen. Der Umfang der Stichprobe kann für die vorgesehenen Analysen als durchaus befriedigend angesehen werden, zumal die Beantwortung hinsichtlich der zu untersuchenden Variablen kaum Lücken aufwies.

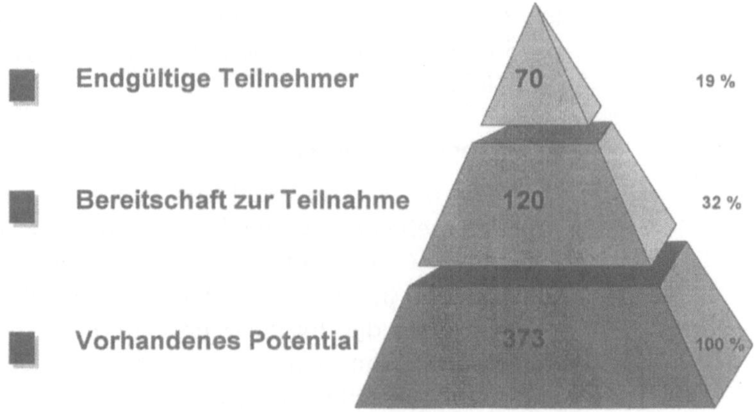

Die gewonnenen Daten wurden daraufhin in codierter Form in den Computer eingegeben und standen zur statistischen Auswertung bereit, die verschiedene Methoden umfaßt.

9.3.3. Relevante statistische Verfahren

Auf eine detaillierte Beschreibung der statistischen Berechnungen soll hier verzichtet werden, um die Darstellung der Ergebnisse nicht zu beeinträchtigen und den Leser nicht unnötig zu verwirren. Der Vollständigkeit wegen werden die Verfahren jedoch kurz erwähnt. Näheres zu den durchgeführten Berechnungen kann aber in entsprechender Literatur nachgelesen werden.

Voraussetzung für die Durchführbarkeit von statistischen Verfahren ist die „Güte" der Untersuchungen. Sie wird anhand dreier Kriterien beurteilt: **Validität, Reliabilität und Objektivität**. Die Validität (Gültigkeit) geht der Frage nach: „Wird gemessen, was gemessen werden soll?". Wird also die Variable durch die gewählten Fragestellungen ausgedrückt oder ist der untersuchte Sachverhalt vielleicht ein anderer als angenommen? Die Validität wird durch die Faktorenanalyse überprüft, die bei einer geringen Anzahl von Faktoren (möglichst nur ein Faktor) und einem hohen Anteil der erklärten Varianz auf die Gültigkeit der Indikatoren schließen läßt.

Bei der Reliabilitäts- oder auch Zuverlässigkeitsprüfung wird untersucht, ob die Wiederholung der Erhebung unter gleichen Umständen ein im Wesentlichen gleiches Ergebnis liefern würde. Hier wird die Stabilität der Messungen und die zeitliche Konsistenz überprüft. Die Reliabilität wird durch den Koeffizienten „Cronbachs Alpha" ausgedrückt. In der Literatur wird ein Wert von mindestens 0,85 vorausgesetzt, um die Reliabilität eines Indikators als befriedigend anzusehen. Da dieser Wert jedoch in der Praxis kaum erreicht werden kann, ist die Annahme eines Grenzwertes von Alpha=0,5 durchaus gebräuchlich.

Sollten die Validitäts- und / oder Reliabilitätsüberprüfungen wegen nominaler Skalenniveaus der Variablen nicht möglich sein, wird die Güte der Analyse aufgrund logischer Erwägungen überprüft, welche die Kriterien der Validität und Reliabilität einbeziehen. Die Güte der Auswertungen wird danach als gegeben angesehen.

Die Objektivität zielt auf den Einfluß des Forschers auf die Untersuchung. Da weder ideologische noch kommerzielle Aspekte die Empirie beeinflußt haben, ist diese Objektivität sicherlich gegeben. Es werden wirtschaftlich anwendbare und realistische Ergebnisse erwartet, welche die schwierigste aller Theorieüberprüfungen, nämlich die in der Praxis, überstehen.

Zur Überprüfung der Annahmen werden mehrere Verfahren ergänzend angewandt. Einerseits werden deskriptive (beschreibende) Statistiken durchgeführt, die hier Lage- und Streuungsparameter (z.B. arithmetisches Mittel, Median, Varianz etc.) beinhalten, andererseits wird die Berechnung von Korrelationskoeffizienten durchgeführt, die eine Aussage über die Stärke und die Richtung des Zusammenhangs machen. Der Korrelationskoeffizient kann Werte zwischen „-1" und „+1" annehmen, wobei der absolute Wert die Stärke des Zusammenhangs und das Vorzeichen die Richtung des Zusammenhangs darstellt.

Zusätzlich wird die lineare Regressionanalyse angewandt. Sie gibt Aufschluß über die Stärke eines vermuteten linearen Zusammenhangs zweier oder mehrerer Variablen.

9.3.4. Beschreibung der Stichprobe

Vor der Analyse und der Interpretation dient ein Überblick über die erhobenen Daten der Einschätzung der vorliegenden Stichprobe.

An der Befragung haben Unternehmen verschiedener Branchen teilgenommen, die ihr Call Center selbst betreiben – also keine Telemarketingagenturen. Von diesen Unternehmen haben gut zwei Drittel keine Möglichkeit, bei Kapazitätsengpässen andere Call Center z. B. in Form von externen Dienstleistern zu nutzen.

Bei der Betrachtung der Stichprobenzusammensetzung fällt auf, daß die Versicherungen den größten Teil der Stichprobe darstellen, gefolgt von Unternehmen der Informations- und Kommunikationstechnologie und Finanzdienstleistern. Die übrigen 40 % setzen sich aus Unternehmen der Branchen „Handel / Vertrieb", „Medien", „Industrie / Produktion", „Kartenservice", „Versorgung" und Unternehmen zusammen, die sich nicht eindeutig einer dieser Branchen zuordnen konnten.

Abb. 9.5
Zusammensetzung
der Stichprobe.

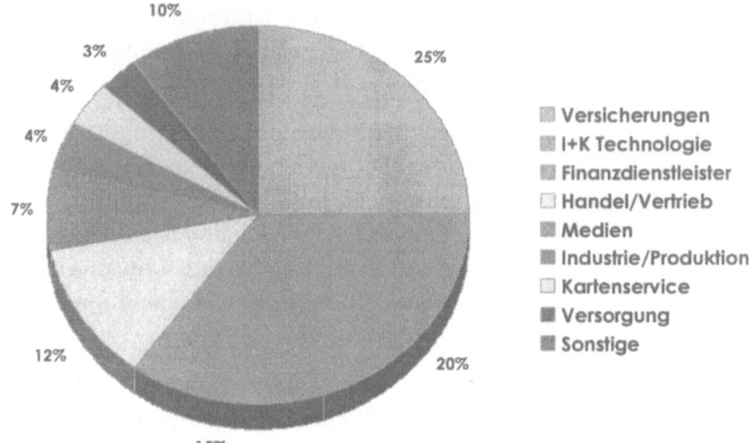

Die Zahl der Beschäftigten beträgt zwischen 40 und 285.000, wobei 50 % der Unternehmen bis zu 425 Mitarbeitern und 98,3 % bis zu 20.000 Mitarbeitern beschäftigen. Das Unternehmen mit 285.000 Beschäftigten kann somit als Ausreißer angesehen werden, beeinflußt die Auswertung jedoch nicht, da die Gesamtmitarbeiterzahl nicht von entscheidender Bedeutung für den zu untersuchenden Zusammenhang ist.

Bei der Anzahl der Beschäftigten im Call Center verhält es sich erwartungsgemäß ähnlich. Die Spanne reicht von zwei bis hin zu 450 Call Center-Mitarbeitern. Die Hälfte der Unternehmen beschäftigt jedoch weniger als 20 Call Center-Mitarbeiter. Der Schwerpunkt liegt also eindeutig bei kleinen und mittleren Organisationseinheiten.

Das Call Center dient in 72,5 % als Servicehotline und zu 65,2 % zur Kundenbetreuung, gefolgt von den Funktionen Helpdesk, Bestellannahme oder als Mischform mehrerer Funktionen. Es bietet durchschnittlich 292 Servicetage im Jahr an. Über die Hälfte der befragten Unternehmen sind national tätig und nur ca. 30 % nutzen ihr Call Center auch grenzüberschreitend.

Abb. 9.6
Funktionen des
Call Centers.

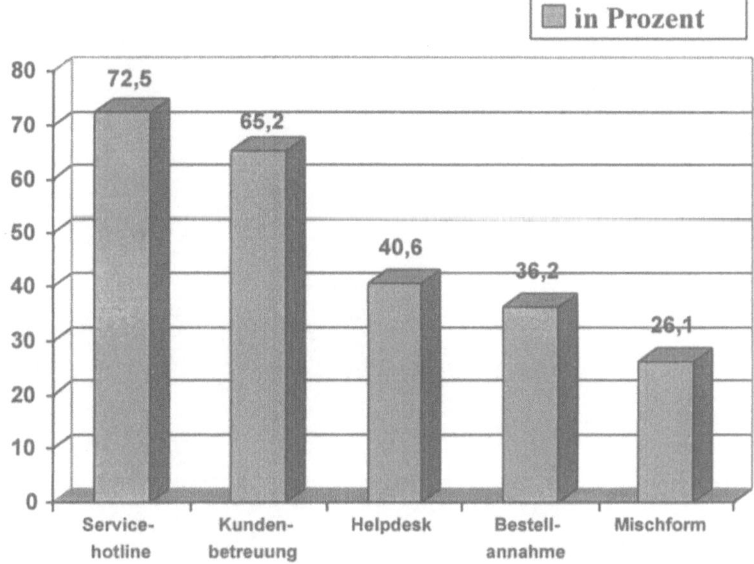

Rund 80 % der Unternehmen verwenden als technisches Herz-stück ihres Call Centers eine ACD-Anlage, davon 73 % als integrierte Lösung. Die hier gewonnenen Daten gehen zum größten Teil in die Personalplanung ein. Mit technischen Zusatzkomponenten sind die befragten Unternehmen kaum ausgestattet, was aber nicht unbedingt einen Nachteil darstellen muß, wenn diese Art der Erreichbarkeit durch den persönlichen Kontakt ersetzt wird. Die am häufigsten technischen Applikationen sind das Voice-Mail-System und das Fax-on-demand.

Nur 39 % sind auch im Outbound-Telefonverkehr aktiv, obwohl das Potential des „aktiven Telefonierens" ausnahmslos als hoch bis sehr hoch eingeschätzt wird.

9.3.5. Einfluß der personalwirtschaftlichen und organisatorischen Leistungsfaktoren auf die Effizienz

Der Faktor „Personal" ist schon im Vorfeld als wesentlicher Schlüsselfaktor des Call Centers herausgestellt worden, der ca. zwei Drittel des Kostenblocks darstellt, vorallem aber wegen seiner direkten Repräsentationswirkung dem Kunden gegenüber. Deswegen sind verstärkt personalwirtschaftliche Aspekte und ihr Einfluß auf die Effizienz des Call Centers untersucht worden. Zu den vier personalwirtschaftlichen Aspekten Personalauswahl,

Weiterbildung, Leistungsbeurteilung und Kompensation/Anreize wurden interessante Ergebnisse bezüglich der Effizienz ermittelt.

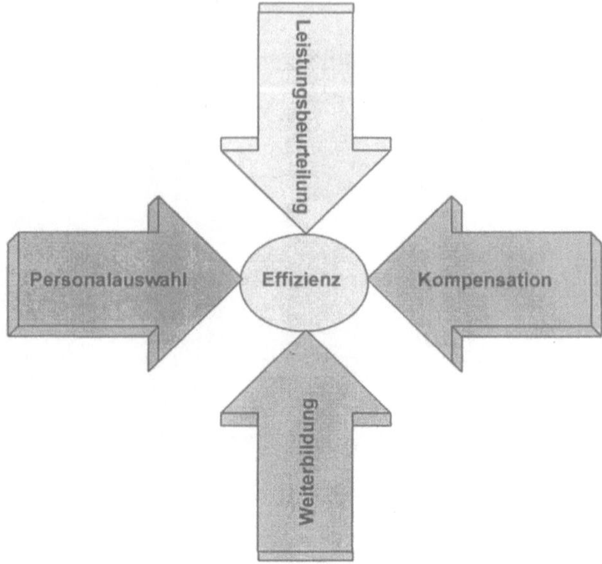

Abb. 9.7
Einfluß personalwirt-
schaftlicher Aspekte
auf die Effizienz.

Zusätzlich zu den durchschnittlich erbrachten Leistungen liefert die Studie die Bestleistungen in Bezug auf einzelne Kennzahlen. Sie dienen zur Orientierung am Machbaren. Sie zu erreichen oder sogar zu übertreffen sollte im Sinne des Benchmarking das erklärte Ziel jedes einzelnen Unternehmens sein.

Überblick: Personal

Um ein Gefühl für die personelle Situation in Call Centern zu bekommen, sind einige Daten, die sich aus der Befragung ergeben haben sehr nützlich. 97,1 % der Unternehmen beschäftigen Vollzeitkräfte, 78,3 % arbeiten mit Teilzeitkräften. Die gute Erreichbarkeit stellen 59,4 % durch Schichtbetrieb sicher.

	Agent	Team-leiter	System-administrator	Super-visor
Anteil männlicher Mitarbeiter	Ca. 32 %	Ca. 47 %	61 %	Ca. 63 %
Anteil weiblicher Mitarbeiter	Ca. 68 %	Ca. 53 %	39 %	Ca. 37 %

An Tarifverträge gebunden sind 63,8 %, von den übrigen 36,2 % hält sich über die Hälfte an geltende Tarifbestimmungen.

Bei der Altersstruktur fällt erwartungsgemäß auf, daß kaum ein Agent älter als 45 Jahre ist. 55,4 % sind jünger als 30 Jahre und 43,1 % sind zwischen 30 und 45 Jahre alt. Die Betriebszugehörigkeit beträgt bei den Agenten durchschnittlich ca. 5 Jahre und bei den Call Center-Leitern ca. 9 Jahre.

9.3.5.1   Personalauswahl

Die Anforderungen, die an Call Center-Mitarbeiter gestellt werden, sind vielfältig. Das liegt zum größten Teil an der unterschiedlichen Nutzung der Call Center vom Instrument der Bestellannahme bis hin zum Beschwerdemanagement. Salopp gesagt fordert das eine Mitarbeiterspanne vom Verkäufer bis zum Seelsorger. Daraus ergibt sich, daß nicht nur die fachliche Kompetenz des Bewerbers, sondern auch seine soziale Kompetenz und seine Ausstrahlung eine große Rolle spielen. Bei dem großen Anteil an Teamarbeit ist es wichtig, persönlich zu beurteilen, ob der Bewerber in das vorhandene Team paßt. Nicht ohne Grund wird das Betriebsklima von den Call Center-Leitern überwiegend als gut bis sehr gut und die Zufriedenheit der Mitarbeiter als mittel bis gut eingeschätzt.

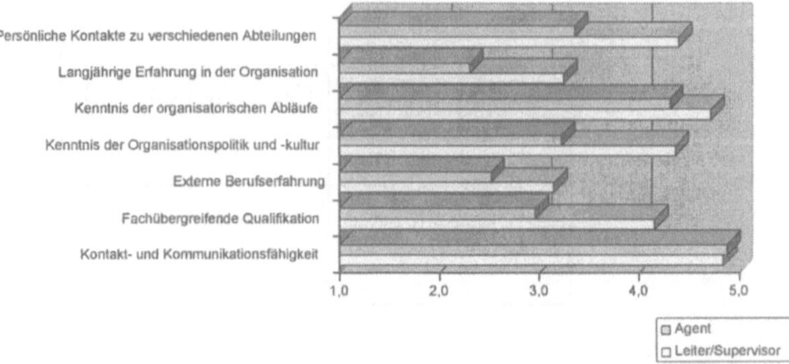

Abb. 9.8
Anforderungsprofile
bei der Auswahl von
Agenten und CC-
Leitern (1=unwichtig;
5=wichtig).

Die Anforderungen können also nicht im Detail standardisiert werden. Dennoch wiederholen sich einige allgemeine Anforderungen ständig. Neben der angenehmen Stimme sind für den richtigen Agenten

- betriebsspezifische Qualifikation,

- Kenntnis organisationsinterner Abläufe,

- Anpassungsfähigkeit,

- Kontakt- und Kommunikationsfähigkeit,

- Persönlichkeit und

- Loyalität

erforderlich.

Der adäquate Team- bzw. Call Center-Leiter bringt zudem eine

- fachübergreifende Qualifikation,

- Entwicklungspotential,

- Kenntnis der Organisationspolitik und -kultur sowie

- persönliche Kontakte zu verschiedenen Abteilungen

mit. Daraus ergibt sich die Notwendigkeit, diese Mitarbeiter vorwiegend intern zu rekrutieren. Die o.g. Betriebszugehörigkeit von ca. 5 Jahren bei Call Center-Agenten deutet darauf hin, daß viele der Mitarbeiter schon vor ihrer Tätigkeit im Call Center in demselben Unternehmen gearbeitet haben, da etliche der befragten Unternehmen ihr Call Center erst seit kurzer Zeit betreiben.

Um die Mitarbeiter möglichst optimal auszuwählen, muß aus einer Vielzahl von Personalauswahlmethoden die passende ausgesucht werden. Die Verwendung einiger Instrumente der befragten Unternehmen ist in der folgenden Grafik dargestellt.

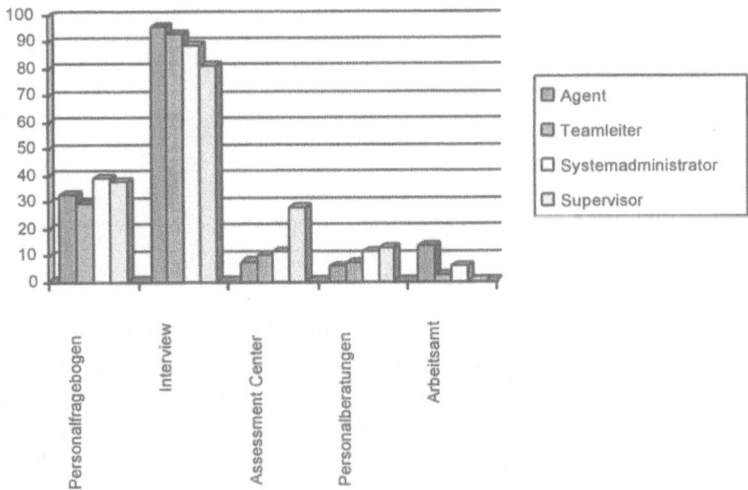

Das Interview – telefonisch oder persönlich – dominiert klar bei den Personalauswahlinstrumenten für sämtliche Mitarbeitergruppen. Das ist zurückzuführen auf die notwendige Beurteilung der sozialen Kompetenz und der Teamfähigkeit. Sie kann in einem Interview optimal stattfinden. Durch unterschiedliche Anforderungen an den Mitarbeiter aufgrund verschiedener Funktionen im Call Center stellt sich jedoch nicht nur die Frage nach der Art der Personalauswahl, sondern vielmehr nach den Inhalten und den Methoden, diese Kriterien zu ermitteln. An dieser Stelle sei noch einmal auf den IMC-Test verwiesen, der insbesondere die persönliche und soziale Kompetenz ermittelt, um das Potential für unterschiedliche Anforderungen und die kommende Weiterbildung bereitzustellen.

Aufgrund der Tatsache, daß „Call Center-Agent" kein Ausbildungsberuf ist, wird sehr viel Wert auf die Weiterbildung der Mitarbeiter nach ihrer Einstellung gelegt. Trotzdem wird eine gewisse Grundqualifikation gefordert, die in der folgenden Grafik dargestellt wird.

Abb. 9.10
Formale Qualifikation
der Mitarbeiter
(in Prozent).

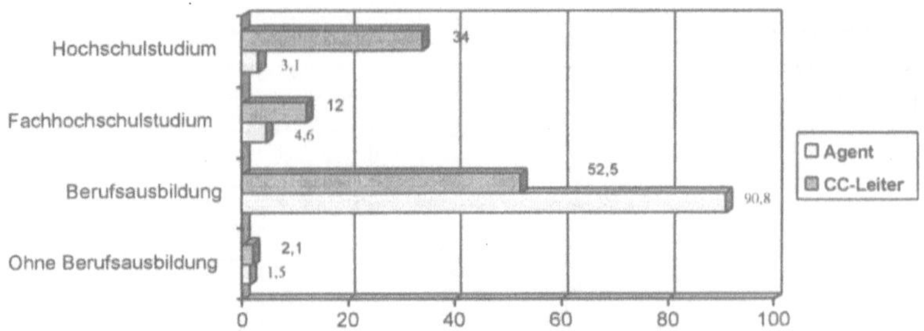

Rund 90 % der Call Center-Agenten können eine abgeschlossene Berufsausbildung aufweisen, nur 7,7 % absolvierten ein Hochschul- bzw. Fachhochschulstudium. Der Anteil der Akademiker ist bei den Call Center-Leitern erwartungsgemäß größer. Es stellt sich die Frage, wie hoch die formale Qualifikation eines Agenten sein muß, um eine effiziente Arbeit zu gewährleisten. Die Praxis zeigt – und das ist auch der erste Benchmark – , daß sich eine zu hohe formale Qualifikation der Agenten und Teamleiter eher negativ auf die Effizienz des Call Centers auswirkt. Fehlende Aufstiegschancen und Zukunftsperspektiven sowie die Unterforderung der Mitarbeiter können ein Grund hierfür sein. Hingegen erhöht eine hohe Berufserfahrung des leitenden Personals, deren Durchschnitt bei 9 Jahren liegt, die Zielerreichung. Der Schwerpunkt der Auswahl liegt also nicht auf der bisherigen Qualifikation, sondern eher auf dem Entwicklungspotential der Mitarbeiter.

Bei 71 % der Unternehmen liegt für die Auswahl ein persönliches Anforderungsprofil, bei 68,2 % ein fachliches Anforderungsprofil vor. Besonders das persönliche Profil ist jedoch in der Regel so unpräzise formuliert, daß die Auswahl im Endeffekt auf dem fachlichen Profil und der Sympathie des Auswählenden mit dem Bewerber beruht. Die Konsequenz daraus ist die Notwendigkeit der Erstellung eines konkreten Anforderungs- sowie eines Persönlichkeitsprofils.

9.3.5.2.

Abb. 9.11
Zielsetzungen in der
Leistungsbeurteilung
(in Prozent).

Leistungsbeurteilung und Personalentwicklung

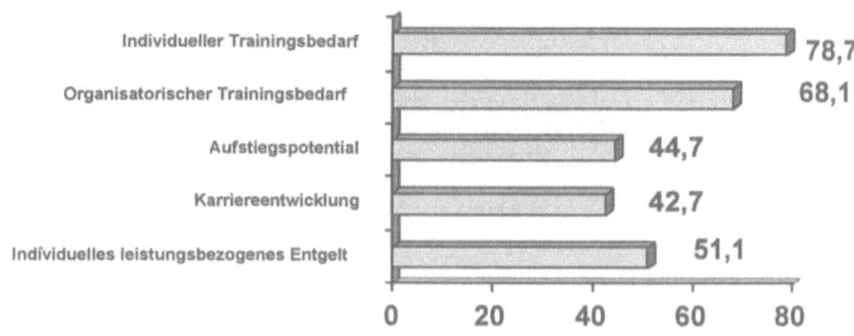

Wie schon mehrfach erwähnt, ist die Weiterbildung der Mitarbeiter unbedingt erforderlich. Ihr sollte eine Leistungsbeurteilung zugrunde liegen, die nicht nur das zu entwickelnde Potential des Mitarbeiters ermittelt, sondern auch als Instrument zur Erfolgskontrolle einer Weiterbildungsmaßnahme dient. Eine Leistungsbeurteilung wird bei 71 % der Unternehmen durchgeführt, bei ca. 71 % davon jährlich. Den Beurteilungen liegen in ca. 96 % qualitative Kriterien, z. B. die Qualität der Beratung, zugrunde, quantitative nur in ca. 53 %. Dieses Ergebnis ist unter anderem auf die Schwierigkeiten zurückzuführen, die bei der Messung von sinnvollen quantitativen Kennziffern auftreten. Die Leistung eines Mitarbeiters aufgrund von quantitativen Meßzahlen wie z. B. die Anzahl der durchgeführten Calls oder die Gesprächszeit zu beurteilen, kann die Gefahr bergen, daß die Konzentration des Mitarbeiters auf diese Kennziffern nicht nur die Einschätzung seiner Leistung verfälscht, sondern auch diese Kennziffern künstlich hochtreibt und andere, davon abhängende Merkmale des Kundenservice unberücksichtigt bleiben oder sogar negativ beeinflußt werden. Hier ist also besonderes Augenmerk auf die beurteilten Inhalte als auch und gerade in Bezug auf die Vergütung zu legen. Doch dazu später.

In der Regel wird die Leistungsbeurteilung vom Vorgesetzten durchgeführt, teilweise aber auch von gleichrangigen oder untergebenen Mitarbeitern oder von den Kunden (ca. 42 %). An erster Stelle der Zielsetzungen, die mit der Leistungsbeurteilung verfolgt werden, steht die Bestimmung des individuellen Trainingsbedarfs, gefolgt vom organisationsbezogenen Trainingsbedarf. Weiterhin werden in etwa der Hälfte der Unternehmen die Bestimmung des leistungsbezogenen Entgeltes, der Karriereentwicklung und des Aufstiegspotentials verfolgt.

Die daraus resultierenden Weiterbildungsmaßnahmen, die übrigens bei allen Unternehmen stattfinden, beinhalten die Vermittlung verschiedener Kenntnisse. Die häufigsten Inhalte sind die Vermittlung von Produktwissen und das Verhaltenstraining, gefolgt von EDV- und Unternehmenskenntnissen.

Abb. 9.12
Inhalte der Weiterbildungsmaßnahmen
(1=selten; 5=häufig).

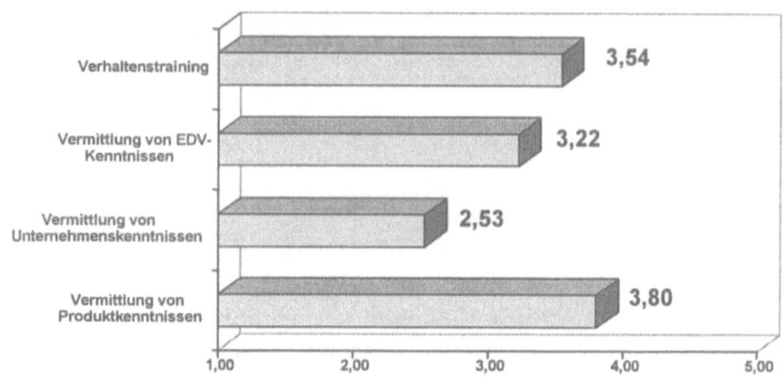

Diese Maßnahmen finden zu ca. 80 % im Unternehmen selbst statt. Ein Drittel läßt auch extern Weiterbildungen durchführen. Die Weiterbildung dient hier nicht nur zur Behebung von Qualifikationsdefiziten, sondern auch zur Förderung der Persönlichkeit, Steigerung der Mitarbeitermotivation, deren Bindung an das Unternehmen und zur Förderung der Kundenorientierung.

Abb. 9.13
Anzahl der Weiterbildungstage pro
Jahr.

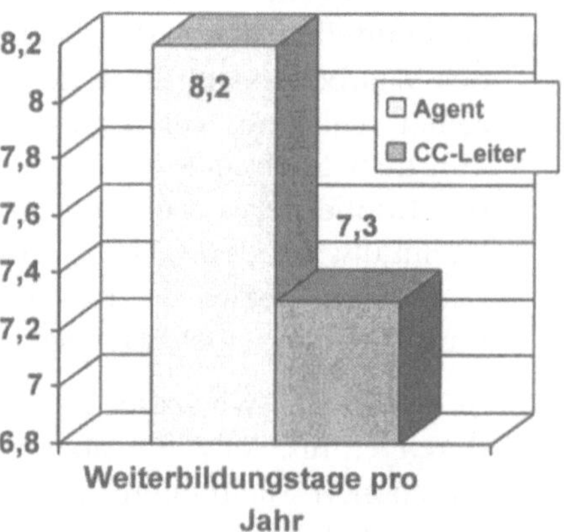

Die Anzahl der Weiterbildungstage pro Jahr für die Mitarbeitergruppe der Agenten beträgt ungefähr acht Tage, wobei einige Unternehmen 20 Tage pro Jahr aufweisen und eines seine Agenten sogar an 75 Tagen im Jahr weiterbildet. Die Messung der Weiterbildungsaktivitäten in Tagen ist nicht unwichtig, denn schon diese rein quantitative Ziffer hat Einfluß auf die erbrachte Leistung des Call Centers, d.h. es ist eine höhere Effizienz bei denjenigen Unternehmen zu beobachten, die eine höhere Anzahl an Weiterbildungstagen verzeichnen können. Eine Kontinuität dieser Weiterbildungsmaßnahmen ist besonders bei den Call Center-Agenten zu erkennen, die bei 92,2 % eine regelmäßige Schulung erfahren.

Abb. 9.14
Regelmäßige
Weiterbildung der
Mitarbeiter.

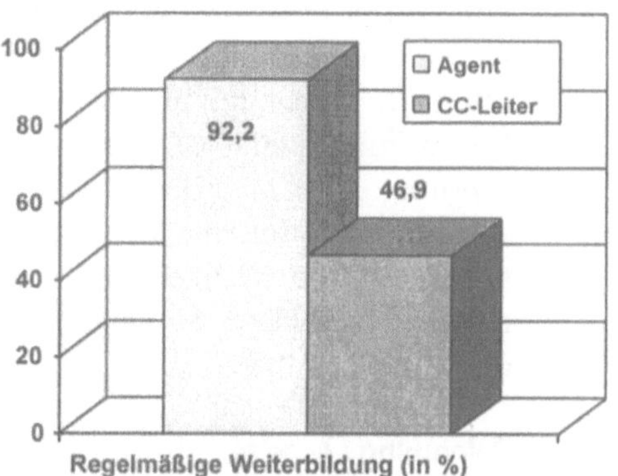

Die Einweisung neuer Mitarbeiter erfolgt zu 90 % durch erfahrene Mitarbeiter, weniger oft durch interne Schulungen (74 %) und zu 65,2 % durch Learning-by-doing. Eine wünschenswerte Betreuung durch Mentoren oder Paten gibt es bei nur ca. 40 % der Unternehmen, externe Schulungsprogramme bei 36,2 %. Die volle Leistungsfähigkeit eines Agenten wird bei über 60 % der Unternehmen erst nach mindestens acht Wochen Einweisungsdauer erreicht. Hierbei wird die Einarbeitungszeit nicht dadurch verkürzt, daß der Agent vorher schon in anderen Call Centern tätig war.

Abb. 9.15
Personal-
entwicklungs-
instrumente
(Einsatz des
Instrumentes in %
der befragten
Unternehmen).

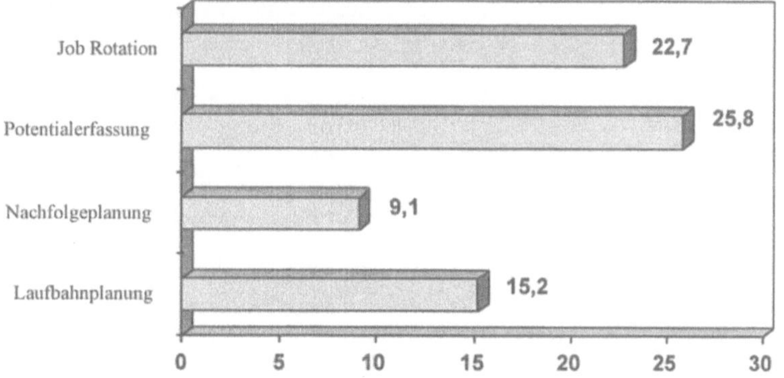

Jetzige Personalentwicklungsinstrumente scheinen auf kurz- bis mittelfristige Zeiträume angelegt zu sein, denn sie beziehen sich ausschließlich auf konkrete Weiterbildungsmaßnahmen. So existieren bei knapp 70 % der Unternehmen Mitarbeiterberatungs- und -förderungsgespräche und bei 42,2 % werden Weiterbildungsgespräche geführt.

Langfristige Instrumente werden überraschend selten eingesetzt. Bei ca. 25 % wird die Potentialerfassung durchgeführt – gerade einmal bei einem Viertel der Unternehmen also. Andere Instrumente wie Job Rotation, Nachfolgeplanung oder Laufbahnplanung, die nicht nur die Motivation fördern, sondern durch die Verstärkung der "Corporate Identity" auch eine langfristige Bindung des Mitarbeiters an das Unternehmen unterstützen, werden noch seltener eingesetzt. Im Hinblick auf hohe Fluktuationsraten und Krankenstände besteht in diesem Feld der personalwirtschaftlichen Maßnahmen wohl unumstritten Nachholbedarf.

9.3.5.3.   Belohnung / Anreize

Die Gehaltshöhe des Mitarbeiters wird allgemein als Motivator zur Leistungssteigerung angesehen. Daß dieser Mechanismus nicht automatisch auf die Call Center-Branche übertragbar ist, zeigen die folgenden Ergebnisse. Zunächst eine Übersicht über die Gehaltshöhe der Call Center-Mitarbeiter.

Abb. 9.16
Gehaltshhöhe
der Call Center-
Mitarbeiter.

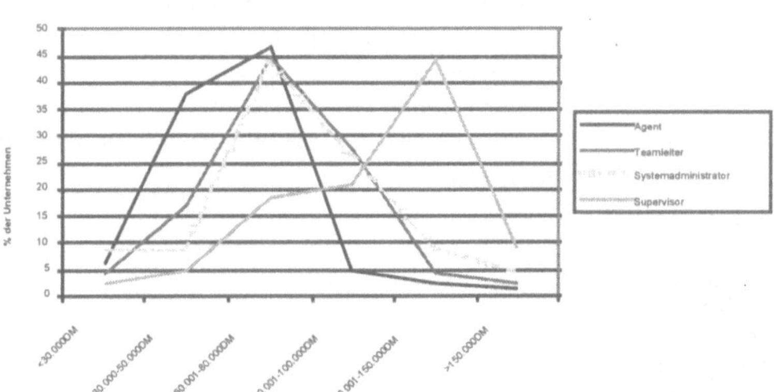

Call Center-Agenten, Teamleiter und Systemadministratoren werden in den meisten Fällen mit einem Bruttogehalt auf Vollzeitbasis von 30.000 bis 80.000 DM vergütet, die Call Center-Leiter bekommen bei ca. 45 % der Unternehmen zwischen 100.000 und 150.000 DM pro Jahr, bei ca. 20 % zwischen 80.000 und 100.000 DM und bei ebenfalls ca. 20 % zwischen 50.000 und 80.000 DM pro Jahr. Doch sagen diese absoluten Zahlen etwas über die Effizienz eines Call Centers aus? Die Antwort ist ganz klar: „Nein"! Es ist kein statistischer Zusammenhang zwischen der Entgelthöhe der Call Center-Mitarbeiter und der Effizienz des Call Centers zu ermitteln! Sehr interessant ist jedoch die Frage nach dem „Warum?"

Abb. 9.17
Entgeltformen.

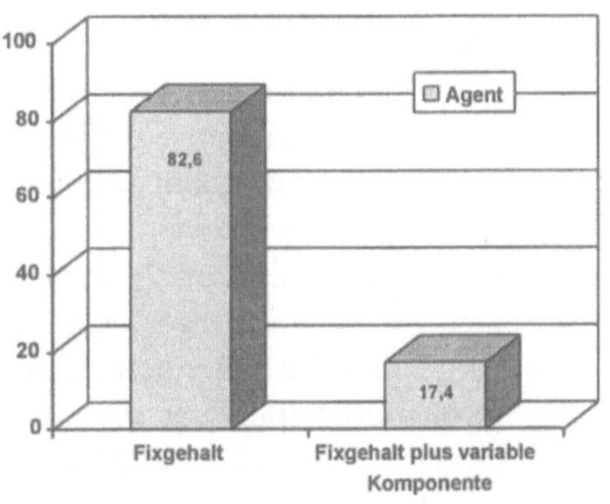

Die Antwort gibt wiederum die Stichprobe. Nur 17,4 % der Unternehmen vergüten variabel, die übrigen 82,6 % bezahlen Fixgehälter. Die Vermutung liegt nahe, daß die Effizienz eines Call Centers nicht durch die Entgelthöhe, sondern durch die Entgeltform beeinflußt wird. Tatsächlich weisen die Unternehmen mit einer variablen Vergütungsform eine höhere Effizienz auf. Im Mittel wird bei den Unternehmen mit einer variablen Vergütung effizienter gearbeitet als bei denen, die ein Fixgehalt auszahlen. Bei der Bemessung des variablen Anteils kommt hier als erstes der Zielerreichungsgrad in Frage, der bei 76 % der Unternehmen als Grundlage herangezogen wird. Aber auch der Umsatz, die Kundenzahl, Calls pro Tag, Sofortlösungsquote, Anteil der Lost Calls, qualitative Kriterien etc. können die Grundlage bilden. Je nachdem, welche Kennziffern verändert werden sollen, ist die Bemessungsgrundlage zu wählen. Doch wie zuvor schon erwähnt, besteht bei Verwendung einzelner Kennziffern als Bemessungsgrundlage die Gefahr, andere Kennziffern negativ zu beeinflussen. Zum Beispiel kann eine hohe Anzahl an Calls pro Tag leicht erreicht werden, indem man sich sehr (!) kurz faßt. Ob das der Kundenorientierung dient, ist fraglich. Durch die hohe Verbreitung von Teamarbeit in diesem Bereich bieten sich vor allem Teamprämien an, die z. B. aufgrund der Erreichung eines vorher definierten Leistungspaketes gewährt werden.

Immaterielle Anreize werden den Mitarbeitern hauptsächlich durch die Übertragung von mehr Verantwortung und die Zuteilung besonderer Aufgaben gegeben. Es hat sich in diesem Zusammenhang auch bestätigt, daß eine größere Entscheidungsbefugnis der Agenten zu höherer Effizienz führt, im Speziellen durch niedrigere Lost Call-Raten.

9.3.5.4.   Organisation

90 % der befragten Call Center befinden sich in der Nähe des Stammunternehmens, wobei 83,3 % sogar direkt am Firmensitz zu finden sind. Somit scheint eine sehr gute Basis für intensive Kommunikation zwischen Call Center und Stammunternehmen gegeben zu sein, doch dazu später. Die Call Center sind in den meisten Fällen in drei oder vier Hierarchieebenen untergliedert. Diese werden mit Agenten, Teamleitern, evtl. Systemadministratoren und Supervisors besetzt. Bei über 90 % der Unternehmen arbeiten die Call Center-Mitarbeiter in der räumlichen Organisationsform Call Center, bei 9 % der Unternehmen sind auch Telearbeitsplätze vorhanden; 18,8 % planen, Teleheimarbeitsplätze einzuführen.

Einbindung in das Unternehmen

Um die organisatorische Einbindung des Call Centers im Unternehmen herauszustellen, wurde der Informationsfluß von dem Call Center zu den verschiedenen Abteilungen und vice versa untersucht. Dabei ergeben sich folgende Informationsströme:

Abb. 9.18
Informationsaus-
tausch zwischen den
Abteilungen und dem
Call Center.

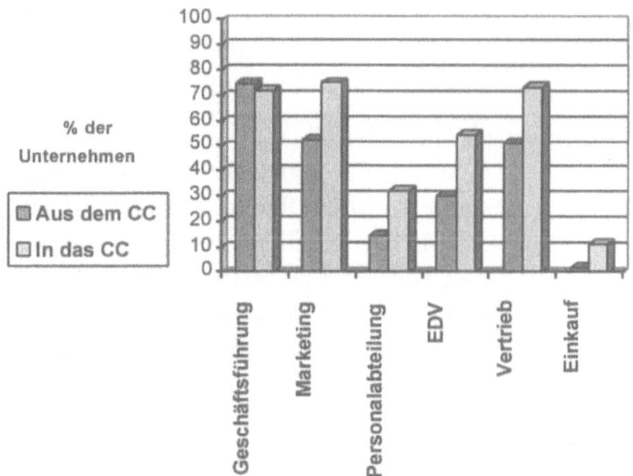

Das Call Center ist überwiegend mit den Abteilungen Geschäftsführung, Marketing und Vertrieb verbunden, wobei auffällt, daß
der Informationsfluß aus dem Call Center wesentlich geringer ist
als der in das Call Center. Daraus ist zu schließen, daß vielfach
die Rückmeldung an die Abteilungen, also die gegenseitige In-
teraktion zwischen den Abteilungen fehlt. Das Informationspo-
tential aus dem Call Center wird vielfach weder für Produkt-
bzw. Serviceverbesserungen noch zur Anpassung der Marketing-
und Vertriebsaktivitäten genutzt. Lediglich der Geschäftsführung
ist das Call Center in den meisten Fällen Rechenschaft schuldig.
Verwunderlich ist auch, daß das Call Center nicht in allen Fällen
Informationen aus den drei Bereichen Geschäftsführung, Marketing und Vertrieb bekommt. Hier ist sicherlich Handlungsbedarf
gegeben, um schnell und flexibel auf veränderte Bedingungen
und neue Situationen reagieren zu können. Es ist leicht vorzu-
stellen, daß es kein gutes Licht auf das Unternehmen wirft, wenn
die Agenten von der neuesten Marketingaktion noch nichts erfahren haben. So sollten Informationsflüsse optimiert werden,
um wichtige Informationen zur Produkt- bzw. Serviceverbesse-
rung und zur Abstimmung mit den Marketingaktionen zu nutzen,
denn auch hier hat sich ergeben, daß sich schon die Kontakt-
häufigkeit zum Stammunternehmen positiv auf die Effizienz
auswirkt. Da das Call Center in ca. 83 % am Firmensitz plaziert
ist, ist zumindest die räumliche Gegebenheit geschaffen, um einen besseren Kontakt herzustellen. Es ist ein Manko, daß diese
Kommunikation trotzdem nicht optimal zu funktionieren scheint.

Diese Möglichkeiten der Kommunikation sind natürlich nicht nur für firmenansässige Call Center gegeben. Im multimedialen Zeitalter bestehen genügend Möglichkeiten, miteinander in Verbindung zu treten, angefangen vom Telefon über Fax und Netzwerk bis zur E-mail.

Wie bereits angeführt, ist die Aufbauorganisation eines Call Centers durch flache Hierarchien gekennzeichnet. In den meisten Fällen existieren lediglich die Hierarchiestufen Agent, Gruppenleiter und Supervisor. Das ermöglicht überschaubare und dezentralisierte Weisungsbefugnisse. Diese höhere Entscheidungsbefugnis der Call Center-Agenten zieht eine höhere Effizienz und im Speziellen eine niedrigere Lost-Call-Rate nach sich. Auch die Koordination der Arbeit in Teams in ca. 65 % der Fälle hat generell einen positiven Einfluß auf die Effizienz. Die Folgerung aus diesen Ergebnissen ist, daß dem Call Center-Mitarbeiter viel Autonomie zugestanden werden muß, nicht nur, um seine Persönlichkeit und seine Motivation zu fördern, sondern auch, um ihm die Möglichkeit zu geben, im Kundenkontakt schnell, kompetent und vor allem abschließend zu handeln.

9.4.   Zusammenfassender Ausblick

Die Personalauswahl ist eindeutig als essentieller und die Leistung eines Call Centers beeinflussender Teil des Personalmanagements identifiziert worden. Jedoch muß der Fokus verschoben werden von der Glorifizierung der formalen Mitarbeiterqualifikation und der Frage, was er oder sie kann, hin zu den Potentialen, die in den Bewerbern stecken und die es ihnen zukünftig ermöglichen, die Tätigkeit langfristig erfolgreich zu erfüllen. Auf diesen Potentialen aufbauend muß eine „Personalentwicklung" stattfinden, die nicht nur auf kurze Zeit angelegt ist, indem sie dem Mitarbeiter nach der Einführungsphase ermöglicht, seine Telefonate kompetent zu führen. Sie sollte neben den durchaus wichtigen Weiterbildungen auch andere Instrumente beinhalten wie z. B. Job Rotation oder Laufbahnplanung. Dadurch wird dem Mitarbeiter das Gefühl genommen, einen „Job" zu erledigen, denn ein anerkannter Ausbildungsberuf ist „Call Center-Agent" noch nicht, und weiterhin wird seine Motivation gesteigert und durch ein Gefühl der Corporate Identity die Bindung zum Unternehmen gefördert.

Ein weiterer wichtiger Aspekt in personalwirtschaftlicher Hinsicht ist die Kompensation als Motivator. Hier hat sich klar herausgestellt, daß nicht die absolute Höhe des Gehaltes den Mitarbeiter motiviert, sondern die Art der Vergütung. Variable Entgeltkomponenten sind geeignet, um den Call Center-Mitarbeiter zu einer Leistungssteigerung zu bewegen. Die Problematik ist „lediglich" die optimale Bemessungsgrundlage.

Die organisatorische Einbindung des Call Centers in das Unternehmen hat sich in dieser Studie als eher vernachlässigt herausgestellt. Obwohl die räumlichen Gegebenheiten für einen guten Kontakt zu dem Stammunternehmen und dessen Fachabteilungen in den meisten Fällen existieren, bestehen Defizite bezüglich des Informationsaustausches insbesondere zwischen den Abteilungen „Geschäftsleitung", „Vertrieb" und „Marketing". Die Bedeutung der Organisationseinheit „Call Center" scheint noch nicht durchgängig anerkannt zu sein, so daß man daß Gefühl hat, die Untenehmen trennen ihr Call Center eher ab, als daß sie es integrieren.

Zum Ende der Studienergebnisse seien noch einige Worte zum Thema Kundenorientierung erlaubt. Alle Bemühungen des Call Center sollten auf den perfekten Kundenservice hinauslaufen; obwohl der Qualitätswettbewerb als wichtigste Herausforderung für die Unternehmen herausgefunden werden konnte, liegt bei der tatsächlichen Kundenorientierung einiges im Argen. Die „Förderung der Kundenorientierung" wird als wichtigstes Personalentwicklungsziel angesehen und auch die fast durchgängige Einbeziehung qualitativer Kriterien in die Leistungsbeurteilung läßt vermuten, daß die Kundenorientierung wirklich an erster Stelle steht. Verwunderlich ist jedoch, daß 26,5 % der Unternehmen eine Lost Call-Rate von 15 % und mehr aufweisen, wobei einzelne Unternehmen diese Quote sogar auf 40 % treiben. Selbst die durchschnittliche Wartezeit beträgt über 30 Sekunden, bei 10 % sind es sogar zwischen 100 und 180 Sekunden (=3 Minuten!!). Ist es guter Kundenservice, wenn fast die Hälfte der Anrufer frustriert wieder auflegt, weil sie zu lange warten mußte?

Glücklicherweise gibt es auch positive Extremwerte zu vermerken, die als Maßstab dienen sollten. So haben es einige Unternehmen geschafft, das Verlorengehen von Anrufen ganz zu vermeiden und eine durchschnittliche Wartezeit von drei Sekunden zu erreichen. Die durchschnittliche Sofortlösungsquote liegt bei ca. 80 %. Eine Sofortlösungsquote von 100 % ist hier als Bestleistung erreicht worden.

Die ermittelten Ergebnisse bestätigen einige erwartete Zusammenhänge und präzisieren sie, andere werden verworfen und können somit als Trugschlüsse angesehen werden. Diese Daten dienen als wertvoller Wegweiser, um den kontinuierlichen Benchmarking-Prozeß im Unternehmen zu initiieren.

Die Datenbasis soll in Zukunft durch eine Erweiterung der Studie ausgebaut werden und ermöglicht dann weitere Untersuchungen bezüglich der Themen „Personal", „Organisation", Technik" und „Kundenservice". Wie Sie sich vorstellen können, ist auch das Potential der Fülle an Variablen noch lange nicht ausgeschöpft. Somit sind weitere interessante Ergebnisse zu erwarten.

Literaturangaben:

Andersen, B.; Pettersen, P.-G., 1996: The Benchmarking Handbook – Step-by-Step Instructions, London

Backhaus, K.; Erichson, B.; Plinke, W. et al., 1998: Multivariate Analysemethoden – Eine praxisorientierte Einführung, Berlin/Heidelberg

Bühl, A.; Zöfel, P., 1995: SPSS für Windows Version 6.1: Praxisorientierte Einführung in die moderne Datenanalyse, Bonn/Paris

Daschmann, H.-A., 1994: Benchmarking – Steigerung der betrieblichen Wettbewerbsfähigkeit durch das Lernen von anderen, Eschborn

Friedrichs, J., 1990: Methoden empirischer Sozialforschung, Opladen

Karlöf, B.; Östblom, S., 1993: Benchmarking – a signpost to excellence in quality and productivity, Chichester, West Sussex, England

Pieske, R., 1995: Benchmarking in der Praxis – Erfolgreiches Lernen von führenden Unternehmen, Landsberg/Lech

Productivity Press, 1993: The Benchmarking Management Guide, Portland OR

Spendolini, M. J., 1992: The Benchmarking Book, New York

Temme, M.: Benchmarks für Call Center – Eine empirische Untersuchung der organisationalen und personalwirtschaftlichen Leistungsfaktoren, 1997 (Diplomarbeit)

Watson, G. H., 1993: Strategic Benchmarking – How to Rate Your Company's Performance against the World's Best, USA

Watson, G. H., 1993: Benchmarking – Vom Besten lernen, Landsberg/Lech

Zairi, M., 1996: Effective Benchmarking – Learning from the best, London

Anhang - Fragebogen zur Call Center Studie (Auszug)

Fragebogen
zur Call Center-Studie

Die Call Center-Studie wird als Gemeinschaftsprojekt der
Universität Gesamthochschule Paderborn

und der

Unternehmensberatung BL ConCept GmbH, Hamburg,

durchgeführt

Universität Gesamthochschule Paderborn

Frau Dr. Marion Festing

Telefon: 05251-60 2930, Fax: 05251-60 3240

BL ConCept GmbH

Herr Bodo Böse

Telefon: 040-713 766-11, Fax: 040-713 766-66

Name, Vorname: ....

Funktion: ....

Name des Unternehmens: ....

Firmenanschrift: ....

Tel./Fax/E-Mail: ....

Anzahl der Beschäftigten: ....

Umsatz: ....

Branche:

❑ Finanzdienstleister ❑ Handel/Vertrieb

❑ Versicherungen ❑ Kartenservice

❑ Industrie ❑ Versorgung

❑ Medien ❑ ....

❑ Informations- und Kommunikationstechnologie

Anzahl der Call Center:

.... in Deutschland .... weltweit

Befindet sich das Call Center in der Nähe des Stammunternehmens (ca. 100 km)?

❑ ja ❑ nein

Welche Service-/Dienstleistungen bieten Sie in Ihrem Call Center an? (Mehrfachnennungen möglich)

❑ Bestellannahme (Sales Center)

❑ Helpdesk

❑ Kundenakquisition, Kundenbetreuung

❑ Servicehotline

❑ Mischform

❑ ....

Wie zufrieden sind Sie insgesamt mit Ihrem Call Center?

unzufrieden ❑ ❑ ❑ ❑ ❑ zufrieden

Ermitteln Sie Größen zur Messung der Produktivität / Rentabilität?

❑ ja ❑ nein

Wenn ja, welche? Und wie hoch sind sie?

❑ Kosten pro Call ....

❑ Leistung pro Call ....

❑ Gewinn pro Call ....

❑ Umsatz pro Mitarbeiter ....

❑ ....

❑ ....

Wieviele Personen arbeiten insgesamt im Call Center?

.... Personen

Sind Ihre Mitarbeiter in Gruppen / Teams zusammengefaßt?

❑ ja   ❑ nein

Machen Sie folgende Angaben zu den Mitarbeitern Ihres Call Centers. Wenn die Daten nicht vorhanden sind, nehmen Sie bitte Schätzungen vor.

❑ Fluktuation (in Prozent)

.... Agents   .... Leiter/Supervisor

❑ Krankenstand (in Prozent)

.... Agents   .... Leiter/Supervisor

In welchen Abteilungen werden Informationen / Auswertungen aus dem Call Center (z. B. durch Automatic Call Distribution (ACD)) genutzt?

❑ Geschäftsführung

❑ Marketing

❑ Personalabteilung

❑ EDV

❑ Vertrieb

❑ Einkauf

❑ ....

Aus welchen Abteilungen bekommt das Call Center Informationen?

❑ Geschäftsführung

❑ Marketing

❑ Personalabteilung

❑ EDV

❑ Vertrieb

❑ Einkauf

❑ ....

Wie oft werden für das Call Center getroffene Zielsetzungen erreicht (Angabe in Prozent)?

....................%

Welchen formalen Qualifikationsabschluß besitzen die Call Center-Mitarbeiter überwiegend?

	Agent	GL/TL	SA	SV
Hochschulstudium	❑	❑	❑	❑
Fachhochschulstudium	❑	❑	❑	❑
Berufsausbildung	❑	❑	❑	❑
Ohne Berufsausbildung	❑	❑	❑	❑
....	❑	❑	❑	❑

Wie wichtig schätzen Sie nachfolgende Merkmale für eine erfolgreiche Tätigkeit der angegebenen Mitarbeitergruppen ein? (unwichtig ❑ ❑ ❑ ❑ ❑ wichtig)

	Agent	Leiter/Supervisor
Kenntnis der Organisationspolitik und -kultur	❑ ❑ ❑ ❑ ❑	❑ ❑ ❑ ❑ ❑
Kenntnis organisationsinterner Abläufe	❑ ❑ ❑ ❑ ❑	❑ ❑ ❑ ❑ ❑
Persönliche Kontakte zu verschiedenen Abteilungen	❑ ❑ ❑ ❑ ❑	❑ ❑ ❑ ❑ ❑

Wie erfolgt die Rekrutierung von Mitarbeitern für das Call Center?

	A	GL/TL	SA	SV
Grundsätzlich intern	❑	❑	❑	❑
Grundsätzlich extern	❑	❑	❑	❑
Intern sowie extern	❑	❑	❑	❑

Wie wählen Sie Call Center-Mitarbeiter aus?

	A	GL/TL	SA	SV
Personalfragebogen	❑	❑	❑	❑
Interview	❑	❑	❑	❑
Assessment Center	❑	❑	❑	❑
Personalberatungen	❑	❑	❑	❑
Arbeitsamt	❑	❑	❑	❑
....	❑	❑	❑	❑

In welche Gehaltsgruppe ordnen Sie Ihre Mitarbeiter im Call Center ein?

(Mehrfachnennungen möglich, Angaben auf Vollzeitbasis)

	A	GL/TL	SA	SV
Kleiner 30.000 DM	❑	❑	❑	❑
30.000 - 50.000 DM	❑	❑	❑	❑
50.001 - 80.000 DM	❑	❑	❑	❑
80.001 - 100.000 DM	❑	❑	❑	❑
100.001 - 150.000 DM	❑	❑	❑	❑
Größer 150.000 DM	❑	❑	❑	❑

In welcher Weise erfolgt die Vergütung der Mitarbeiter im Call Center?

❑   auf Basis eines Festgehaltes

❑   Fixgehalt plus variable Komponente

Werden Weiterbildungsmaßnahmen durchgeführt?

❑ ja   ❑ nein

Welche Inhalte werden in Weiterbildungsveranstaltungen vermittelt?

Produktkenntnisse	häufig	❑ ❑ ❑ ❑ ❑	selten
Unternehmenskenntnisse	häufig	❑ ❑ ❑ ❑ ❑	selten
Umgang mit dem EDV-System	häufig	❑ ❑ ❑ ❑ ❑	selten
Verhaltenstraining	häufig	❑ ❑ ❑ ❑ ❑	selten
....	häufig	❑ ❑ ❑ ❑ ❑	selten

Erfolgt eine Leistungsbeurteilung der Call Center-Mitarbeiter?

❏ ja   ❏ nein

Welche Kriterien liegen der Leistungsbeurteilung zugrunde? (Mehrfachnennungen möglich)

❏ quantitative Daten (z.B. Anzahl der Gespräche pro Stunde)

❏ qualitative Daten (z.B. Qualität der Beratung)

❏ ....

Welche der folgenden Aspekte werden mit Hilfe des Beurteilungssystems bestimmt?

❏ individueller Trainingsbedarf

❏ organisationsbezogener Bildungs- bzw. Trainingsbedarf

❏ Aufstiegspotential

❏ Karriereentwicklung

❏ individuelles leistungsbezogenes Entgelt

❏ ....

Haben Sie ein Automatic Call Distribution-System (ACD) im Einsatz?

❏ ja   ❏ nein

Welche zusätzlichen Komponenten haben Sie im Einsatz? (Mehrfachnennungen möglich)

❏ Voice-Mail-System

❏ Interactive-Voice-Response-System

❏ Kombination aus Voice Computer u. „life" - Kommunikation

❏ Dialling-Systeme

❏ Fax-on-Demand

❏ Audiotex

❏ ....

Bitte geben Sie den Anteil der „Lost Calls" (durch Besetztzeichen verlorengegangene Anrufer) an?

❏ laut Statistik   ....%

❏ Schätzung des Wertes, da keine Werte aus der Statistik vorhanden   ....%

❑   keine Angabe möglich

Wieviel Zeit vergeht durchschnittlich, bevor der „Lost Call" - Anrufer auflegt?

❑   laut Statistik   ....Sekunden

❑   Schätzung des Wertes, da keine Werte aus der Statistik
       vorhanden   ....Sekunden

❑   keine Angabe möglich

Wie hoch ist der prozentuale Anteil der ankommenden Gespräche, die sofort und abschließend im Call Center bearbeitet werden (Sofortlösungsquote)?

❑   laut Statistik   ....%

❑   Schätzung des Wertes, da keine Werte aus der Statistik
       vorhanden   ....%

❑   keine Angabe möglich

Sind Sie im Outbound-Telefonverkehr aktiv?

❑   ja   ❑   nein

Wenn ja, zu welchem Zweck?

❑   Ermittlung der Kundenzufriedenheit

❑   Kundengewinnung

❑   Unterstützung von Produkteinführungen

❑   ....

Wie schätzen Sie das Potential der Outbound-Telefonie ein?

gering   ❑ ❑ ❑ ❑ ❑   hoch

Den vollständigen Fragebogen erhalten Sie unter nachfolgender Adresse:

BL ConCept GmbH

Willinghusener Weg 1

22113 Oststeinbek

10. Planung von Call Centern

Die Planung und Umsetzung einer Call Center-Lösung stellt eine Herausforderung für das gesamte Unternehmen dar. Es ist wichtig, sich mit jedem einzelnen Planungsschritt ausführlich zu beschäftigen. Grundsätzlich gilt:

Planungsgrundsatz

> Je ausführlicher und gründlicher die Planung eines Call Centers durchgeführt wird, desto besser sind die Ergebnisse im Wirkbetrieb bzw. desto geringer ist der Optimierungsaufwand im laufenden Betrieb.

Deshalb bildet die Call Center-Planung einen Schwerpunkt dieses Buches. Nachstehend werden die einzelnen Planungsschritte dargestellt und ausführlich beschrieben.

Das Kapitel 11 behandelt noch einmal ausführlicher die Punkte „Kommunikationsmessung und Call Center-Dimensionierung" und im Anhang dieses Buches findet man einige „Checklisten zur Call Center-Planung".

10.1. Vorbereitung der Call Center-Planung

Innerhalb des Planungsprozesses gilt es, eine Reihe von grundsätzlichen Aufgaben zu bearbeiten:

Hauptaufgaben bei der Call Center-Planung:		
Aufgabenstellung:	Abteilungen / Bereiche:	Zielsetzung:
Initiierung	Vorstand / Management	Strategie / Projektsupport
Projektleitung	"Projektleiter" / Management / DV / Personal	Projekt-verantwortung
Organisation	"Projektteam" / Fachabteilung / DV	Aufbau- / Ablauforganisation
Personal	Personal / Betriebsrat / Training	Profile / Rekrutierung / Training / Entlohnung

Technik	Einkauf / Tele-kommunikation / DV / Organisation	Beschaffung
Wirtschaftlichkeit	Management / Fachabteilung / DV	Steuerungs- und Informationssystem
Motivation	Management / Personal / Training	Kultur und Team-bildung
Kommunikation	Vertrieb / Marketing / Training	Interne und externe Kommunikation
Kundenzufrieden-heit	Vertrieb / Marketing	Ziele / Meßgrößen

Der benötigte Zeitaufwand für die gesamte Realisierung eines Call Centers richtet sich nach der Komplexität der angestrebten Lösung. In jedem Fall ist für ein derartiges Projekt ein Zeitraum vom 6 bis 24 Monaten zu berücksichtigen.

Abb. 10.1
Exemplarischer
Projektplan mit
Meilensteinen.

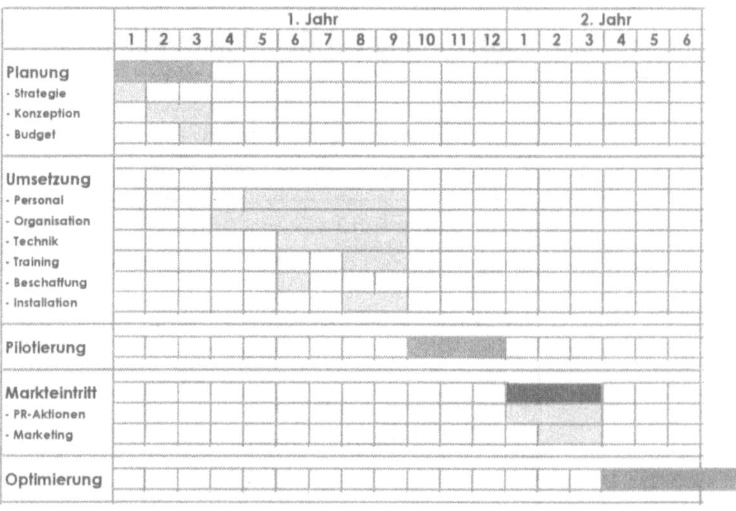

Der exemplarische Projektplan zeigt, daß der Projektschritt „Optimierung" aus dem Zeitraster herausläuft. Dies soll ver-deutlichen, daß die Call Center-Optimierung ein fortlaufender Prozeß ist, ganz im Sinne einer lernenden Organisation.

Die Zusammenstellung des Projektteams ist ein weiterer wichtiger Schritt der Call Center-Planung. Wie schon deutlich geworden ist, hat die Einführung einer Call Center-Lösung eine strategische Dimension für das gesamte Unternehmen und ist deshalb „Chefsache". Wenn das Top-Management die Projektleitung nicht übernehmen kann, braucht der Projektleiter aber zumindest sehr kurze Berichts- und Entscheidungswege zur Geschäftsleitung.

Für die Call Center-Planung wird eine verantwortliche Projektgruppe, das „Kernteam", gebildet. Da die Call Center-Einführung das Kommunikationsverhalten und die Organisation des gesamten Unternehmens nachhaltig verändert, ist es notwendig, im Laufe des Planungsprozesses immer wieder, wenn auch zeitlich befristet, Mitarbeiter aus anderen Abteilungen in die Projektarbeit einzubeziehen.

Abb. 10.2 „Kernteam" und weitere Projektmitglieder.

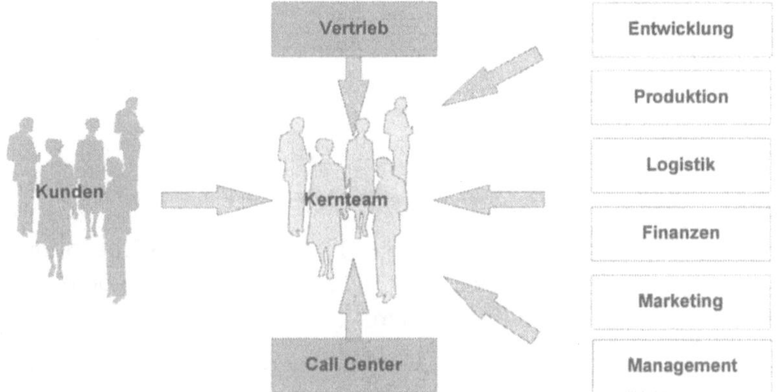

Das größte Problem stellt die Frage nach der Dimensionierung der neuen Call Center-Lösung dar. Im Unternehmen sind in der Regel keine Informationen über das tägliche Kommunikationsvolumen vorhanden, Abläufe und Prozesse sind meistens nicht dokumentiert.

Vor diesem Hintergrund bietet sich für die Durchführung der Call Center-Planung und die Umsetzung eines tragfähigen Call Center-Konzeptes ein schrittweises Vorgehen des Projektteams an.

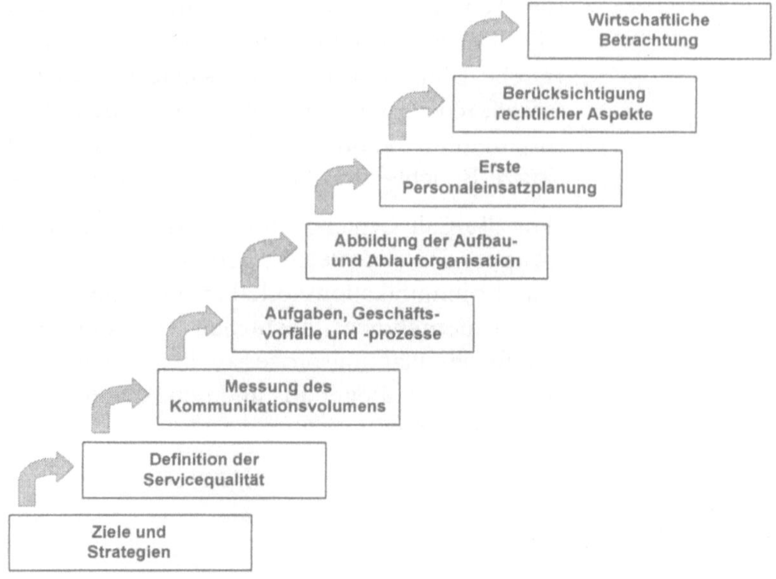

Abb. 10.3
Vorgehensweise
bei der Call Center-
Planung.

10.2. Ziele und Strategien

Die Call Center-Planung kann nicht ohne die Kenntnis und Berücksichtigung der Unternehmensziele und -strategien durchgeführt werden.

Plant das Unternehmen beispielsweise die „Eroberung" neuer Marktpotentiale, dann kann das Call Center von seiner Grundstruktur nicht auf „Bestandssicherung" ausgerichtet sein.

Verfolgt das Unternehmen einen internationalen Marktauftritt, sollte sich das Call Center nicht nur auf eine regionale oder nationale Präsenz konzentrieren.

Deshalb liegt in dieser ersten Planungsphase das Hauptaugenmerk auf den mittel- und langfristigen Zielen des Gesamtunternehmens. Um eine solide Basis für die weiteren Planungsschritte zu erhalten, sollte das Projektteam diese Punkte mit der Geschäftsleitung abstimmen.

Gegebenenfalls können die konkreten Einzelpunkte im Rahmen eines gemeinsamen Workshops erarbeitet werden. Dabei sollten alle Zielsetzungen thematisiert werden, die sich mittel- und unmittelbar auf den zukünftigen Call Center-Betrieb auswirken.

Dies können u. a. sein:

- Marktpräsenz und -anteile

- Kundenpotentiale und -pflege

- Produkt- und Dienstleistungsangebot

- Serviceanspruch und -ziele

- Vertriebsgebiete und -kanäle

- etc.

Wichtig ist, daß nicht nur die Ziele spezifiziert werden, sondern daß auch über die Wege zur Zielerreichung, also die Strategien, gesprochen wird. Je konkreter die Definitionen erarbeitet werden, desto leichter lassen sich die Call Center-Ziele beschreiben.

Diese Call Center-Ziele können nämlich direkt aus den Unternehmenszielen abgeleitet werden. Die Projektverantwortlichen sollten deshalb – durchaus schriftlich formuliert – festlegen, welche Ziele mit der neuen Call Center-Lösung erreicht werden sollen. Auch hierbei ist die Einbeziehung des Top-Managements von besonderer Bedeutung.

Bei der Formulierung der Call Center-Ziele kann man sich zum Beispiel an der „MARS-Regel" orientieren, welche die Kriterien für die Festlegung von Zielen beschreibt:

MARS-Regel

M eßbar, also an konkreten Zahlen zu überprüfen,

A nspruchsvoll, durch Herausforderungen zu erreichen,

R ealistisch, auf das wirklich Machbare ausgerichtet,

S chriftlich formuliert.

Aus der Definition von Call Center-Zielen lassen sich wiederum die Aufgabenstellungen für das Call Center ableiten. Diese sollten unter dem Gesichtspunkt formuliert werden, daß möglichst viele Kundenanrufe, ohne Rückfragen ins Unternehmen und ohne Weitervermittlung des Gespräches, abschließend bearbeitet werden können.

Ein solcher Ansatz bedingt, daß nicht nur die bekannten Dienstleistungsangebote, sondern auch zusätzlich erforderliche Leistungen und ein erweitertes Angebotsspektrum in die Betrachtung der Aufgabenstellungen einbezogen werden.

An dieser Stelle darf man sich aber nicht nur auf die „theoretische" Beschreibung (Sollabläufe) der Call Center-Aufgaben konzentrieren. Es ist wichtig, diese Punkte mit den schon vorhandenen und im Tagesgeschäft bereits stattfindenden

Tätigkeiten (Istabläufe) zu synchronisieren. Ein derartiger Soll-Ist-Vergleich kann nach der Erfassung und Dokumentation der Aufgaben, Geschäftsvorfälle und -prozesse (siehe Kapitel 10.5) erfolgen.

10.3.   Definition der Servicequalität

Die Servicequalität ist das am häufigsten behandelte Thema auf Call Center-Kongressen und -veranstaltungen. Das zeigt schon, wie wichtig dieser Themenkomplex für einen später meßbaren Erfolg eines Call Centers ist. Über die Servicequalität definiert sich das gesamte Erscheinungsbild, die Außenwirkung und die Kundenorientierung eines Call Centers.

Deshalb stellt die Festlegung der Servicequalität auch eine Schlüsselaufgabe in der gesamten Call Center-Planung dar. Die Servicequalität ist eine vom Unternehmen zu definierende Planungsgröße zur Beschreibung der Call Center-Standards im Hinblick auf die Qualität und die Kundenorientierung.

Einige wichtige Kriterien für die Beschreibung der Servicequalität sind:

- Servicelevel, also die technische Erreichbarkeit des Call Centers

- Freundlichkeit der Mitarbeiter

- Kompetenz der Agenten

- Handlungsspielräume und Eigenverantwortung

- Einhaltung von Servicezusagen

- Servicezeiten für die angebotenen Dienstleistungen

- Rufnummern, wie z. B. gebührenfreie Hotlines

- etc.

Wenn nach einem Telefonat beim Kunden ein Höchstmaß an Zufriedenheit entsteht, damit mittelfristig mehr Kundenkontakt und mehr Umsatz entstehen, kann man von einer guten Servicequalität im Call Center sprechen.

Transparenz der Rufnummer	Verfügbarkeit	One-Stop-Shopping	Persönliche Betreuung	Promptes Ergebnis
• Eine eindeutige Rufnummer	• Sofortige Verbindung	• Kein Weiterverbinden	• Individuelle Bedienung	• Sofortige komfortable Auskunft
• Leicht wieder auffindbare Nummer	• Keine Wartezeiten	• Abschließende Bearbeitung des Gespräches	• Positive Gesprächsführung	• Umgehender Versand
• Eingänge Ziffernfolge	• Bedarfsgerechte Servicezeiten			• Sofortige Problemlösung

Im Rahmen der Servicequalität bekommt der Servicelevel, oder auch Telefonservicefaktor, eine entscheidende Rolle. Der Servicelevel beschreibt die Erreichbarkeit eines Call Centers und wird durch ein Zahlenverhältnis, wie z. B. 80/25, ausgedrückt.

80/25 bedeutet, in diesem Fall werden 80 % aller in das Call Center eingehenden Telefongespräche innerhalb von 25 Sekunden durch einen Call Center-Mitarbeiter angenommen. Der Servicelevel ist aber keine feste Größe, vielmehr definiert er sich für jedes Unternehmen anders und wird auch durch eine Reihe von Faktoren beeinflußt:

- Marktposition des Unternehmens
- Wettbewerbssituation bei Produkten und Dienstleistungen
- Wert des jeweiligen Telefonanrufes
- Angestrebtes Erscheinungsbild des Call Centers
- Wartetoleranz des Anrufers
- Technische Rahmenbedingungen
- Kompetenz und Motivation der Mitarbeiter
- Organisation der Arbeitsabläufe
- Momentanes Anrufaufkommen
- Personal- und Gesprächskosten

Unter wirtschaftlichen Gesichtspunkten ist die Erhöhung des Servicelevels auf mehr als 85 % nicht mehr sinnvoll, da die Anzahl der benötigten Agenten im Verhältnis zur Steigerung des Servicelevels dramatisch zunimmt.

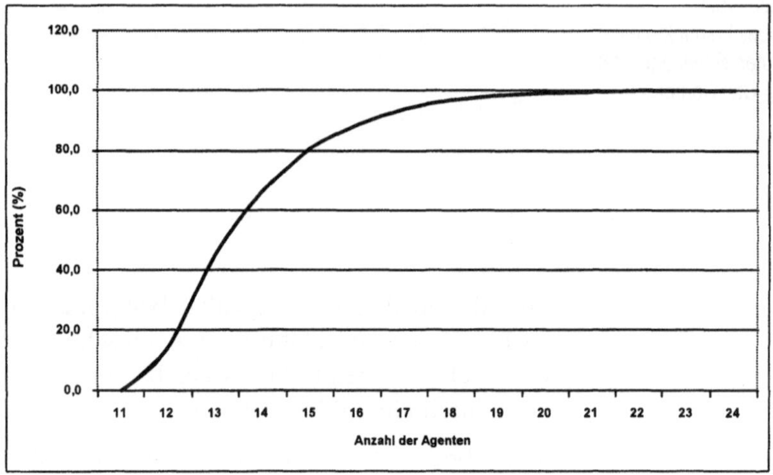

Abb. 10.5
Veränderung des
Servicelevels bei
steigender Agenten-
zahl.

Letztendlich ist der Servicelevel auch nicht das Maß aller Dinge.
Niemand kann sich über einen Servicelevel von vielleicht 80/20
in einem bestimmten Zeitintervall freuen, wenn im gleichen Zeitintervall die Lost Call-Rate über 50 % liegt. Der Servicelevel ist
dennoch ein wichtiger Indikator für den Call Center-
Verantwortlichen, der daher bestrebt sein sollte, den Servicelevel
zu verbessern. Die nachfolgende Abbildung zeigt, daß ein
schlechter Servicelevel eine „aufschaukelnde" Wirkung haben
kann, also die Servicequalität des Call Centers nachhaltig
schlechter wird.

Abb. 10.6
Negative Qualitäts-
spirale durch einen
schlechten Service-
level.

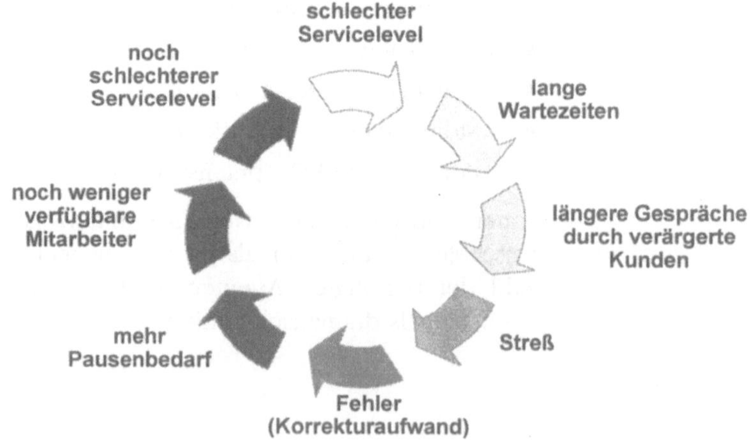

Neben der Definition von Servicequalität und Servicelevel benötigt man auch Methoden, um die Servicequalität entsprechend zu messen. Die Meßmethoden ergeben sich aus einer Reihe von Faktoren, die am Ende einen Gesamteindruck über die Servicequalität vermitteln. Bei diesen Meßfaktoren kann man zwischen harten und weichen Faktoren unterscheiden.

Zu den **harten Faktoren** gehören konkret meßbare Kriterien, wie:

- Erreichbarkeit des Call Centers, der Agenten

- Wartetoleranz des Anrufers

- Sofortlösungsquote im Front Office

- Durchlaufzeiten bis zur abschließenden Bearbeitung des Anrufes

- Akzeptanz der angebotenen Dienstleistungen

- Verfügbarkeit der Call Center-Lösung

- Akzeptanz der technischen Komponenten, wie z. B. IVR

Zu den **weichen Faktoren** werden die nicht unmittelbar zu messenden Kriterien gezählt, wie:

- Image des Unternehmens

- Nachfrage nach den angebotenen Produkten und Dienstleistungen

- Individualität der Betreuung

- Gesprächsführung und -verlauf

- Motivation und Engagement der Mitarbeiter

- Kundenzufriedenheit

Es geht also nicht nur darum, Servicequalität und Servicelevel anhand von konkreten und realistischen Kriterien zu definieren, sondern diese auch zu prüfen und fortlaufend zu verbessern.

10.4. Messung des Kommunikationsvolumens

Aus dem Kommunikationsvolumen des Unternehmens leiten sich die Kennzahlen für die Dimensionierung der späteren Call Center-Lösung ab. Dabei kommt es im Wesentlichen auf die Erfassung der externen (Interessenten, Kunden, Lieferanten und Außenorganisation) und der internen (Mitarbeiter, Abteilungen und Niederlassungen) Kommunikationsströme an.

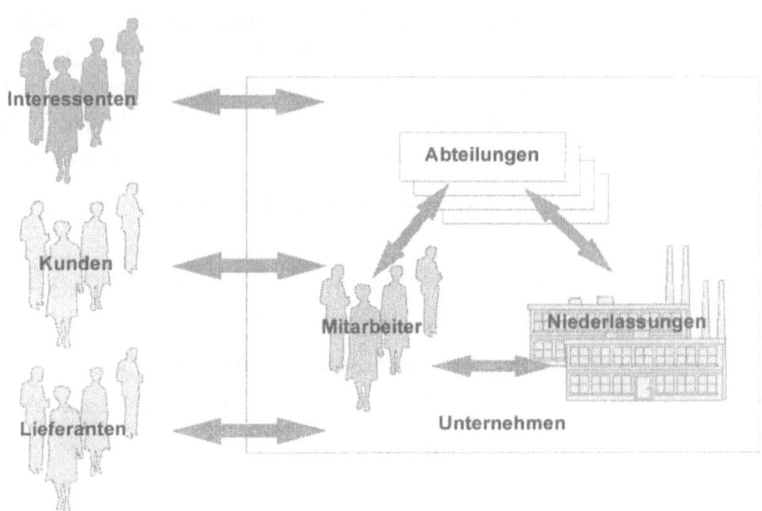

Abb. 10.7
Kommunikations-
ströme eines Unter-
nehmens.

Steht das Unternehmen vor der Neueinführung eines Call Centers, liegen häufig keinerlei Informationen über diese Kommunikationsströme vor. Es gibt also kein Datenmaterial über die internen und externen Kommunikationsmengen und -wege.

In diesem Fall kann mit Hilfe einer Kommunikationsmessung das
erforderliche Datenmaterial gesammelt und erarbeitet werden.
Dabei teilt sich die eigentliche Kommunikationsmessung in
folgende Schritte auf:

- Messung durch den Netzbetreiber

- Messung im Telekommunikationssystem

- Mitarbeitermessung

Da die Kommunikationsmessung als Grundlage für eine erste
Call Center-Dimensionierung dient, werden die einzelnen
Schritte für die Durchführung im Kapitel 11 noch einmal aus-
führlich behandelt.

10.5.   Aufgaben, Geschäftsvorfälle und -prozesse

Im Rahmen der Mitarbeitermessung können neben dem Kommunikationsvolumen auch Informationen über Art und Umfang
der Tätigkeiten, die ein Anruf bei den einzelnen Mitarbeitern
auslöst, gesammelt werden.

Abb. 10.8
Organisatorische
Meßpunkte.

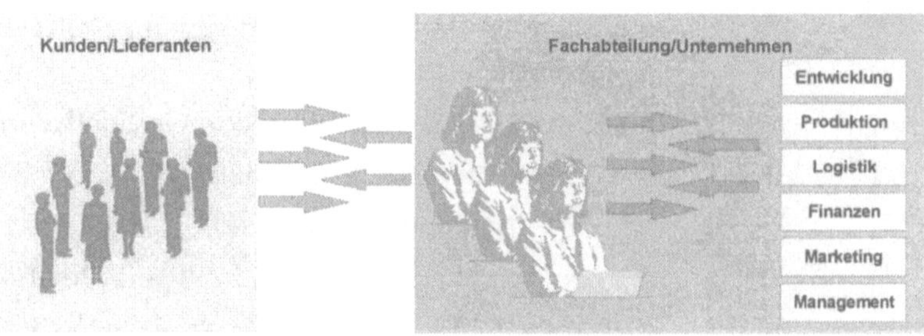

Dazu wird die Strichliste für die Mitarbeitermessung um Punkte
wie:

- Auslöser für ein Telefongespräch,

- Inhalt des Gespräches,

- Wiederkehrende Aufgaben mit Kommunikation

- Kommunikationsverfahren und -wege

- Benötigte Daten und Informationen zur Gesprächsbearbei-
  tung,

- Dauer des Telefongespräches (Telefonat und Nachbearbeitungszeit),

ergänzt.

Abb. 10.9
Ergänzung der
Strichliste bei der
Mitarbeitermessung.

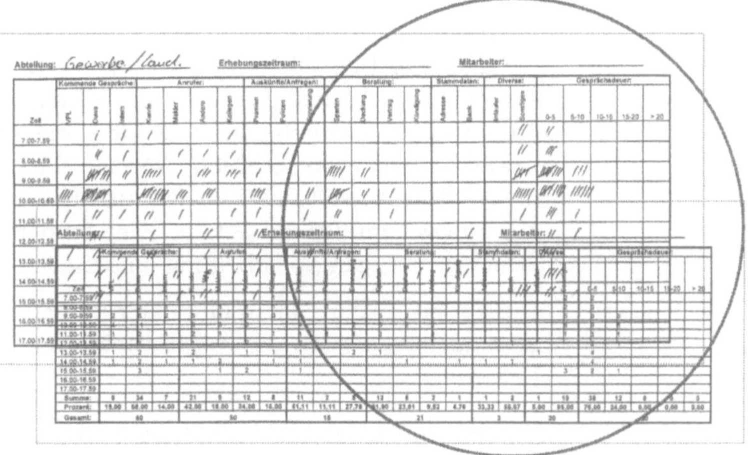

Die Auswertung dieser Datensammlung läßt Rückschlüsse auf die späteren Aufgabenstellungen im Call Center zu. Man erhält Informationen über:

- Anzahl und Verteilung von Geschäftsvorfällen
- Bearbeitungszeit für einen Geschäftsvorfall
- Erforderliche Arbeitsmittel
- Notwendige Qualifikation für die Bearbeitung

Angesichts einer schnellen, erfolgreichen und abschließenden Bearbeitung des Telefongespräches ist ein möglichst reibungsloser Ablauf anzustreben.

In dieser Planungsphase gilt es also darauf zu achten, an welcher Stelle des Prozesses größere Störungen entstehen. Dies können beispielsweise sein:

- Medienbrüche (z. B.: Wechsel zwischen manueller und elektronischer Datenverarbeitung)
- Wegezeiten (z. B.: Aktenlagerung im Archiv)
- Wartezeiten durch fehlende Informationen (z. B.: Rabattstaffel wird vom Verkaufsleiter festgelegt)
- Fehlende Entscheidungsbefugnis (z. B.: Kulanzregelungen nur durch die Geschäftsleitung)
- etc.

Veranschaulichen kann man sich solche Prozeß-Störungen durch die grafische Darstellung der Abläufe (z. B. in Form eines Flußdiagrammes). Immer dann, wenn Teilaufgaben in Abteilungen oder Bereichen durchgeführt werden, die später nicht zur Call Center-Organisation gehören, können Probleme auftreten. An diesen Stellen gerät das Ziel der abschließenden Bearbeitung eines Kundenanrufes in Gefahr. Hier wird über die tatsächliche Dauer der Vorgangsbearbeitung entschieden.

Diese und spätere im Call Center-Betrieb auftretende Prozeß-Störungen sind auch die Ansatzpunkte für die Organisationsoptimierung.

Für die eigentliche Call Center-Planung sollten die Aufgaben und Geschäftsprozesse erst einmal in ihrer optimalen Form beschrieben werden. Einschränkungen an dieser Stelle bergen nämlich die Gefahr in sich, daß erkannte Defizite als gegeben hingenommen werden und letztendlich kein optimaler Call Center-Betrieb erreicht wird.

10.6.

Abbildung der Aufbau- und Ablauforganisation

Nach Durchführung der Kommunikationsmessung und Beschreibung der Aufgaben und Geschäftsprozesse kann die Aufbau- und Ablauforganisation des Call Centers festgelegt werden.

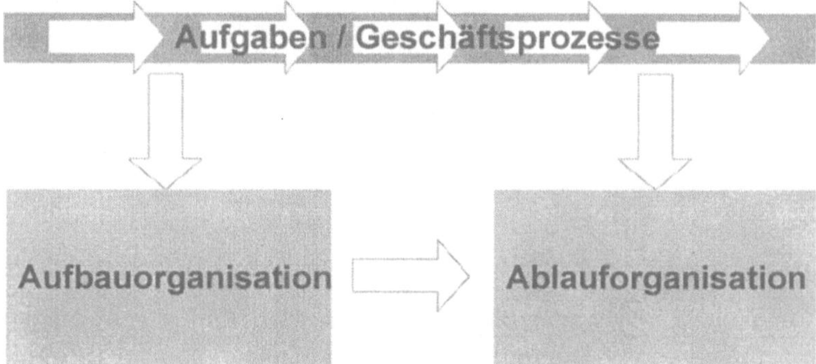

Im Bereich der Aufbauorganisation geht es um die Struktur, die Organisation und die Funktionen des Call Centers. In diesem Planungsabschnitt werden die Front- und Back Office-Bereiche festgelegt und der Callflow, also die Art und Weise, wie ein Kundenanruf durch das Call Center „geführt" wird, beschrieben. Deshalb ist es wichtig, die geplanten technischen Komponenten wie Voice-Mail- oder IVR-Systeme in die Betrachtungen mit einzubeziehen.

Darüber hinaus werden im Rahmen der Aufbauorganisation auch die Agentengruppen und Funktionen definiert.

Im Bereich der Ablauforganisation geht es dann um die inhaltlichen und funktionalen Abläufe innerhalb der Call Center-Organisation. An dieser Stelle ist auch der genaue Vergleich zwischen Soll- und Istabläufen erforderlich.

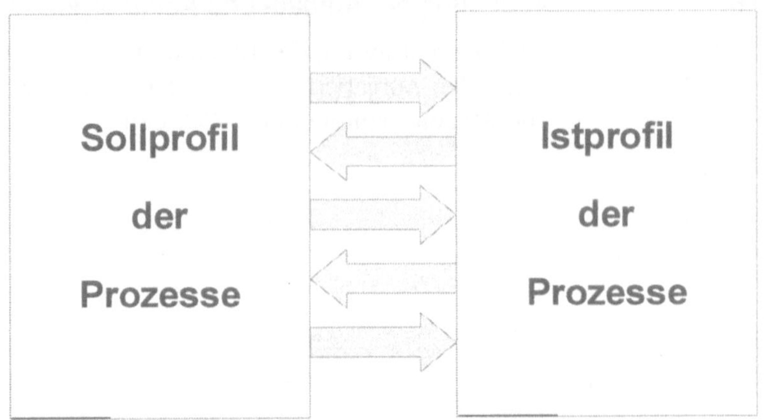

Im jetzigen Stadium der Call Center-Planung kann bei der Definition der Abläufe nicht mehr vom Idealzustand ausgegangen werden. Vielmehr steht hier das wirklich Machbare im Vordergrund. Unter Umständen gilt es auch Kompromisse zu finden, zumindest bei den funktionalen Abläufen.

Als weitere Aufgabe sind noch die Entscheidungsspielräume für die Agenten und Gruppenleiter zu definieren und die Eskalationsprozeduren zu beschreiben.

10.7. Erste Personaleinsatzplanung

Die Personalplanung ist ein elementarer Bestandteil der Call Center-Planung. Ihre Aufgabe ist es, sicherzustellen, daß kurz-, mittel- und auch langfristig dem Unternehmen die benötigte Anzahl von Call Center-Mitarbeitern in quantitativer und qualitativer Hinsicht zur Verfügung steht. Einfach ausgedrückt heißt dies, daß die richtige Anzahl von Mitarbeitern zum richtigen Zeitpunkt mit der richtigen Qualifikation vorhanden sind.

Die Personalplanung vollzieht sich in folgenden fünf Schritten:

- Erfassung des Gesprächsvolumens
- Ermittlung des Personalbedarfs
- Planung des Personaleinsatzes
- Auswahl der Mitarbeiter
- Gestaltung der Personalentwicklung

Nachfolgend werden die quantitativen Größen der Personalplanung ausführlich betrachtet. Die qualitative Betrachtung personeller Aspekte, also die Personalauswahl und -entwicklung wird im Kapitel 6, „Call Center-Mitarbeiter", eingehend behandelt.

Es ist wichtig, darauf zu achten, daß die quantitative sowie die qualitative Personalplanung direkten Einfluß auf das angestrebte Serviceziel, die Motivation der Mitarbeiter, die Wirtschaftlichkeit des Call Centers und die Qualität der angebotenen Dienstleistung hat.

Das wesentliche Ziel der Call Center-Personalplanung ist es deshalb, sich dem tatsächlich erforderlichen quantitativen und qualitativen Personalbedarf in einem bestimmten Zeitintervall in optimaler Weise zu nähern. Dabei sollte das betrachtete Zeitintervall möglichst nicht größer als eine Stunde, idealerweise nicht größer als eine halbe Stunde sein.

10.7.1.

Vorhersage des Gesprächsvolumens

Einerseits soll durch optimale Personalplanung ein hoher Servicegrad, also Qualität in der Kundenbetreuung und -abwicklung gewährleistet werden. Andererseits nehmen Personalkosten den größten Kostenblock im laufenden Betrieb eines Call Centers ein. Im Wirkbetrieb entfallen ca. 60-70 % der Gesamtkosten auf das Personal.

Insofern befindet sich der verantwortliche Mitarbeiter in einem Dilemma, da sich das Call Center im Spannungsfeld zwischen Qualität und Kosten befindet.

Abb. 10.12
Dilemma für den
Call Center-
Verantwortlichen.

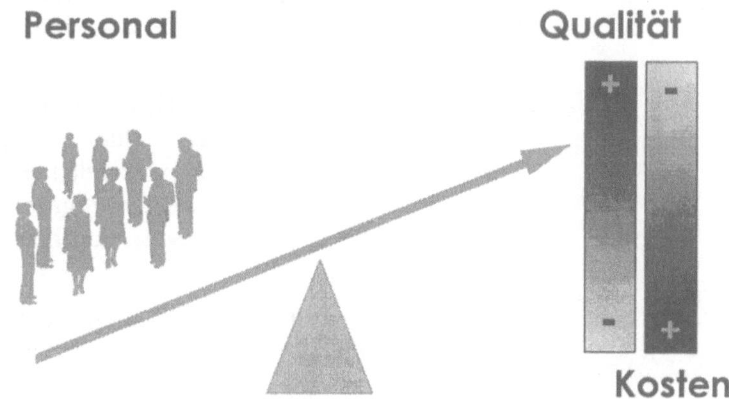

Als Grundlage für eine erste Ermittlung des quantitativen Personalbedarfs dienen die gewonnenen Erkenntnisse aus der Kommunikationsmessung. So ist es möglich, auf Basis dieser Informationen und Daten explizit für jede Abteilung deren Gesprächsvolumen, die Dauer des Gespräches und die Erreichbarkeit, auf Tage und Stunden verteilt, auszuweisen. Ein Beispiel soll dies verdeutlichen:

Abb. 10.13
Datenmaterial
einer Kommuni-
kationsmessung.

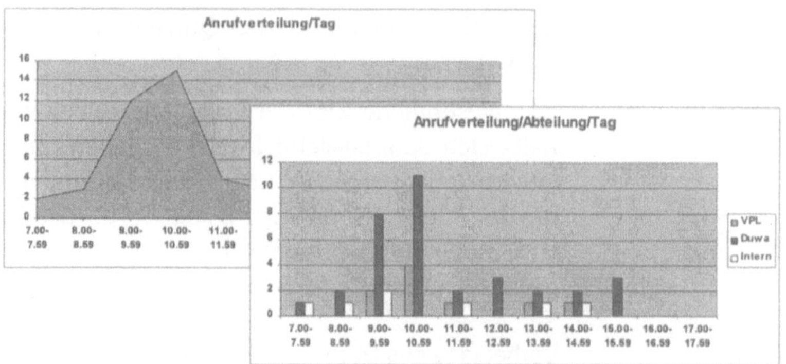

Darüber hinaus kann man möglicherweise auf vorhandene Aufzeichnungen oder sonstige historische Daten über das Kommunikationsvolumen im Unternehmen zurückgreifen, denn anhand dieser Werte lassen sich oftmals bereits Trends ableiten.

Um nun zu einer Vorhersage des zukünftigen Gesprächsvolumens zu kommen, werden in einem ersten Schritt alle relevanten quantitativen Gesprächsdaten zusammengetragen. Zu beachten ist dabei, daß die gewonnenen Ergebnisse aus der Kommunikationsmessung nicht durch besondere interne oder externe Einflüsse, die während der Analysephase vorlagen, verfälscht werden.

Beispielsweise kann ein im Betrachtungszeitraum aufgetretener intensiver Hagelschauer das ermittelte Gesprächsvolumen eines Versicherungsunternehmens wesentlichen beeinflussen. Dies hätte zur Folge, daß Analysedaten zugrunde gelegt werden, die keinesfalls dem normalen Tagesgeschäft des Unternehmens entsprechen.

Solche Ausnahmesituationen können nicht in die Ermittlung des Personalbedarfes einfließen, sondern sollten in Form von Eskalationsplänen berücksichtigt werden.

Bei der Vorhersage des Gesprächsvolumens kommt es wesentlich auf die Form der Geschäftsaktivitäten an.

Abb. 10.14
Anrufverteilung im
Business-to-
Business-Bereich.

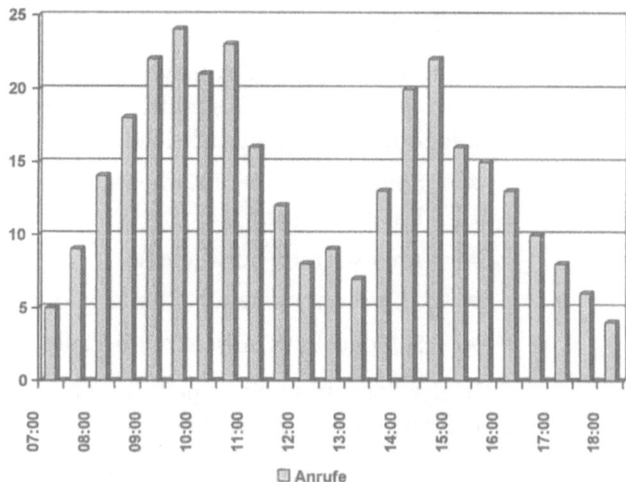

Die Abbildung 10.14 zeigt eine "typische" Anrufverteilung im
Business-to-Business-Bereich, also bei Geschäftskunden. Sofern
die Zielgruppe im Privatkundenbereich liegt, werden die Anrufspitzen eher vor 9.00 Uhr und nach 16.00 Uhr liegen.

Abb. 10.15
Anrufverteilung im
DRTV-Bereich.

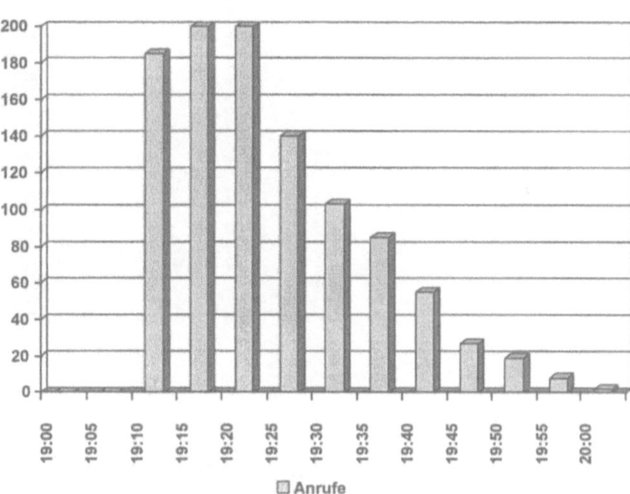

Ein Beispiel für extreme Anrufspitzen zeigt die Abbildung 10.15.
Diese Verteilung ergibt sich bei Geschäftstätigkeiten im DRTV
(Annahme von Telefongesprächen nach Aussendung einer TV-
Werbung). Hier kommt es schlagartig zu einem sehr hohen

Gesprächsaufkommen, das aber genausoschnell wieder gegen Null geht, bis zur Aussendung des nächsten Werbespots.

Ideal wäre eine Personalverfügbarkeit, die deckungsgleich mit dem auftretenden Gesprächsvolumen ist und welche die nachfolgenden Punkte berücksichtigt:

- Sondereinflüsse (Marketingmaßnahmen, Rechnungs- oder Katalogversand)
- Angestrebten Servicelevel
- Abwesenheitszeiten (Weiterbildung, Urlaub, Krankheit)
- Schicht- bzw. Arbeitszeitmodelle

In der Startphase eines neuen Call Centers ist eine exakte Personalplanung kaum möglich. Es gilt also akzeptable Kompromisse zu finden. So genügt es, wenn man sich für den ersten Budgetansatz oder die Call Center-Dimensionierung am oberen Drittel des Gesprächsaufkommens orientiert (Anzahl der Gespräche = Anzahl der Agenten).

Abb. 10.16
Personalplanung für
Budgetansatz oder
Call Center-
Dimensionierung.

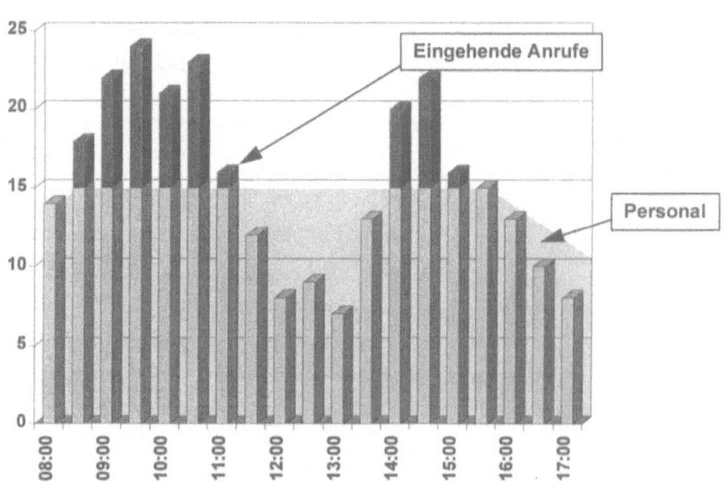

Bei dieser Form der vorläufigen Personalplanung bleiben die tatsächliche Verfügbarkeit des Personals sowie die qualitativen Aspekte wie Know-how, Berufserfahrung etc. unberücksichtigt.

Um eine annähernd exakte Personalbedarfsermittlung durchführen zu können, spielen diese Punkte jedoch eine entscheidende Rolle. Im Abschnitt 10.7.2 wird die Personalverfügbarkeit anhand von angenommenen Faktoren einmal beispielhaft errechnet.

10.7.2.   **Ermittlung des Personalbedarfs**

Im Rahmen der Errechnung der Personalverfügbarkeit stellt sich die Frage, wieviel Prozent von der maximal möglichen Arbeitsleistung eines Mitarbeiters effektiv über einen Zeitraum (Monat, Jahr) zur Verfügung steht und damit kalkulierbar ist. Es geht hier also um das Verhältnis von Brutto- zu Nettoarbeitszeiten bzw. Verfügbarkeit von Personal.

Das Resultat wirkt sich insbesondere auf die Personalbedarfsermittlung und die Budgetplanung aus, da die Anzahl der geplanten Mitarbeiter relativiert wird. Bei der Bruttoarbeitszeit eines Mitarbeiters ist z. B. die von Bundesland zu Bundesland unterschiedliche Anzahl von Feiertagen zu berücksichtigen. Darüber hinaus beeinflussen Urlaubs-, Krankheits-, Schulungstage, Besprechungen etc. die Netto-Verfügbarkeit des Personals ganz wesentlich.

Anhand des nachfolgenden Beispiels sollen die tatsächliche Verfügbarkeit des Personals ermittelt und die Auswirkungen auf die quantitative Personalbedarfsermittlung verdeutlicht werden.

Tatsächliche Verfügbarkeit der Agenten:			
Mitarbeiterverfügbarkeit/Jahr:		Telefonverfügbarkeit/Tag:	
Arbeitstage:	255	Arbeitszeit (Std.):	8
Urlaubstage:	30	Sacharbeit, ohne Telefon (Std.):	1
Krankheitstage:	10	Telefonpausen (Std.):	1
Weiterbildungstage:	15		
Sozialzeiten (Std.):	0,5		
Sonstige Fehltage:	15		
Nettoarbeitstage/Jahr:	185	Nettoarbeitszeit/Tag:	5,5
Nettoverfügbarkeit / Jahr (%):	72,55	Nettoverfügbarkeit / Tag (%):	68,75

Berechnungsbeispiel für eine Woche:					
Menge:	Mo.	Di.	Mi.	Do.	Fr.
Gespräche / Tag:	2.300	1.350	2.050	1.735	1.025
Durchschnittliche Gespräche/Std. (*1):	288	169	256	217	128
Durchschnittliche Gesprächsdauer (Min.):	3,5	3,5	3,5	3,5	3,5
Bruttoanzahl Gespräche / Std. / Agent (*2):	17	17	17	17	17
Nettoanzahl Gespräche / Std. / Agent (*3):	11	11	11	11	11
Durchschnittliche Anzahl Agenten (*4):	26	15	23	20	12
Durchschnittliche Anzahl Agenten, Erlang-C (*5):	21	13	19	16	10

(*1): Hierbei wird eine Servicezeit von 8 Stunden angenommen (2.300 / 8 = 288, gerundet).

Durch die angenommene Servicezeit entspricht die Agentenzahl der Anzahl an Arbeitsplätzen.

(*2): Ausgehend von einer Gesprächsdauer von 3,5 Minuten (60 / 3,5 = 17, gerundet).

(*3): Unter Berücksichtigung der Nettoverfügbarkeit / Tag (17 * 68,75% = 11, gerundet).

Dies ergibt die tatsächliche Anzahl der Gespräche pro Mitarbeiter / Stunde.

(*4): Anzahl der erforderlichen Agenten (288 / 11 = 26, gerundet).

(*5): Werte einer Vergleichsrechnung nach der Erlang-C-Formel unter Annahme eines Servicelevels von 80/20.

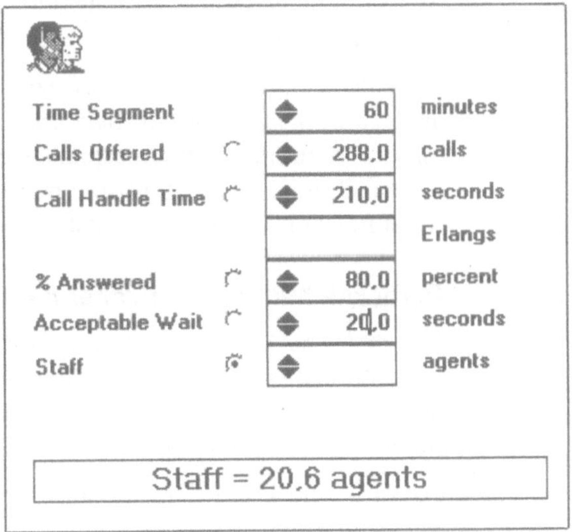

Über diese Form der Personaleinsatzplanung können wirklich nur erste Daten für den Call Center-Start ermittelt werden. Sobald das Call Center im Betrieb ist, kann das Zahlenmaterial des Reportings für die Personalplanung herangezogen werden. Die Tages-, Wochen-, Monats- und Jahresstatistiken erlauben eine immer genauere Berechnung des tatsächlichen Bedarfs an Agenten.

Mehr und mehr kommen für die Personalplanung auch Softwarelösungen zum Einsatz, die auch zu einer wesentlich exakteren Planung führen. Die Softwaretools nutzen die historischen Daten des Call Center-Reportings und verknüpfen diese mit Parametern wie:

- Verfügbarkeit der Mitarbeiter
- Ausbildungsstand, Erfahrungen, Einsatzgebiete der Agenten
- Arbeitszeitmodelle
- Schichtpläne
- Urlaubs- und Trainingstage
- Durchschnittliche Krankheitstage
- Sonderaktionen (Werbung, Kataloge etc.)
- Mitarbeiterwünsche bzgl. Arbeitstagen oder Schichtzeiten
- etc.

Aus diesem gesamten Datenmaterial entstehen dann detaillierte Planungsunterlagen bis hin zu Schicht- und Urlaubsplänen.

Mit Hilfe einiger Softwaretools bzw. Softwarelieferanten können auch schon im Vorfeld des Call Center-Betriebes „Personal-einsatz-Szenarien" durchgespielt werden. Dabei wird für die Hochrechnung auf Datenbanken mit Vergleichsdaten aus anderen ähnlichen Call Center-Installationen zurückgegriffen.

10.8.   Berücksichtigung rechtlicher Aspekte

Die deutsche Rechtsprechung und die juristische Literatur befassen sich bisher nicht ausdrücklich mit den Anwendungsmöglichkeiten von Call Centern, sondern nur allgemein mit der Frage, unter welchen Voraussetzungen Telefonwerbung zulässig ist.

Dabei ist die Form der telefonischen Kundenansprache und die Zielgruppe von besonderer Bedeutung:

- Soll mit dem Call Center aktiv (outbound) oder passiv (inbound) gearbeitet werden?
- Werden Geschäftskunden oder Privatpersonen angesprochen?

Je nach Form und Zielgruppe legen die Gerichte sehr unterschiedliche Maßstäbe für die Schutzbedürfnisse der Verbraucher an.

Auch bei der Einrichtung und dem Betrieb von Call Centern sind die einschlägigen gesetzlichen Bestimmungen wie z. B. das Betriebsverfassungsgesetz zu beachten. Bei der Planung des Call Centers ist es deshalb die Aufgabe des Arbeitgebers, die Mitarbeiter und damit auch den Betriebsrat frühzeitig über die Bedeutung und die vorgesehenen Arbeitsabläufe des Call Centers zu informieren. Besonders wichtig ist eine entsprechende Auskunft über Art und Inhalt der zukünftig im Call Center-Reporting gespeicherten mitarbeiterbezogenen Daten und das zu Trainingszwecken erforderliche Mithören von Telefongesprächen durch die Feld-Leitung.

Um eindeutige Rahmenbedingungen für den Call Center-Betrieb zu erreichen, ist es sinnvoll, eine Betriebsvereinbarung abzuschließen, in der alle relevanten Einzelheiten geregelt werden.

Darüber hinaus sind auch arbeitsrechtliche Aspekte für die Mitarbeiter und deren Anstellungsverträge zu beachten:

- Einsatz von Vollzeit-, Teilzeit- und freien Mitarbeitern

- Mehrschichtbetrieb (z. B. bei einem 24-Stunden-Service)

- Sonn- und Feiertagsarbeit

- Einsatz von Homeagents

Durch die Vielzahl von Gesetzen und Richtlinien, die in dieser Phase der Call Center-Planung zu beachten sind, ist die Unterstützung des Projektteams durch entsprechende Experten in jedem Fall zu empfehlen.

10.9.   Wirtschaftliche Betrachtung

Im laufenden Betrieb werden sehr schnell Fragen nach dem wirtschaftlichen Erfolg des Call Centers gestellt. Um diese Wirtschaftlichkeit nachzuweisen, müssen frühzeitig Parameter für eine spätere Erfolgsmessung definiert werden.

Erfolgsmessung anhand festgelegter Kriterien

Diese Kriterien lassen sich für ein Bestell-Call Center beispielsweise mit Umsatz pro Anruf leicht ermitteln. Anders stellt sich diese Aufgabe für ein Help Desk-Call Center dar. Die Erfolgsmessung für einen vollständig bearbeiteten Help Desk-Anruf ist nicht so leicht darstellbar.

Deshalb ist es besonders wichtig, die Meßkriterien für den Erfolg des Call Centers frühzeitig festzulegen. Gegebenenfalls müssen im Vorfeld Daten- und Zahlenmaterialien zusammengetragen werden, welche die spätere Bewertung des Call Centers möglich machen. Solche Daten können sein:

- Anzahl der telefonischen Kundenkontakte

- Kaufverhalten der Kunden

- Nutzungshäufigkeit von Dienstleistungsangeboten

- Aussagen über die Kundenzufriedenheit

- Reklamationshäufigkeit

- etc.

Diese Daten sollten vor und nach der Einführung des Call Centers ermittelt werden, um damit eindeutige Beurteilungskriterien für die Leistung dieses Bereiches zu erhalten.

11. Kommunikationsmessung und Call Center-Dimensionierung

Die Kommunikationsmessung hilft bei der kapazitätsmäßigen Festlegung des Call Centers. Der Begriff beschreibt eine technische und organisatorische Betrachtung des Istzustandes der Abteilungs- bzw. der Unternehmenskommunikation. Durch die Kommunikationsmessung können Basisdaten bzw. Mengengerüste für die weitere Planung und Dimensionierung der späteren Call Center-Lösung ermittelt werden.

Das gesamte Datenmaterial einer Kommunikationsmessung bildet auch die Grundlage für alle weiteren Entscheidungen im Rahmen der strategischen Ausrichtung des Call Centers. Darüber hinaus erhalten die Projektverantwortlichen umfangreiche Informationen, die ihnen helfen, eine detaillierte Planung sowohl in technischer als auch in organisatorischer Hinsicht durchzuführen.

11.1. Vorbereitung der Kommunikationsmessung

Im Rahmen der Kommunikationsmessung gilt es, Erkenntnisse über die Mengen und Inhalte der Kundenkommunikation innerhalb des Unternehmens bzw. der Abteilungen zu gewinnen.

Bei der Kommunikationsmessung stehen folgende Fragestellungen im Vordergrund:

- Wer ruft wen an und mit welcher Häufigkeit?
- Wie ist die zeitliche Verteilung dieser Gespräche?
- Was wird gewünscht, welche Vorgänge werden mit welcher Häufigkeit initiiert?
- Welche Qualifikation des Mitarbeiters ist für die Bearbeitung der Telefonate erforderlich?
- Welche Arbeitsmittel müssen zur Beantwortung der Gespräche bereitgestellt werden?

Um aussagefähiges Datenmaterial zu erhalten, sollten bei der Kommunikationsmessung die Schritte

- Messung durch den Netzbetreiber
- Messung im Telekommunikationssystem
- Mitarbeitermessung

zeitgleich durchgeführt werden.

Darüber hinaus ist es sinnvoll, zwei Teilmessungen mit entsprechendem zeitlichen Abstand durchzuführen. Die Meßzeiträume sollten jeweils eine komplette Arbeitswoche unter Einbeziehung aller Anrufzeiten der Kunden (ggf. 24 Stunden) berücksichtigen. Die Zeitpunkte für die Teilmessungen sind so zu wählen, daß das Kommunikationsverhalten eine für das Unternehmen repräsentative Größenordnung hat, also nicht in Spitzenzeiten (z. B. Weihnachtsgeschäft) oder anrufarmen Abschnitten (z. B. Betriebsferien) liegt.

Sofern bei der Kommunikationsmessung die Erfassung und Auswertung von mitarbeiterbezogenen Daten vorgesehen ist, z. B. bei der Analyse des Vermittlungsplatzes (Telefonzentrale) oder einzelner Arbeitsplätze in bestimmten Abteilungen, sollten alle Aktivitäten im Vorfeld mit dem Betriebsrat abgestimmt werden.

11.2. Durchführung der Messung

Die Kommunikationsmessung läßt sich in zwei Bereiche untergliedern. Einmal gibt es die technische Erfassung der Anrufmengen und deren zeitliche Verteilung und zum zweiten die Geschäftsvorfälle und deren Inhalte, die durch die Anrufe ausgelöst werden.

Bevor man mit der eigentlichen Kommunikationsmessung beginnt, sind einige Punkte zu bedenken:

- In welchen Zeitabschnitten sollen die Messungen stattfinden?

- Wo genau soll gemessen werden? (Repräsentativer Querschnitt durch Abteilungen, Niederlassungen, Außenbüros)

- Welche sonstigen Abteilungen (z. B. Einkauf, Lager, Versand) müssen berücksichtigt werden?

- Welche Meßpunkte (z. B. Arbeitsplatz, Mitarbeiter) werden festgelegt?

- Was soll an den Meßpunkten ermittelt werden?

Anschließend stehen für die technische Kommunikationsmessung drei mögliche Meßbereiche zur Verfügung:

Abb. 11.1
Übersicht über
die technischen
Meßpunkte.

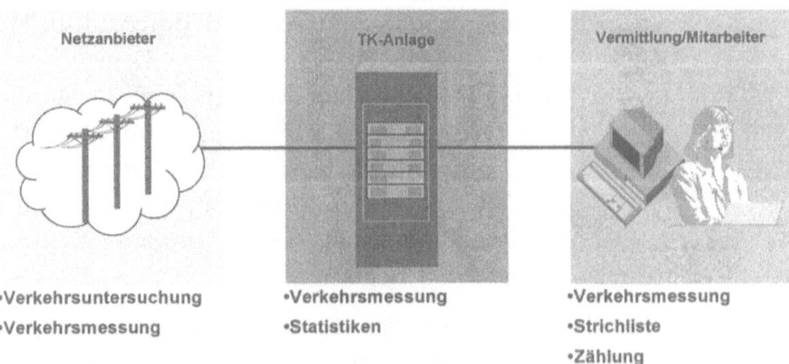

11.2.1.   Verkehrsmessung durch den Netzbetreiber

Die Betreiber von Telekommunikationsnetzen (z. B. Deutsche Telekom AG) bieten die Möglichkeit einer technischen Verkehrsmessung für die Netzzugänge des Unternehmens. Die Messung des Telefonverkehrs kann beim jeweiligen Netzbetreiber für einen bestimmten Betrachtungszeitraum in Auftrag gegeben werden.

Umfang und Informationsgehalt einer solchen Verkehrsmessung richten sich nach den Möglichkeiten des jeweiligen Netzbetreibers. In der Regel wird zur Feststellung der Erreichbarkeit das Verhältnis der erfolgreichen Anrufe zu allen Anrufen (Gesamtzahl) ermittelt. Darüber hinaus wird ein Verbindungsversuch nach folgenden Kriterien unterschieden:

- Anzahl der erfolgreichen Anrufe,

- Anzahl der Anrufe, die wegen besetztem Kundenanschluß abgewiesen wurden,

- Anzahl der Anrufe, bei denen sich der Angerufene nicht gemeldet hat.

Weitere interessante Informationen für das Unternehmen sind beispielsweise die Aufteilung der Anrufe auf verschiedene Tarifzonen (Weit-, City-, Regionalzone 50 usw.) und eine Übersicht, zu welchen Tageszeiten eine besonders hohe oder besonders niedrige Verkehrsauslastung vorliegt.

Abb. 11.2
Beispiel einer
aktuellen
Verkehrsauslastung.

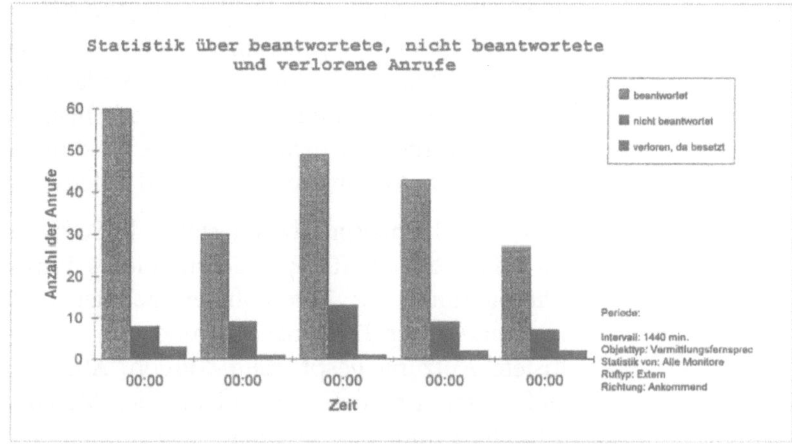

Abb. 11.3
Beispiel für die
Qualität der Anruf-
bearbeitung.

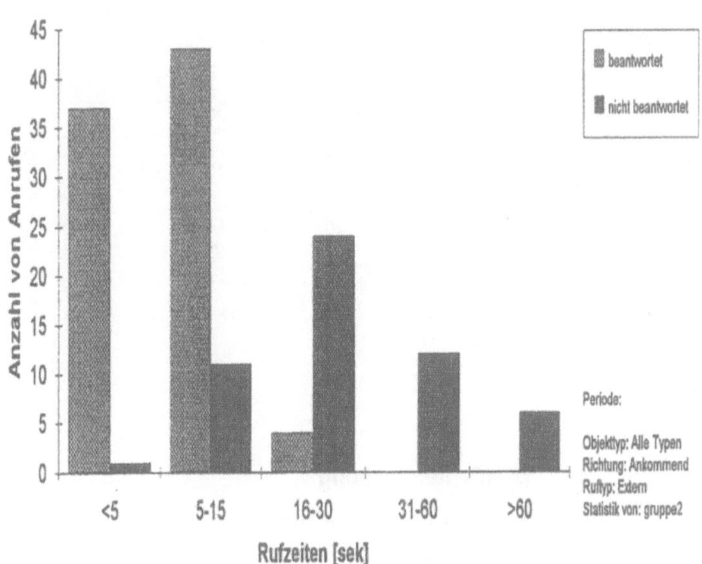

11.2.2.   Verkehrsmessung im Telekommunikationssystem

Heutige moderne Telekommunikationsanlagen verfügen über die Möglichkeit einer technischen Verkehrsmessung innerhalb des Systems. Im Unterschied zur Verkehrsmessung des Netzbetreibers werden in diesem Fall die Telefonanschlüsse der Mitarbeiter, also Vermittlungsplätze und Telefonapparate überprüft.

Das Verkehrsmeßprogramm steht als Softwaremodul der Telefonanlage zur Verfügung. Sofern dieses Programm nicht schon ständig durch ihr Unternehmen genutzt wird, sollte mit dem Lieferanten der Telefonanlage über die Möglichkeiten einer befristete Nutzung gesprochen werden. Abhängig vom jeweiligen Lieferanten ist auch der Umfang der Meßmöglichkeiten unterschiedlich und sollte ebenfalls im einzelnen abgestimmt werden.

Grundsätzlich gibt diese Form der Verkehrsmessung Aufschlüsse über die Auslastung der Nebenstellen (Telefonapparate) und des Vermittlungsplatzes. So kann man Aussagen treffen über die Häufigkeit von Besetzt-Zuständen, die Anzahl der einzelnen Gespräche, aber auch die Wartezeiten und die Anzahl der Vermittlungsversuche innerhalb des Telefonsystems.

Abb. 11.4
Beispiel für eine
Anrufverteilung
nach Zeit.

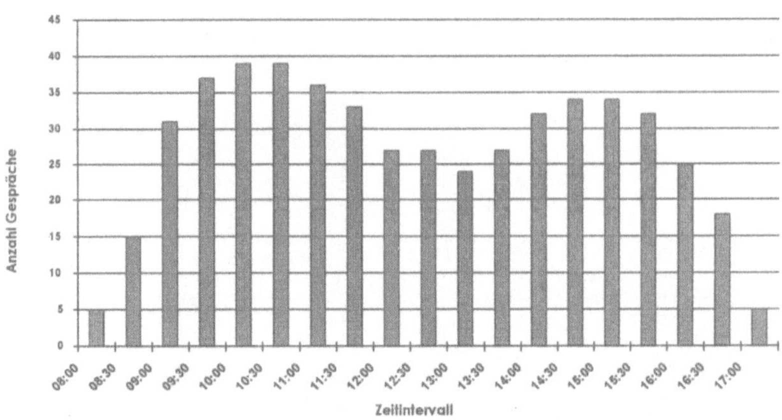

11.2.3.   Mitarbeitermessung

Den dritten Teil der technischen Verkehrsmessung kann man leider nicht durch technische Hilfsmittel unterstützen. Hier ist man nach wie vor auf die altbewährte Strichliste angewiesen. Die Mitarbeiter erfassen alle wichtigen Informationen über das jeweilige Gespräch und, falls erforderlich, die entsprechende Nachbearbeitungszeit schriftlich:

- Von wo kommt das Gespräch (Durchwahl, Vermittlung, Intern)?

- Zu welcher Kategorie gehört der Anrufer (Kunde, Lieferant, Kollege etc.)?

- Welche Informationen werden abgefragt (Preise, Prospekte, Rechnungen etc.)?

- Was mußte anschließend getan werden (Bestellung, Adreßänderung etc.)?

- Wie lange hat das Gespräch gedauert?

Sofern die Verkehrsmeßeinrichtung des Telekommunikationssystems die Weitervermittlung der Gespräche nicht erfaßt, müssen diese Informationen ebenfalls durch den Mitarbeiter auf seiner Strichliste vermerkt werden (Gespräch weiterverbunden ja/nein).

Organisatorische Meßpunkte

Der Strichliste kommt aber auch noch eine weitere Bedeutung zu, denn sie gibt wesentliche Informationen über die organisatorischen Meßpunkte. Hierbei wird der einzelne Geschäftsvorfall betrachtet, der Auslöser für den Kundenanruf war.

Abb. 11.5 Beispiel einer Strichliste für die Kommunikationsmessung.

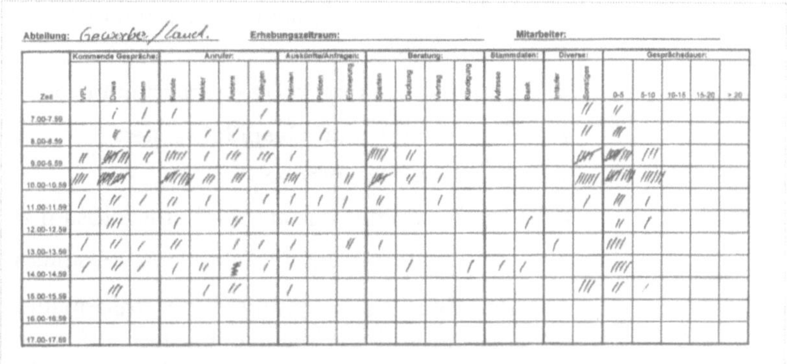

Neben den oben genannten Punkten sollte der Mitarbeiter die Möglichkeit haben, in seiner Strichliste folgende Punkte zu vermerken:

- Art des Geschäftsvorfalles,

- Häufigkeit des Geschäftsvorfalles,

- Initiator des Geschäftsvorfalles,

- Eingesetzte Arbeitsmittel,

- Abschließende Bearbeitung durch Dritte.

Sicherlich ist es für den Call Center-Planer hilfreich, eine Vielzahl von Informationen abzufragen. Die Strichliste sollte dennoch auf das Wichtigste beschränkt werden. Hier zählt Einfachheit und Übersichtlichkeit, also pro Erfassungstag ein Blatt mit möglichst wenigen Kriterien, damit die Strichliste auch wirklich korrekt und vollständig ausgefüllt wird. Nur so hat sie eine entsprechende Aussagekraft bei der späteren Auswertung.

11.3. Ergebnisse aus der Kommunikationsmessung

Je nachdem, wie umfangreich die Kommunikationsmessung angelegt worden ist, steht anschließend sehr umfangreiches Datenmaterial zur Verfügung. Zur besseren Interpretation sollten die gesammelten Informationen in geeigneter Form zusammengeführt und verdichtet werden. Für die spätere Dimensionierung der Call Center-Lösung sind Stunden-, Tages- und Wochenübersichten hilfreich.

Die Datenverdichtung sollte folgende Informationen liefern:

- Gesamtzahl der Anrufe und deren Verteilung in einem Zeitintervall

- Angenommene, nicht angenommene und weitervermittelte Gespräche

- Besetzte Leitungen oder Teilnehmer

- Ruf-, Warte- und Gesprächszeiten

- Inhalt der Gespräche

- Art der durch das Gespräch ausgelösten Folgeaktivitäten

- Benötigte Informationen und Arbeitsmittel

Aus der Zusammenstellung dieser Informationen läßt sich eine „Hochrechnung" für die technische und personelle Ausstattung der ersten Betriebsphase des Call Centers machen. Nach Inbetriebnahme des Call Centers liefert das Reporting des ACD-Systems alle weiteren Informationen für die Optimierung und das "Feintuning" der Lösung.

Abb. 11.6
1. Beispiel für die
Ergebnisse einer
Kommunikations-
messung.

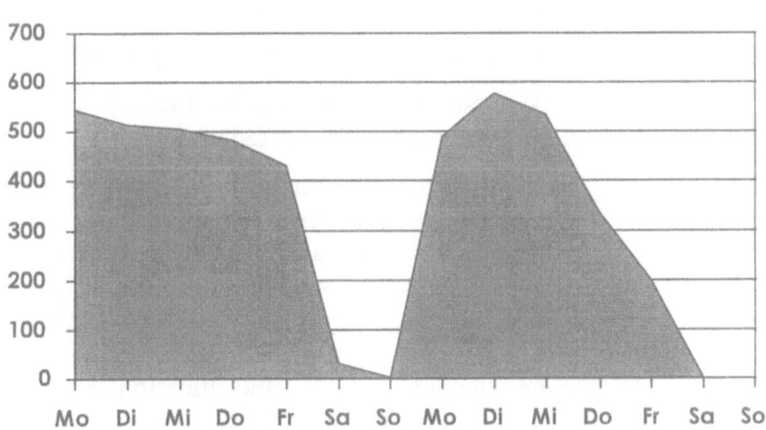

Abb. 11.7
2. Beispiel für die
Ergebnisse einer
Kommunikations-
messung.

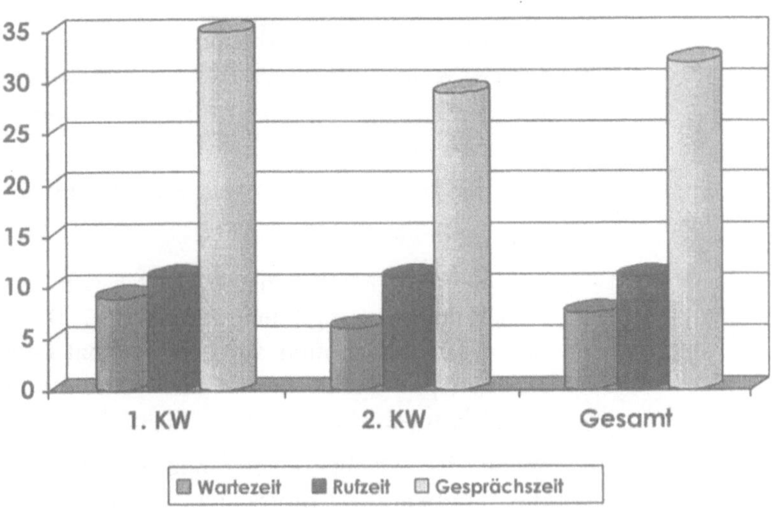

11.4. Vorläufige Call Center-Dimensionierung

Die Dimensionierung des Call Centers auf Basis der Kommunikationsmessung kann nur vorläufig sein, da das Call Center im
Wirkbetrieb sofort den Problemen aller Call Center unterliegt:

- Das momentane Anrufaufkommen ist zufällig
- Die Anrufverteilung schwankt in den Zeitintervallen
- Die extreme Abhängigkeit von äußeren Einflüssen
- Das Spektrum möglicher Fragen ist unbegrenzt

Kein anderer Unternehmensbereich ist also so unmittelbar außengesteuert wie das Call Center.

Im Erstbetrieb lassen sich die Auswirkungen dieser Faktoren durch eine schrittweise Inbetriebnahme des Call Centers umgehen. In der Startphase werden also erst einmal Erfahrungen mit einer begrenzten Anzahl von Anrufen gesammelt. Dies kann durch die Bekanntgabe der Call Center-Dienstleistungen in einer bestimmten Region oder Kundengruppe erreicht werden. Stimmt die Dimensionierung und funktionieren die Abläufe, werden weitere Regionen und Kunden „hinzugeschaltet".

11.4.1.   Technische Dimensionierung

Wesentlich für die technische Dimensionierung des Call Centers sind die Anzahl der Leitungen (Verbindungen zum Netzbetreiber, Carrier) und die Anzahl der benötigten Agentenarbeitsplätze.

Die Anzahl der erforderlichen Leitungen kann aus den Ergebnissen der Kommunikationsmessung, und zwar aus

- der Gesamtzahl der Anrufe, deren Verteilung in einem Zeitintervall sowie
- den besetzten Leitungen oder Teilnehmern

abgeleitet werden.

Die Anzahl der Agentenarbeitsplätze wird auf Basis einer ersten Personalberechnung (siehe Kapitel 10.7.2) festgelegt. Wichtig ist, daß diese Berechnung auf der maximal benötigten Anzahl von Agenten pro Stunde basiert und nicht die Mitarbeiterzahl eines möglichen Schichtbetriebes berücksichtigt.

Wenn also 20 Mitarbeiter einen 2-Schichtbetrieb abdecken und die Mitarbeiterzahl pro Schicht gleich ist, werden 10 Agentenarbeitsplätze benötigt.

Bei der technischen Dimensionierung kommen auch noch die Anforderungen von zusätzlichen Komponenten wie Voice-Mail- oder IVR-Systemen hinzu. Gegebenenfalls sind hier zusätzliche Leitungskapazitäten einzuplanen.

Bei der Ausstattung der Agentenarbeitsplätze sollte aus hygienischen Gründen ein Headset (Kopfsprechgarnitur) pro Mitarbeiter vorgesehen werden.

Da fast jede Call Center-Lösung nach der Inbetriebnahme weiter ausgebaut wird, gilt es, Reservekapazitäten zu planen. Die Systeme sollten so dimensioniert werden, daß die nächsten Erweiterungen (z. B. weitere Leitungsmodule, Agentenarbeitsplätze) noch in den Systemschränken Platz finden.

11.4.2. Personelle Ausstattung

Das Berechnungsbeispiel im Kapitel 10.7.2 hat deutlich gezeigt, daß ein Call Center-Mitarbeiter während seiner Arbeitszeit nicht zu 100 % für die Bearbeitung von Telefongesprächen zur Verfügung steht (im Beispiel ergab sich eine Telefonverfügbarkeit von 68,75 %).

Alle Personalberechnungen sollten deshalb auf der Netto-Verfügbarkeit der Agenten basieren und darüber hinaus auch die erforderlichen Kapazitäten für einen 2- oder 3-Schichtbetrieb berücksichtigen. Aber nicht nur bei den Agenten, auch für Gruppenleiter und Supervisor müssen Vertretungsregelungen z. B. für auftretende Fehlzeiten getroffen werden.

Neben der quantitativen Personalausstattung spielen auch die qualitativen Aspekte eine wichtige Rolle und beeinflussen die Verfügbarkeit von Mitarbeitern für bestimmte Situationen und Aufgabenstellungen:

- Einarbeitung neuer Agenten (Lernphase, Coaching)
- Beschränkte Einsatzfähigkeit neuer Agenten
- Belastung der erfahrenen Kollegen durch Coaching
- Fähigkeiten und Fertigkeiten der vorhandenen Mitarbeiter
- Motivkonstellation und Motivation der Agenten
- Teamstrukturen
- etc.

Besonders im Schichtbetrieb oder auch bei Sonn- und Feiertagsarbeit können solche Einflußfaktoren für die personelle Ausstattung eine wichtige Rolle spielen.

Wenn alle Daten und Informationen im Rahmen dieses Projektschrittes vollständig zusammengetragen und ausgewertet werden, liefert die Kommunikationsmessung die Grundlage für eine verläßliche Dimensionierung des Call Centers für den Erstbetrieb.

Call Center - Trends

In einem so innovativen und wachstumsorientierten Markt wie dem der Call Center-Lösungen ist es äußerst schwierig, längerfristige Entwicklungstendenzen, also Trends, aufzuzeigen. Dennoch erscheint es wichtig, auf einige zukunftsweisende Aspekte einzugehen.

Bei der Betrachtung dieser Call Center-Trends geht es nicht um technisch machbare und von einigen innovativen Unternehmen bereits umgesetzte Lösungen, sondern es geht um Ansatzpunkte, die zukünftig in einem breiten Markt von vielen Call Center-Betreibern umgesetzt werden.

12.1. Vom Call Center zum Communication Center

Technologisch werden sich die Call Center mit Sicherheit am schnellsten entwickeln, dabei geht der Trend eindeutig zum Communication Center.

Abb. 12.1
Entwicklung vom
Call Center zum
Communication
Center.

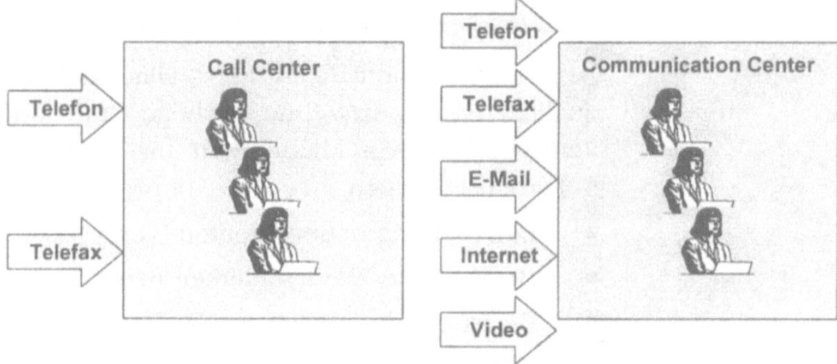

Das Communication Center weist wesentlich mehr Kommunikationswege zwischen dem Kunden und dem Unternehmen auf. Neben dem Telefon und Fax werden zukünftig E-Mail, Internet und Video eine wichtige Rolle in der Call Center-Kommunikation spielen.

12.1.1. E-Mail, Internet und Video

Im Call Center-Bereich bietet die E-Mail-Kommunikation, also der schriftliche Informationsaustausch, ähnlichen Zusatznutzen wie das Telefax. Mit dem entscheidenden Unterschied, daß die E-Mail-Nachricht bereits in elektronischer Form verfügbar ist und ohne größeren Aufwand direkt in der EDV des Call Centers bearbeitet werden kann. Damit stellt sie in der Be- und Verarbeitung das wesentlich schnellere Medium dar.

Im Call Center wird die eingehende E-Mail wie ein Telefonat bearbeitet. Über einen E-Mail-Server und entsprechende Software wird dem Agenten die Nachricht auf seinem Computerbildschirm angezeigt. Der Kundenwunsch kann dann per Rückruf oder E-Mail-Antwort bearbeitet werden.

E-Mail bietet sich auch für den Informationsversand nach Abschluß des eigentlichen Telefongespräches an. So können

- Serviceinformationen,

- Fehlerprotokolle,

- Preisauskünfte sowie

- Liefer- und Auftragsbestätigungen

schnell und preiswert an Kunden und Lieferanten weitergeleitet werden.

Durch die Integration des Internets in das Call Center-Umfeld ergeben sich weitere interessante Möglichkeiten in der Kundenkommunikation. Die einfachste Form der Interneteinbindung ist der „Call-Back"-Button. Dabei wird auf der Internetseite des Anbieters nach dem Anklicken des Buttons ein Formular geöffnet, in das der Kunde seine Anschrift, Telefonnummer, Anrufgrund und Zeitraum für den gewünschten Rückruf eintragen kann. Werden diese Informationen vom Kunden abgeschickt, gelangen sie im Call Center auf einen Internetserver und werden von dort als E-Mail-Nachricht an die Agenten weitergeleitet.

Interaktiv wird die Internetanbindung, wenn sich der Anrufer unmittelbar mit dem Agenten austauschen kann. Eine Möglichkeit ist ein E-Mail-Live-Chat, bei dem Anrufer und Call Center-Agenten direkte E-Mail-Informationen über die Tastatur ihrer Computer austauschen.

Noch komfortabler ist die gleichzeitige Ansicht und Bearbeitung von Internetseiten. Hierbei können sich Kunden und Call Center-Agenten parallel zum Telefonat (z. B. Rückruf über „Call-Back"-Funktion) unterstützende Internetseiten ansehen und bearbeiten. So kann beispielsweise ein Broker seinem Kunden die Kursentwicklung eines Wertpapieres visualisieren und „online" die Kauforder entgegennehmen.

Ein weiterer Schritt wird die direkte Tekefonverbindung über das Internet sein. Vorteil ist, daß der Anrufer über Internet eine Sprachverbindung zum Call Center aufbauen kann und keine separate Telefonleitung mehr benötigt. Voraussetzung ist, daß der Computer eine entsprechende Ausstattung für die Internettelefonie besitzt.

Die konsequente Weiterentwicklung liegt dann in der Integration von Videokonferenztechnik in das Call Center. Der Kunde kann über ein Selbstbedienungs-Terminal (Video-Kiosk) einen Videoanruf in das Call Center tätigen. Bei diesem direkten visuellen Dialog meldet sich der Agent über den Bildschirm ·des Video-Kiosk und beantwortet die Fragen des Kunden. Zusätzliche Informationen kann der Agent aus seinen Bild- und Filmarchiven laden und dem Kunden überspielen. Die Video-Integration ist zukünftig gerade bei Verkaufsgesprächen sehr interessant, zumal verschiedene Untersuchungen gezeigt haben, daß der Kunde bei vielen Geschäften Wert auf den „Augenkontakt" mit seinem Berater legt.

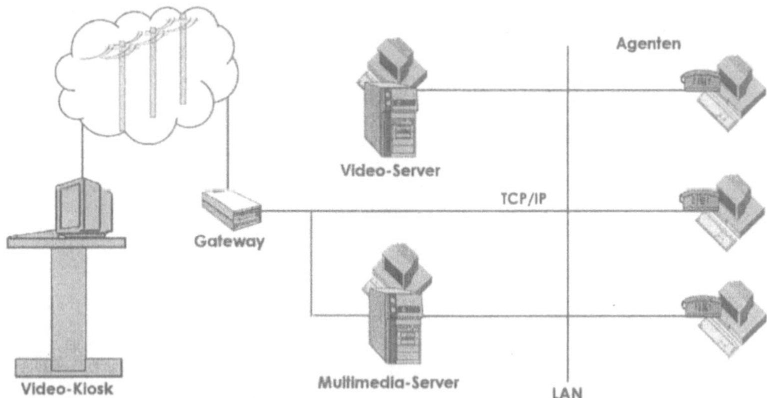

Technologisch lassen sich die aufgezeigten Möglichkeiten schon heute realisieren, aber für einen verbreiteteren Einsatz im Call Center-Bereich müssen die technischen Komponenten noch verbessert und vor allen Dingen preiswerter angeboten werden.

Haupteinsatzgebiete für solche Anwendungen sind dann vor allen Dingen in Unternehmen zu finden, die erklärungsbedürftige Produkte und Dienstleistungen anbieten und sich zukünftig dabei auf das telefonische Verkaufsgespräch konzentrieren.

12.1.2.   Virtuelle Call Center und Homeagents

Bei heutigen Call Center-Lösungen überwiegen noch die zentral oder dezentral eingesetzten Systeme.

Ein zentral eingesetztes Call Center bietet eine Reihe von Einsparungspotentialen, bringt aber auch Nachteile im Bereich der Netzausfallsicherheit und der Personalbeschaffung mit sich. Eine dezentrale Call Center-Struktur stellt letztendlich auch keine optimale Alternative dar, da durch die fehlende Vernetzung nur eine eingeschränkte Flexibilität gegeben ist.

Die Lösung liegt in einem virtuellen Call Center. Darunter sind dezentrale, miteinander vernetzte, eventuell sogar international eingesetzte Call Center zu verstehen. Dieser Lösungsansatz bietet hohe Flexibilität und Netzsicherheit und damit einen maximalen Kundenservice.

Abb. 12.4
Schematische
Darstellung
eines virtuellen
Call Centers.

Die Merkmale einer virtuellen Call Center-Lösung sind:

- Netzsicherheit und damit ein maximaler Kundenservice
- Freie Standortwahl für die einzelnen Call Center
- Vernetzung dieser dezentralen Standorte
- Hohe Betriebssicherheit, kein Gesamtausfall des Call Centers
- Freie Wahl des optimalen Netzbetreibers
- „Follow-the-Sun-Service", durch Weiterleitung der Kundenanrufe
- Hohe Flexibilität bei der Personalbeschaffung und -einsatzplanung
- Einfache Integration externer Dienstleister
- Bedarfsorientierte Einbindung von Telearbeitsplätzen

Entscheidend dabei ist, daß die rasante Entwicklung der Call Center-Technologie und die umfangreichen Angebote der neuen Netzbetreiber die Umsetzung solcher virtuellen Strukturen ermöglichen.

Damit ein optimaler Kundenservice erreicht werden kann, müssen die Leistungsmerkmale der Netzbetreiber und Systemlieferanten sehr gut aufeinander abgestimmt sein.

So sollte beispielsweise:

- ein sehr individuelles, standortübergreifendes Routing (Weiterleitung) des Kundenanrufes für eine optimale Nutzung der verfügbaren Ressourcen sorgen,

- die Verwaltung mehrerer dezentraler Warteschlangen sowie eine entsprechende Lastverteilung die Wartezeit für den Anrufer verringern,

- eine standortübergreifende Systemadministration für die einfache Steuerung des virtuellen Call Centers sorgen und eine Reduzierung des Serviceaufwandes sicherstellen,

- nicht zuletzt auch die Einbindung von Multimedia-Services wie Fax, E-Mail und Internet gewährleistet sein.

Zusammenfassend bleibt zu sagen, die Entwicklung geht eindeutig in Richtung virtueller Call Center-Lösungen. Die System-Lieferanten und Netzbetreiber stellen sich auf diese Kundenwünsche ein.

Die konsequente Nutzung der sich daraus ergebenden Optimierungspotentiale, z. B. durch den verbreiteten Einsatz von Telearbeitsplätzen, bedeutet letztendlich minimalen Call Center-Aufwand bei maximaler Kundenorientierung.

Telearbeit oder Homeagent ist die Bezeichnung für Call Center-Mitarbeiter, die ihren Arbeitsplatz zu Hause haben. Damit wird schon deutlich, daß es sich bei diesen Arbeitsplätzen eher um Einzelplätze handelt und nicht um größere ausgelagerte Teile eines Call Centers.

Angesichts der heute zur Verfügung stehenden technischen Möglichkeiten und bei der Knappheit an qualifiziertem Call Center-Personal wird die Einrichtung von solchen abgesetzten Arbeitsplätzen begünstigt. Durch den Einsatz von Homeagents ergeben sich eine Reihe von Vorteilen:

- Aufwendungen für zentrale Arbeitsplätze und Sozialräume werden reduziert

- Vereinbarung von individuellen Anwesenheits- und Telefonzeiten

- Wegfall von Wegezeiten

- Bessere Eingliederung von Teilzeitkräften oder auch behinderten Menschen

- Qualitative und quantitative Leistungsmessung über das Reporting

Durch den Einsatz von virtuellen Call Centern und Homeagents bieten sich dem Call Center-Betreiber vielschichtige Möglichkeiten für die technische und personelle Ausgestaltung seines Call Centers. Allerdings muß kritisch angemerkt werden, daß nicht alle Mitarbeiter gleichermaßen gut geeignet sind, um fernab eines Teams und ohne direkte Einflußnahme dauerhaft mit hohem Engagement, hoher Leistungsbereitschaft und Qualität tätig zu sein.

12.1.3.   Centrex-Lösungen

Centrex steht für die Abkürzung der Worte **Centr**al Office **Ex**change. Centrex bedeutet, daß die Leistungsmerkmale der Telekommunikation nicht mehr über ein Telekommunikationssystem beim Anwender, sondern über Vermittlungssysteme beim Netzbetreiber (Carrier) zur Verfügung gestellt werden.

Abb. 12.5
Unterschied
zwischen TK-System
und Centrex-Service.

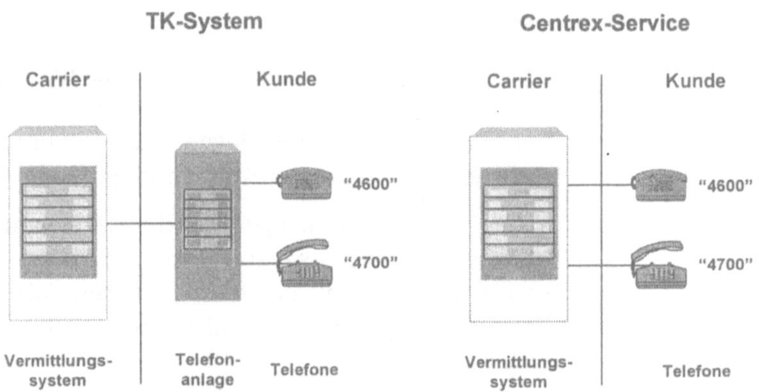

Der Centrex-Anwender wird also direkt mit dem System des Netzbetreibers verbunden und nutzt hierüber seine Telefonie-Leistungsmerkmale, wie z. B. die ACD-Funktionalitäten. Folgende Gründe können für ein Centrex-Call Center sprechen:

- Kosten für die interne Kommunikationsbereitstellung werden verringert

- Innovationszyklen können besser genutzt werden

- Größere Flexibilität bei Zu- oder Abnahme von Geschäftsaktivitäten

- Umfassender „One-Stop-Shopping"-Service mit dem Carrier

- Keine Kapazitätsengpässe innerhalb des Carrier-Netzes

- Konfigurationsänderungen und Software-Updates sind einfach durchzuführen

Zukünftig werden sich die Carrier auch speziell auf die Anforderungen der Call Center-Betreiber einstellen, um weitere Alternativen für den Aufbau und Betrieb von Call Center-Lösungen zur Verfügung zu stellen.

12.2. Call Center-Outsourcing

Zahlreiche Studien und Veröffentlichungen belegen es deutlich: der Call Center-Markt zeichnet sich in den nächsten Jahren durch ein kontinuierliches Wachstum aus.

Abb. 12.6
Entwicklung der
Agentenarbeitsplätze
in deutschen Call
Centern.

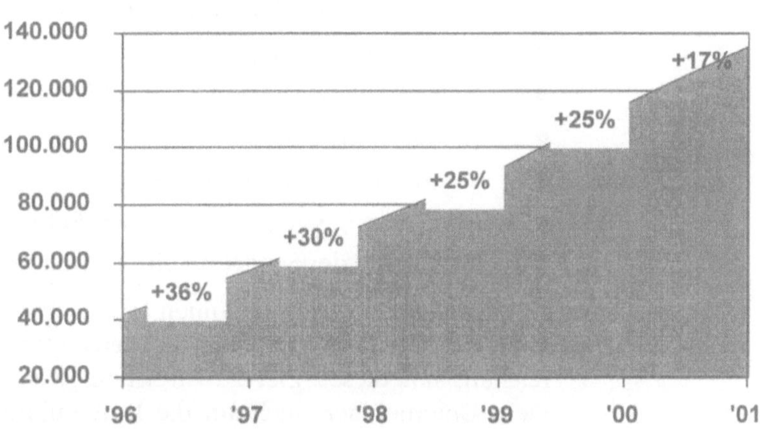

Die Einrichtung von eigenständigen Call Centern wird sich gemäß einer Marktstudie von Gemini Consulting in den nächsten drei Jahren hauptsächlich auf die Branchen

- Telekommunikation,
- Einzel- und Versandhandel,
- Kreditinstitute,
- Versicherungen,
- Medien, Verlage, TV sowie
- Verkehr und Touristik

konzentrieren. Letztendlich werden aber wirtschaftliche Rahmenbedingungen eine Veränderung in der Umsetzung und im Betrieb von Call Center-Lösungen herbeiführen.

<table>
<tr><td>12.2.1.</td><td>Optimierung des unternehmenseigenen Call Centers</td></tr>
</table>

Optimierung des unternehmenseigenen Call Centers

Ist der Aufbau und Erstbetrieb des eigenen Call Centers erst einmal geschafft, können exakte Kennzahlen ermittelt werden und Aufschluß über die Kostenstrukturen und damit die Wirtschaftlichkeit des Call Centers geben. Es ist zu erwarten, daß bei vielen Call Centern, besonders den kleinen und mittleren, das „normale" Anrufvolumen nicht ausreichen wird, um wirtschaftlich zu arbeiten.

Optimierungspotentiale in den Bereichen Mensch, Organisation und Technik können sicherlich in einigen Bereichen Verbesserungen bringen. Ansatzpunkte für die Optimierung des unternehmenseigenen Call Centers können sein:

- Einsatz von Homeagents

- Optimierung der Personaleinsatzplanung

- Verbesserung des Servicelevels

- Reduzierung der Lost Call-Rate

- Bereitstellung von gebührenfreien Rufnummern

- Ausweitung der Servicezeiten (24-Stunden-Service)

Es gilt also, das Anrufvolumen durch geeignete Maßnahmen deutlich zu erhöhen. Sofern die genannten Punkte nicht ausreichen, um dieses Ziel zu erreichen, werden sich mehr und mehr Unternehmen auch auf die Durchführung von Outbound-Aktivitäten konzentrieren. In den Segmenten:

- Kundenservice,

- Telefonverkauf,

- Neukundengewinnung und

- Kündiger-Rückgewinnung

liegen sicherlich die größten Potentiale, um eine wirtschaftliche Auslastung des Call Centers zu erreichen. Allerdings sind für das aktive Telefonmarketing auch entsprechend qualifizierte Mitarbeiter erforderlich.

12.2.2.   **Verlagerung des Call Centers auf externe Dienstleister**

Trotz entsprechender Optimierungspotentiale werden viele Unternehmen keinen wirtschaftlichen Call Center-Betrieb realisieren können oder nicht bereit sein, diese komplexe Aufgabenstellung mit eigenen Ressourcen zu lösen. Deshalb wird auf den Betrieb eigener Call Center das Call Center-Outsourcing folgen. Dabei werden sich die Outsourcing-Aktivitäten in unterschiedliche Richtungen entwickeln:

- Sporadisches Outsourcing (zeit- oder lastabhängig)

- Teiloutsourcing (Frontoffice, Overflow)

- Nutzung eines Telemarketing-Dienstleisters

- Einsatz einer Betreiberlösung

Besondere Bedeutung kommt zukünftig wohl den fremd betriebenen Call Centern zu. Der wesentliche Vorteil einer solchen Betreiberlösung liegt in der Exklusivität. Viele Telemarketing-Firmen bedienen eine Reihe von Kunden aus unterschiedlichen Branchen mit vielfältigen Angeboten. Dabei kann nicht immer die gewünschte Dienstleistung, Servicequalität und Erreichbarkeit sichergestellt werden.

In betriebenen Call Centern werden sämtliche personellen und technischen Ressourcen durch eine Betreibergesellschaft zur Verfügung gestellt. Der Personaleinsatz erfolgt „exklusiv" für den jeweiligen Kunden. Für das Unternehmen ergeben sich bei einer solchen Lösung unter anderem folgende Vorteile:

- Wirtschaftliche Nutzung eines firmenspezifischen Call Centers

- Konzentration auf das Kerngeschäft

- Keine Investitionskosten für Personal und Technik

- Keine Ressourcenbindung

- Transparente Kosten durch verursachungsgerechte Abrechnung

- Erweiterung des vorhandenen Dienstleistungsangebotes

Anders als bei der kurzfristigen Nutzung einer Call Center-Dienstleistung über ein Telemarketing-Unternehmen, gibt es hier eine sehr enge Geschäftsbeziehung zwischen dem Unternehmen einerseits und dem Betreiber andererseits. Diese Geschäftsbeziehung wird in der Regel über einen langfristigen Betreibervertrag geregelt. Um einen reibungslosen Call Center-Ablauf zu gewährleisten, muß der Betreiber außerdem auch in alle strategischen

Überlegungen und Planungen des Unternehmens einbezogen werden.

Egal, welche Form des Outsourcing betrachtet wird, nach Meinung von Philip Cohen (Consultant für Telemarketing und Call Center, Mitglied der schwedischen Direktmarketing Vereinigung und einer der zehn „Teleservice-Weisen") entwickelt sich diese Form des Call Center-Betriebes zu einem weltweiten Megatrend.

Checkliste für die Call Center-Planung

Diese Checkliste faßt die wichtigsten Schritte für die Planung eines Call Centers noch einmal zusammen und bietet somit eine Struktur für die konkrete Umsetzung. Einzelheiten zu den Punkten können in den jeweiligen Kapiteln nachgelesen werden.

Maßnahme / Fragestellungen:	Erl.
1. Vorbereitung der Call Center-Planung (Kapitel 10.1, Seite 205 ff):	
Auswahl des verantwortlichen Projektleiters	
Sind die Aufgaben des Projektleiters festgelegt?	
Zusammenstellung des Projektteams (Kernteam)	
Kurze Berichts- und Entscheidungswege zur Geschäftsleitung	
Sind alle Projektschritte im Rahmen eines Projektterminplanes definiert?	
Festlegung der Meilensteine im Projektterminplan	
Soll externe Beratungs- und Projektleistung in Anspruch genommen werden?	
2. Ziele und Strategien (Kapitel 10.2, Seite 208 ff):	
Festlegung der mittel- und langfristigen Unternehmensziele	
Welche Strategien werden bei der Umsetzung dieser Ziele verfolgt?	
Welche strategische Bedeutung hat das Call Center?	
Formulierung der Call Center-Ziele	
Sind Unternehmens- und Call Center-Ziele konkret und meßbar (MARS-Regel)?	
Welche Zielgruppen sollen mit dem Call Center adressiert werden?	

Welche Dienstleistungsangebote sollen bereitgestellt werden?	
Kommen zusätzliche Dienstleistungsangebote in Frage?	
3. Definition der Servicequalität (Kapitel 10.3, Seite 210 ff):	
Kriterien für die Festlegung des Servicelevels definiert	
Gibt es Informationen über den Servicelevel des Wettbewerbs?	
Analyse der firmenspezifischen Einflußfaktoren für den Servicelevel	
Definition des Servicelevels für die Startphase	
Welcher Servicelevel soll mittelfristig erreicht werden?	
Festlegung der Methoden zur Messung und Sicherung des Servicelevels	
4. Messung des Kommunikationsvolumens (Kapitel 10.4, Seite 213 ff):	
Abstimmung der drei Schritte einer Kommunikationsmessung	
- Messung durch den Netzbetreiber	
- Messung im Telekommunikationssystem	
- Mitarbeitermessung	
Festlegung des Meßzeitraumes	
Sind die Zeiträume für die zwei Teilmessungen definiert?	
Definition der Meßbereiche (Abteilungen, Bereiche, Niederlassungen)	
Stehen die technischen und organisatorischen Meßpunkte fest?	
Sind die zu erfassenden Kriterien für die einzelnen Messungen definiert?	
Ist ggf. die Abstimmung mit den Mitarbeitern/Betriebsrat erfolgt?	
Sind die Mitarbeiter über die Handhabung der Strichlisten informiert?	

Maßnahmen für die Datenverdichtung und -auswertung getroffen	
5. Aufgaben, Geschäftsvorfälle und -prozesse (Kapitel 10.5, Seite 214 ff):	
Ergänzung der Strichliste um Art und Umfang der Tätigkeiten	
Festlegung der Auswertekriterien für die Call Center-Aufgaben	
Erfassung möglicher Prozeßstörungen	
Veranschaulichung der organisatorischen Abläufe	
Dokumentation der Prozeßstörungen für spätere Optimierungsansätze	
Beschreibung der Aufgaben und Geschäftsprozesse in idealer Form	
Dokumentation der Schnittstellen zu anderen Abteilungen und Bereichen	
6. Abbildung der Aufbau- und Ablauforganisation (Kapitel 10.6, Seite 217 ff):	
Steht die Form des Call Center-Betriebes fest?	
Kommen Fremdleistungen zum Einsatz, wenn ja, in welcher Form?	
Sind die Front Office- und Back Office-Bereiche definiert?	
Festlegung des Callflow	
Ist die Größe und Zusammensetzung der Agentengruppen festgelegt?	
Sind die Funktionen und Hierarchiestufen im Call Center definiert?	
Abgleiche der Soll- und Istabläufe für das Call Center	
Festlegung der Entscheidungsspielräume für Agenten und Gruppenleiter	
Definition der Eskalationsprozeduren	
7. Erste Personaleinsatzplanung (Kapitel 10.7, Seite 218 ff):	
Welche Geschäftsaktivitäten sollen abgedeckt werden?	

Welche Daten stehen zur Vorhersage des Gesprächsvolumens zur Verfügung?	
Sind alle Sondereinflüsse auf das Gesprächsvolumen berücksichtigt worden?	
Wie wird die Wechselwirkung zwischen Qualität und Kosten bewertet?	
Durchführung einer ersten quantitativen Personalplanung	
Soll Software für die Planung des Personaleinsatzes eingeführt werden?	
Definition der Anforderungsprofile für Agenten, Supervisor etc.	
Formulierung entsprechender Anzeigen und Stellenbeschreibungen	
Welche Form der Personalsuche und -auswahl soll gewählt werden?	
Sind die Kriterien für die Personalauswahl definiert?	
Gestaltung der Qualifizierungsmaßnahmen und -zeiträume	
Karriereplanung für die Call Center-Mitarbeiter	
Maßnahmen für den Teambildungsprozeß	
Coaching der neuen Mitarbeiter, Einarbeitungsplanung	
8. Berücksichtigung rechtlicher Aspekte (Kapitel 10.8, Seite 226 ff):	
Für welche Art von Telefonmarketing soll das Call Center eingesetzt werden?	
Sind alle gesetzlichen Bestimmungen beachtet worden?	
Sind die Mitarbeiter über Einrichtung und Zielsetzung des Call Centers informiert?	
Ist der Betriebsrat informiert und ins Projektteam integriert?	
Formulierung und Abschluß einer Betriebsvereinbarung für das Call Center	
Umfang der Voll-, Teilzeit- und freien Mitarbeiter	
Festlegung der Schichtplanung, Sonn- und Feiertagsarbeit	
Sind alle rechtlichen Aspekte mit entsprechenden Experten abgestimmt?	

9. Wirtschaftliche Betrachtung (Kapitel 10.9, Seite 227 ff):	
Festlegung der Parameter für die spätere Erfolgsmessung des Call Centers	
Sammlung von Datenmaterial im Vorfeld der Call Center-Einführung	
Konzept zur langfristigen Qualitätssicherung	

Checkliste für die Call Center-Systemauswahl

Die Beschaffung und Einrichtung eines Call Centers ist sehr komplex und mit hohen Investitionen verbunden. Deshalb sollte das Verfahren für die Systemauswahl eine optimale und zugleich objektive Entscheidungsfindung gewährleisten. Die nachfolgende Checkliste umfaßt 10 Schritte, die ein vollständiges Verfahren von der Lieferantenauswahl bis zur Auftragsvergabe beschreiben.

Schritt:	Maßnahme:
1.	Festlegung der in Frage kommenden Lieferanten (Bieterliste)
2.	Erstellung der Ausschreibungsunterlagen Beschreibung der Anforderungen (Pflichtenheft) Festlegung der Mengen, Lieferumfang (Leistungsverzeichnis)
3.	Angebotseinholung
4.	Vorauswahl anhand der Angebote
5.	Präsentation der Lieferanten
6.	Referenzbesuche bei vergleichbaren Installationen
7.	Zwischenergebnis anhand der Angebote, Präsentationen und Referenzen
8.	Vergabeverhandlung I (technischer Schwerpunkt)
9.	Vergabeverhandlung II (kaufmännischer Schwerpunkt)
10.	Auftragsvergabe

Alle Schritte mit den dazugehörigen Maßnahmen sollten wiederum nach einem einheitlichen Schema gegliedert sein, das eine strukturierte und transparente Vorgehensweise gewährleistet.

Gliederung innerhalb der Einzelschritte:	
Ziel des jeweiligen Schrittes	Was soll mit dieser Maßnahme erreicht werden?
Kriterien	Nach welchen Kriterien wird hierbei verfahren?
Aktivitäten	Was muß von wem bis wann gemacht werden?
Tools	Welche Hilfsmittel, Dokumentationen werden benötigt?
Ergebnisdarstellung	Wie werden die Ergebnisse dargestellt?

Die Basis der Systemauswahl ist das Pflichtenheft, in dem die gewünschten Anforderungen und Leistungsmerkmale für das zu beschaffende Call Center beschrieben werden. Die darin abgefragten Positionen müssen ausgewertet und übersichtlich dargestellt werden.

Neben den Preisen sollten auch Leistungsumfang und Leistungsfähigkeit von Produkt und Lieferant in der Auswertung berücksichtigt werden.

Durch die Präsentation erhält jeder Anbieter die Möglichkeit, seinen angebotenen Leistungsumfang ausführlich darzustellen. Die Leistungsfähigkeit von System und Lieferant kann im Rahmen von Referenzbesuchen beurteilt werden.

Dabei sollten die Angebote, Präsentationen und Referenzbesuche durch das Projektteam anhand einer Punkteskala bewertet werden. Nach Abschluß der Bewertung wird die jeweilige Punktzahl pro Einzelposition / Kriterium ermittelt und mit einem Gewichtungsfaktor multipliziert. Der Gewichtungsfaktor sollte die Bedeutung des jeweiligen Kriteriums für das geplante Call Center widerspiegeln.

Anschließend kann die vom Lieferanten erreichte Punktzahl noch mit seinem Angebotspreis und dem höchsten Angebotspreis ins Verhältnis gesetzt werden. Die sich daraus ergebende Gesamtpunktzahl entscheidet über die Rangfolge der Lieferanten für die Entscheidungsfindung.

Abb. 1
Vorgehensweise bei
der Systemauswahl.

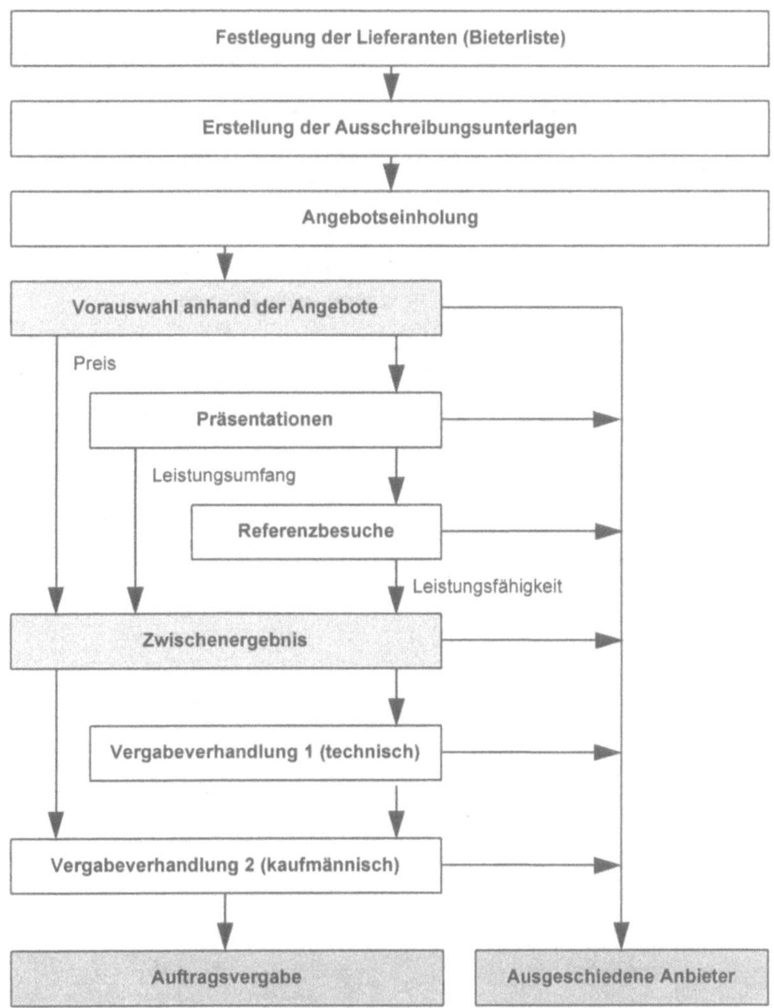

Kriterien für die Servicequalität eines Call Centers

Der Präsident des amerikanischen Incoming Call Management Instituts (ICMI), Brad Cleveland, definiert die Kriterien für einen qualitativ hochwertigen Anruf so:

- Das Unternehmen, insbesondere die Unternehmensleitung, hat die Bedeutung des Call Centers vollständig verinnerlicht.

- Die Mitarbeiter im Call Center sind stolz auf ihre Arbeit.

- Alle Informationen, die der Anrufer nennt oder wünscht, werden vollständig erfaßt bzw. geliefert.

- Das dafür erforderliche Datenmaterial ist zu 100 % korrekt.

- Der Agent hat alle für dieses Telefonat benötigten Informationen zur Verfügung bzw. erfragt.

- Der Anrufer ist nicht gestreßt oder überfordert.

- Der Gesprächspartner fühlt sich sicher und hält es nicht für nötig, noch einmal nachzufragen oder seine Aussage zu wiederholen.

- Der Agent versteht es, eine emotionale Bindung zum Gesprächspartner aufzubauen.

- Das Telefongespräch löst keine Probleme für andere Abteilungen aus.

- Die Mitarbeiter erkennen, welche Anrufe dringend sind und umgehend nach einer Lösung verlangen.

- Der Anrufer erhält kein Besetzt-Zeichen.

- Der Anrufer wird nicht zu lange in der Warteschlange gehalten.

Literaturverzeichnis

Kapitel 3

„Kundenorientierung - zwischen Anspruch und Wirklichkeit" – (Studie), Fraunhofer Institut, 1995

„Abschied vom Verkaufen" – Edgar K. Geffroy, Campus Verlag

„Servicequalität am Telefon" – (Forschungsarbeit), Armin Töpfer u. Günther Greff, Luchterhand-Verlag, 1995, ISBN 3-472-02145-4

Kapitel 5

Reiner Czichos, „Creatives Account-Management", ISBN 3-497-01384-6

Dieter Dörner, „Die Logik des Mißlingens - Strategisches Denken in komplexen Situationen", Rowohlt Verlag

Thomas A. Harris, „Ich bin o.k. - Du bist o.k.", rororo Taschenbuch 6916

Alexander Haubrock und Sonja Öhlschlegel-Haubrock, „Der Mythos vom König Kunde", ISBN 3-931085-17-1

Klaus Mangold (Hrsg.), „Die Zukunft der Dienstleistung", ISBN 3-409-19318-9

Gilbert J.B. Probst u. Peter Gomez, „Vernetztes Denken", Gabler-Verlag, 2. Auflage 1991, ISBN 3-409-23357-1

„Die erfundene Wirklichkeit", Paul Watzlawick, Serie Piper, ISBN 3-492-00673-6

Paul Watzlawick, „Anleitung zum Unglücklichsein", Piper Verlag

Kapitel 6

R. Bents und R. Blank, „Der M.B.T.I.", ISBN 3-532-62132-0

H.-J. Fisseni u. G. P. Fennekels, „Das Assessment-Center", ISBN 3-8017-0829-2

Johanna Romberg, „Die Stimme", Magazin GEO 12/1998

Friedemann Schulz von Thun, „Miteinander reden", Band 1, rororo-Taschenbuch 7489, Band 2, rororo-Taschenbuch 8496

„Arbeitshefte Führungspsychologie", Kommunikation I und II, Sauer Verlag, ISBN 3-7938-7049-9 und ISBN 3-7938-7140-1

„Handbuch der Weiterbildung für die Praxis in Wirtschaft und Verwaltung", Carl Hanser Verlag, ISBN 3-446-13393-3

„Manager Seminare", Ausgabe 3. Quartal 1998, Leitthema „Erfolgsrezept Sozialkompetenz"

„TeleTalk", Ausgabe Dezember 1998

Kapitel 9

Andersen, B.; Pettersen, P.-G., 1996: The Benchmarking Handbook – Step-by-Step Instructions, London

Backhaus, K.; Erichson, B.; Plinke, W. et al., 1998: Multivariate Analysemethoden – Eine praxisorientierte Einführung, Berlin/Heidelberg

Bühl, A.; Zöfel, P., 1995: SPSS für Windows Version 6.1: Praxisorientierte Einführung in die moderne Datenanalyse, Bonn/Paris

Daschmann, H.-A., 1994: Benchmarking – Steigerung der betrieblichen Wettbewerbsfähigkeit durch das Lernen von anderen, Eschborn

Friedrichs, J., 1990: Methoden empirischer Sozialforschung, Opladen

Karlöf, B.; Östblom, S., 1993: Benchmarking – a signpost to excellence in quality and productivity, Chichester, West Sussex, England

Pieske, R., 1995: Benchmarking in der Praxis – Erfolgreiches Lernen von führenden Unternehmen, Landsberg/Lech

Productivity Press, 1993: The Benchmarking Management Guide, Portland OR

Spendolini, M. J., 1992: The Benchmarking Book, New York

Temme, M.: Benchmarks für Call Center – Eine empirische Untersuchung der organisationalen und personalwirtschaftlichen Leistungsfaktoren, 1997 (Diplomarbeit)

Watson, G. H., 1993: Strategic Benchmarking – How to Rate Your Company's Performance against the World's Best, USA

Watson, G. H., 1993: Benchmarking – Vom Besten lernen, Landsberg/Lech

Zairi, M., 1996: Effective Benchmarking – Learning from the best, London

Kompetenz im Customer Management

Beratungsleistungen im Bereich:

- Call Center-Implementierung und -optimierung
- Erarbeitung von Kundenbindungsstrategien
- Systemische Organisationsentwicklung
- Konzeption, Analyse und Reorganisation von Geschäftsprozessen
- Mitarbeiterauswahl und -qualifizierung
- Coaching und Training on the job
- Video- und CBT-unterstützte Qualifizierungsprogramme

BL ConCept GmbH

Willinghusener Weg 1
D - 22113 Oststeinbek
Telefon: (040) 713766-0
Telefax: (040) 713766-66
E-mail: mail@blconcept.de
Internet: www.blconcept.de

Institut für Qualifikationsmanagement
und Training GmbH
Wendelin-Rauch-Straße 2
D - 97896 Freudenberg/Main
Telefon: (09375) 9202-0
Telefax: (09375) 9202-31
E-mail: mail@iqt.de
Internet: www.iqt.de

Das Standardwerk zur Marketinginformatik

Hajo Hippner/
Matthias Meyer/
Klaus Wilde (Hrsg.)

Computer Based Marketing

Das Handbuch zur
Marketinginformatik

2. Aufl. 1999. XIV, 736 S. mit 150 Abb.
Br. DM 198,00
ISBN 3-528-15586-8

Inhalt: Wettbewerbsvorteile durch Computereinsatz im Marketing - Computerunterstützung in allen Bereichen des Marketing-Mix - Vorstellung branchenspezifischer und branchenübergreifender Anwendungen - Konkrete Marketing-Anwendungen aus den Bereichen Automobil, Banken und Versicherungen, Handel, Pharma, Telekommunikation, etc. - Einsatzmöglichkeiten von Verfahren der multivariaten Statistik und des Softcomputing - Potentiale des Internet im Marketingbereich - Kurzportraits und Forschungsgebiete der beteiligten Lehrstühle

Ein konsequentes und computergestütztes Marketing entwickelt sich mehr und mehr zu einem entscheidenden Wettbewerbsfaktor. Mit dieser Erkenntnis vermittelt das Standardwerk zur Marketinginformatik in 2. Auflage umfassend und übersichtlich kompetente Informationen. Das Anliegen der Herausgeber ist es, mit 75 Beiträgen namhafter Autoren die Ergebnisse intensiver Hochschulforschung der Praxis zur Verfügung zu stellen. Dazu werden die neuesten Erkenntnisse aus den unterschiedlichsten Teilbereichen der Marketinginformatik anschaulich anhand konkreter Projekte beschrieben und Anwendungspotentiale im Marketing aufgezeigt.

Abraham-Lincoln-Straße 46
D-65189 Wiesbaden
Fax (0611) 78 78-400
www.vieweg.de

Stand 1.5.99. Änderungen vorbehalten.
Erhältlich im Buchhandel oder beim Verlag.